U0286549

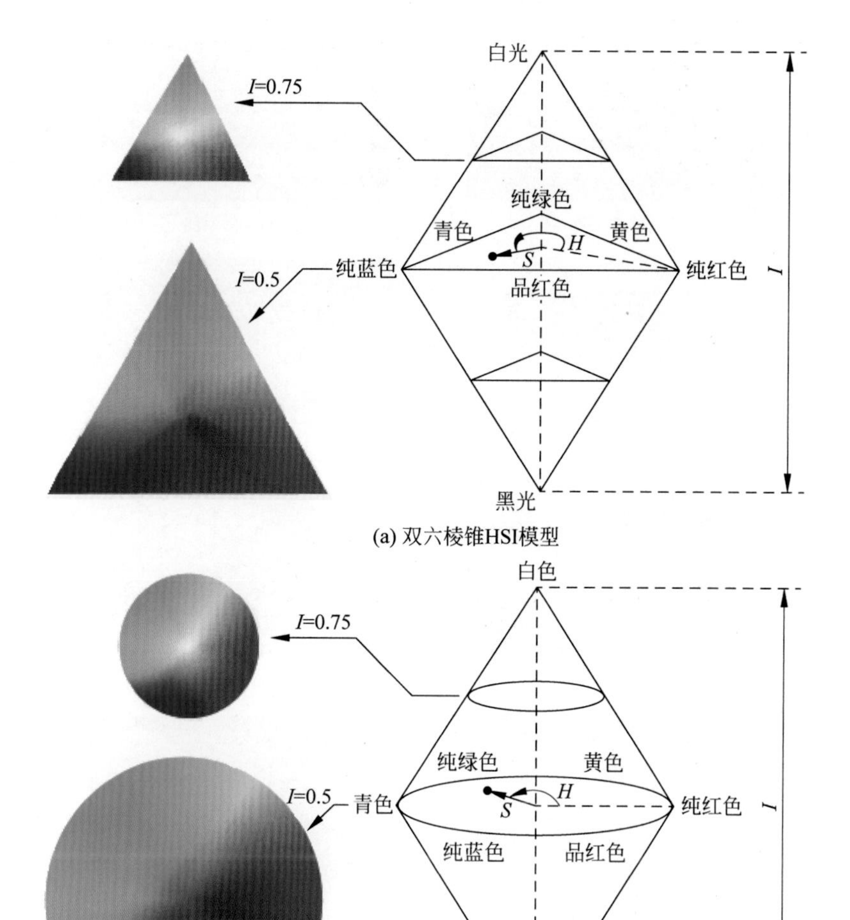

图 2-10　HSI 模型的两种表示方式

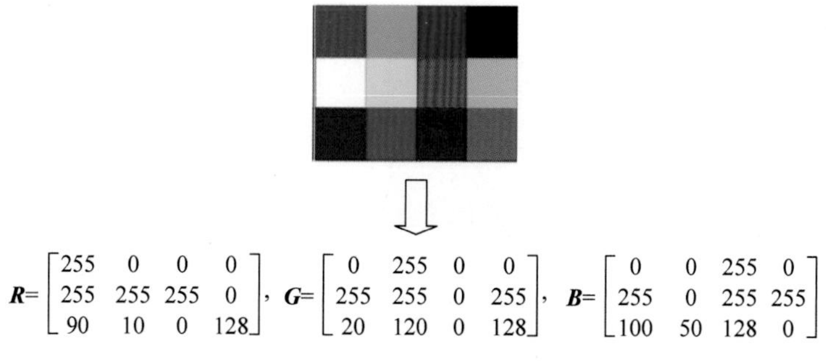

$$\boldsymbol{R}=\begin{bmatrix}255 & 0 & 0 & 0\\ 255 & 255 & 255 & 0\\ 90 & 10 & 0 & 128\end{bmatrix},\ \boldsymbol{G}=\begin{bmatrix}0 & 255 & 0 & 0\\ 255 & 255 & 0 & 255\\ 20 & 120 & 0 & 128\end{bmatrix},\ \boldsymbol{B}=\begin{bmatrix}0 & 0 & 255 & 0\\ 255 & 0 & 255 & 255\\ 100 & 50 & 128 & 0\end{bmatrix}$$

图 2-22　彩色图像的矩阵描述

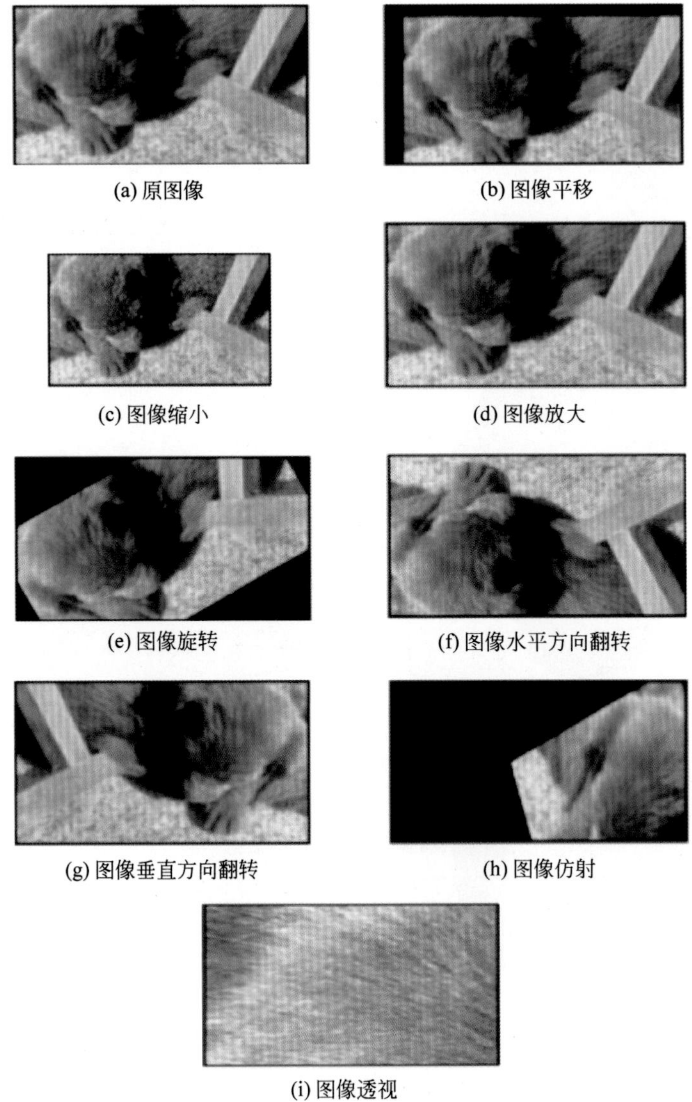

(a) 原图像　(b) 图像平移　(c) 图像缩小　(d) 图像放大　(e) 图像旋转　(f) 图像水平方向翻转　(g) 图像垂直方向翻转　(h) 图像仿射　(i) 图像透视

图 3-7　几何变换基本方法

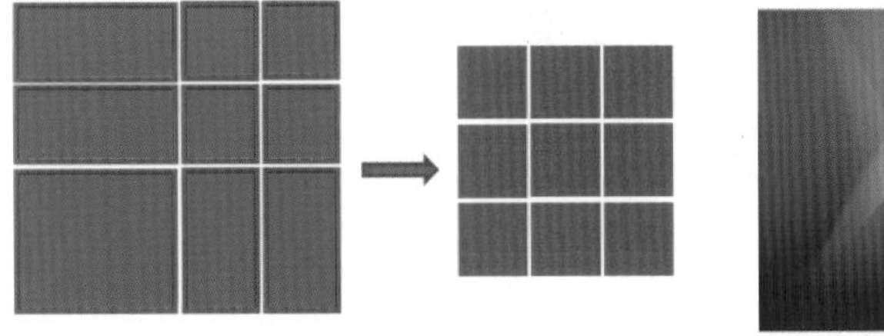

(a) 局部均值采样原理　(b) 图像实例

图 3-11　基于局部均值采样的图像缩小法

(a) 原图像

(b) 离散傅里叶变换频谱图

(c) 离散余弦变换频谱图

图 3-34　细节较少的图像及其频谱图

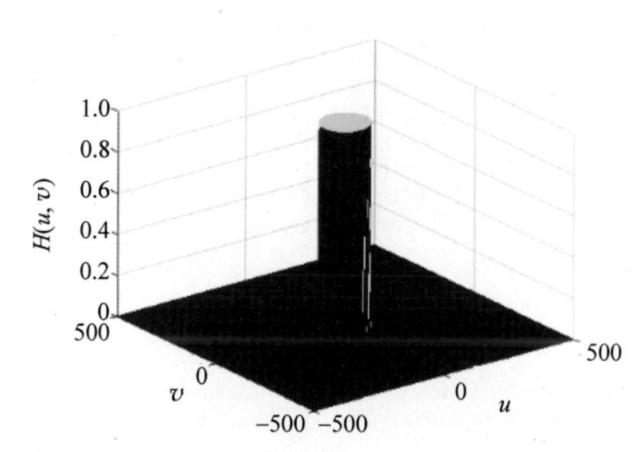

图 4-25　理想低通滤波器变换函数的透视图

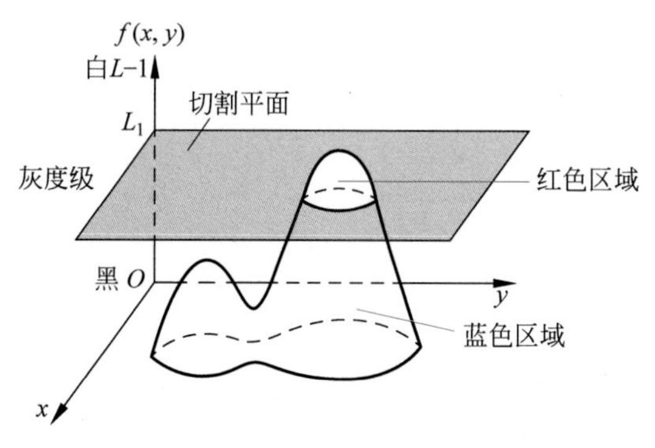

图 4-34　强度分层法三维示意

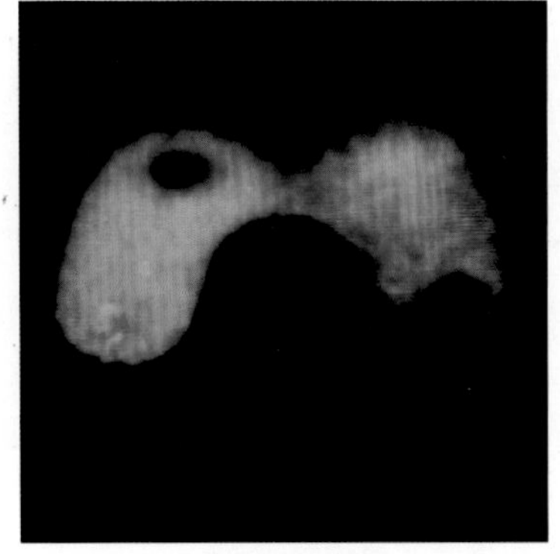
(a) 单色图像

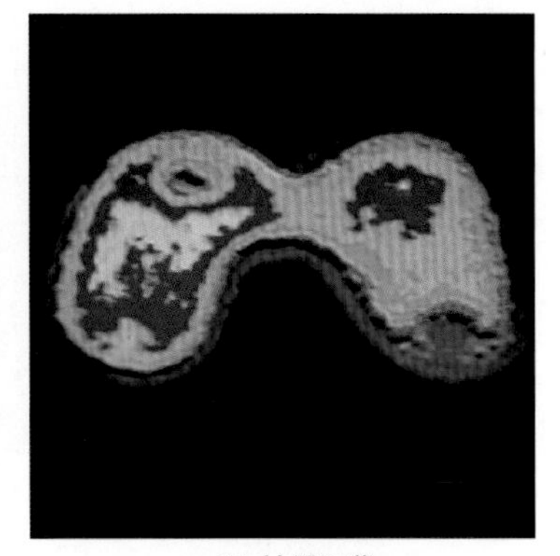
(b) 结果图像

图 4-36　单层图像的强度分层伪彩色增强效果

(a) 原图像

(b) 含周期噪声图像

图 5-7　被周期噪声污染的图像

教育部高等学校电子信息类专业教学指导委员会系列教材
高等学校电子信息类专业系列教材

数字图像处理技术

——MATLAB实现

张云佐 编著

清華大學出版社
北京

内容简介

本书尝试运用通俗易懂的语言及实例去讲解原本晦涩的原理。同时，本书将理论与实例应用紧密结合，在各章设置课后练习题及相应的实践大作业，并将编程能力和系统设计能力作为重点，方便读者快速掌握数字图像处理技术的基本理论与方法、实用技术及典型应用。这些设置不仅帮助读者理解相关知识，而且开阔读者的思维及视野。

本书既有理论介绍，又有实践案例分析，可以作为高等院校各专业本科生数字图像处理课程的教材，也可以作为从事数字图像处理领域的科研工作者的参考书，还可以作为数据挖掘、人工智能等专业的研究生教学用书。

图书在版编目(CIP)数据

数字图像处理技术：MATLAB实现/张云佐编著. —北京：清华大学出版社，2022.4（2024.8重印）
高等学校电子信息类专业系列教材
ISBN 978-7-302-60199-9

Ⅰ. ①数… Ⅱ. ①张… Ⅲ. ①数字图像处理－Matlab软件－高等学校－教材 Ⅳ. ①TP391.413 ②TP317

中国版本图书馆CIP数据核字(2022)第031423号

责任编辑：赵 凯
封面设计：李召霞
责任校对：韩天竹
责任印制：杨 艳

出版发行：清华大学出版社
网 址：https://www.tup.com.cn，https://www.wqxuetang.com
地 址：北京清华大学学研大厦A座 **邮 编**：100084
社 总 机：010-83470000 **邮 购**：010-62786544
投稿与读者服务：010-62776969，c-service@tup.tsinghua.edu.cn
质量反馈：010-62772015，zhiliang@tup.tsinghua.edu.cn
课件下载：https://www.tup.com.cn，010-83470236
印 装 者：三河市龙大印装有限公司
经 销：全国新华书店
开 本：185mm×260mm **印 张**：14.5 **彩 插**：2 **字 数**：360千字
版 次：2022年6月第1版 **印 次**：2024年8月第3次印刷
印 数：1801～2300
定 价：69.00元

产品编号：093618-01

序

FOREWORD

我国电子信息产业销售收入总规模在2013年已经突破12万亿元,行业收入占工业总体比重已经超过9%。电子信息产业在工业经济中的支撑作用凸显,更加促进了信息化和工业化的高层次深度融合。随着移动互联网、云计算、物联网、大数据和石墨烯等新兴产业的爆发式增长,电子信息产业的发展呈现了新的特点,电子信息产业的人才培养面临着新的挑战。

(1) 随着控制、通信、人机交互和网络互联等新兴电子信息技术的不断发展,传统工业设备融合了大量最新的电子信息技术,它们一起构成了庞大而复杂的系统,派生出大量新兴的电子信息技术应用需求。这些"系统级"的应用需求,迫切要求具有系统级设计能力的电子信息技术人才。

(2) 电子信息系统设备的功能越来越复杂,系统的集成度越来越高。因此,要求未来的设计者应该具备更扎实的理论基础知识和更宽广的专业视野。未来电子信息系统的设计越来越要求软件和硬件的协同规划、协同设计和协同调试。

(3) 新兴电子信息技术的发展依赖于半导体产业的不断推动,半导体厂商为设计者提供了越来越丰富的生态资源,系统集成厂商的全方位配合又加速了这种生态资源的进一步完善。半导体厂商和系统集成厂商所建立的这种生态系统,为未来的设计者提供了更加便捷却又必须依赖的设计资源。

教育部2012年颁布了新版《高等学校本科专业目录》,将电子信息类专业进行了整合,为各高校建立系统化的人才培养体系,培养具有扎实理论基础和宽广专业技能的、兼顾"基础"和"系统"的高层次电子信息人才给出了指引。

传统的电子信息学科专业课程体系呈现"自底向上"的特点,这种课程体系偏重对底层元器件的分析与设计,较少涉及系统级的集成与设计。近年来,国内很多高校对电子信息类专业课程体系进行了大力度的改革,这些改革顺应时代潮流,从系统集成的角度,更加科学合理地构建了课程体系。

为了进一步提高普通高校电子信息类专业教育与教学质量,贯彻落实《国家中长期教育改革和发展规划纲要(2010—2020年)》和《教育部关于全面提高高等教育质量若干意见》(教高〔2012〕4号)的精神,教育部高等学校电子信息类专业教学指导委员会开展了"高等学校电子信息类专业课程体系"的立项研究工作,并于2014年5月启动了《高等学校电子信息类专业系列教材》(教育部高等学校电子信息类专业教学指导委员会系列教材)的建设工作。其目的是为推进高等教育内涵式发展,提高教学水平,满足高等学校对电子信息类专业人才培养、教学改革与课程改革的需要。

本系列教材定位于高等学校电子信息类专业的专业课程,适用于电子信息类的电子信息工程、电子科学与技术、通信工程、微电子科学与工程、光电信息科学与工程、信息工程及其相近专业。经过编审委员会与众多高校多次沟通，初步拟定分批次(2014—2017年)建设约100门课程教材。本系列教材将力求在保证基础的前提下，突出技术的先进性和科学的前沿性，体现创新教学和工程实践教学；将重视系统集成思想在教学中的体现，鼓励推陈出新，采用"自顶向下"的方法编写教材；将注重反映优秀的教学改革成果，推广优秀的教学经验与理念。

为了保证本系列教材的科学性、系统性及编写质量，本系列教材设立顾问委员会及编审委员会。顾问委员会由教指委高级顾问、特约高级顾问和国家级教学名师担任，编审委员会由教育部高等学校电子信息类专业教学指导委员会委员和一线教学名师组成。同时，清华大学出版社为本系列教材配置优秀的编辑团队，力求高水准出版。本系列教材的建设，不仅有众多高校教师参与，也有大量知名的电子信息类企业支持。在此，谨向参与本系列教材策划、组织、编写与出版的广大教师、企业代表及出版人员致以诚挚的感谢，并殷切希望本系列教材在我国高等学校电子信息类专业人才培养与课程体系建设中发挥切实的作用。

吕志伟 教授

前言

PREFACE

数字图像处理技术是计算机视觉中的一个活跃分支。人们对该领域的兴趣在经历了20世纪70—80年代的爆炸性增长之后逐渐冷静,随之而来的是实际应用的蓬勃发展。数字图像处理技术在通信、宇宙探测、遥感、生物医学、工业生产、机器视觉、视频与多媒体系统等诸多领域都展现出巨大的应用价值。相比于雷达、卫星导航等这些能够直接带来巨大社会效益的技术,数字图像处理技术更像是一种辅助技术,能够将图像处理得更加符合人眼的视觉感知,让信息以一种更加直观明了的形式呈现在人们面前。

数字图像处理是一门涉及学科领域非常广泛的交叉学科,普遍被应用于通信、宇宙探测、遥感、生物医学、工业生产、机器视觉、视频与多媒体系统、科学可视化、电子商务等诸多领域。数字图像处理课程主要讲解数字图像处理的基本理论、方法,以及其在智能检测中的应用。数字图像处理研究的对象是图像,研究内容为如何将图像信号转换成数字信号,并利用计算机对其进行处理。数字图像处理课程是计算机类专业在本科阶段重要的课程之一,也是计算机视觉、模式识别、信息安全等学科重要的基础课程。该课程的理论性与实践性都比较强,对前期课程基础要求较高。在课时有限的条件下,如何提高教学质量和培养学生实践与应用能力,这是数字图像处理教学所面临的严峻挑战。

随着计算机软件及硬件技术的快速发展,数字图像处理技术的应用范围越来越广。人们要想准确、实时地采集图像,且确保图像的质量和清晰程度,就离不开数字图像处理技术的强大支撑。但是现有数字图像处理的书籍大多内容繁杂、重理论、轻实践,不利于培养学生的综合能力及自主学习能力。为此,本书对章节内容做了简化,尝试用通俗易懂的语言及实例去讲解原本晦涩的原理。同时,本书将理论与应用实例紧密结合,各章节均设置课后练习题及相应的实践大作业,将编程能力和系统设计能力作为培养的重点,便于读者快速掌握数字图像处理技术的基本理论与方法、实用技术及典型应用,让读者对于知识的理解不仅仅局限于书本,其思维和视野也得到了开阔。

本书从基础理论和技术应用两方面阐述了数字图像处理相关理论和技术应用,具体安排如下。

第1～2章主要介绍了图像处理的基础知识,并对图像处理的应用及其发展动向进行了分析;同时还介绍了图像视觉基础、像素运算、图像邻域运算等,使读者了解和掌握数字图像处理的基础知识,快速掌握数字图像处理的基本操作。

第3～7章主要介绍了图像变换、图像增强、图像复原、图像压缩、图像分割等图像处理技术,并给出了相关技术在生物医学、工业生产、科学可视化、电子商务等诸多领域的应用实例。

本书涵盖了数字图像处理技术的典型算法与应用,融合了作者所属课题组近五年在数字图像处理、监控视频智能分析等领域的研究成果。这些研究成果都是在国家自然科学基金项目(No. 61702347)、河北省自然科学基金项目(No. F2017210161),以及河北省教育厅科研基金项目(No. QN2017132)的支持下完成的。张嘉煜、李怡、郭凯娜、郭威、董旭、郭亚宁、李汶轩、杨攀亮、李文博、郑婷婷、宋洲臣等研究生参与了本书的撰写与整理工作,在此表示衷心的感谢!

由于作者水平有限,加之时间紧迫,书中难免存在不妥与疏漏之处。恳请读者批评指正,并提出宝贵意见,以便进一步完善。

作　者

2022 年 1 月

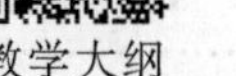

教学课件

源代码

目录
CONTENTS

第1章 绪论

CHAPTER 1

本章结构如图 1-1 所示,要求具体如下：

(1) 掌握图像、数字图像及数字图像处理的基本概念。

(2) 了解数字图像处理的内容。

(3) 掌握数字图像的特点。

(4) 了解数字图像处理的发展及应用。

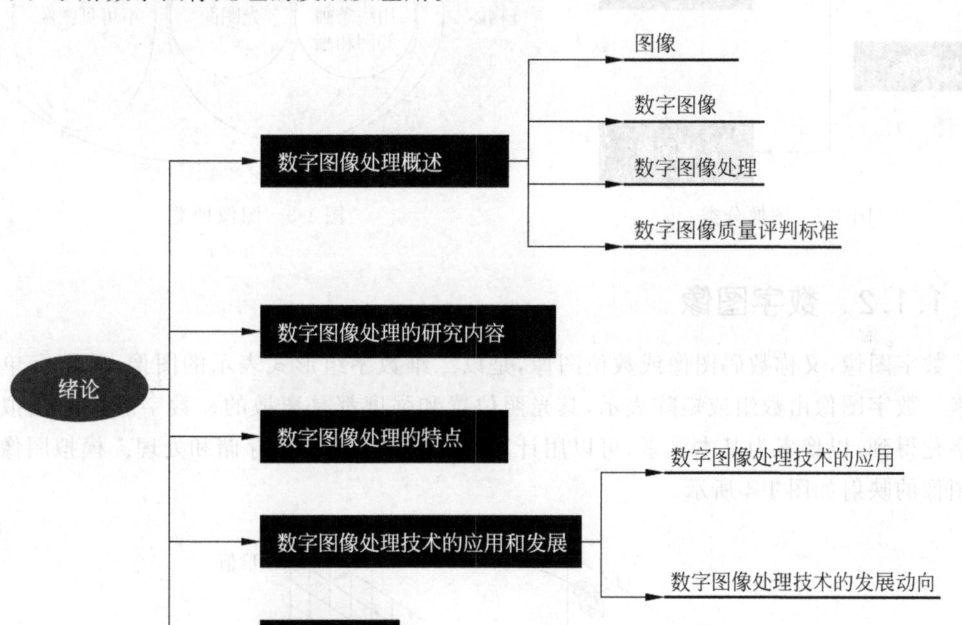

图 1-1 本章结构

1.1 数字图像处理概述

1.1.1 图像

图是物体投射光或反射光的分布,像是人的视觉系统对图的接收在大脑中所形成的印象或反映。图像是对客观对象的一种相似性的生动描述或写真,又或说是一种表示,包含了被描述对象的有关信息,即图像是客观描述和主观认识的结合。图像是物体的一种浓缩和高度概括的信息。广义地讲，凡是记录在纸质介质上的、拍摄在底片和照片上的、在电视、投影仪和计算机屏幕上显示的具有视觉效果的画面都可以称为图像。

根据不同的记录方式，图像可以被分为模拟图像和数字图像，如图 1-2 所示。模拟图像通过某种物理量（光、电等）的强弱变化来记录图像的亮度信息，例如模拟电视图像。数字图像则完全用数字（即计算机存储的数据）来记录图像的亮度信息。

根据人眼的视觉特性，图像可以被分为可见图像和不可见图像，如图 1-3 所示。由图 1-3 可知，可见图像的一个子集为图片，它包括照片、用线条画的图和画；另一个子集为光图像，即用透镜、光栅和全息技术产生的图像。不可见的图像包括不可见光成像，如用红外、微波等生成的图像，以及不可见测量值按数学模型生成的图像，如温度、压力、人口密度等分布图。本书的图像仅指图片。

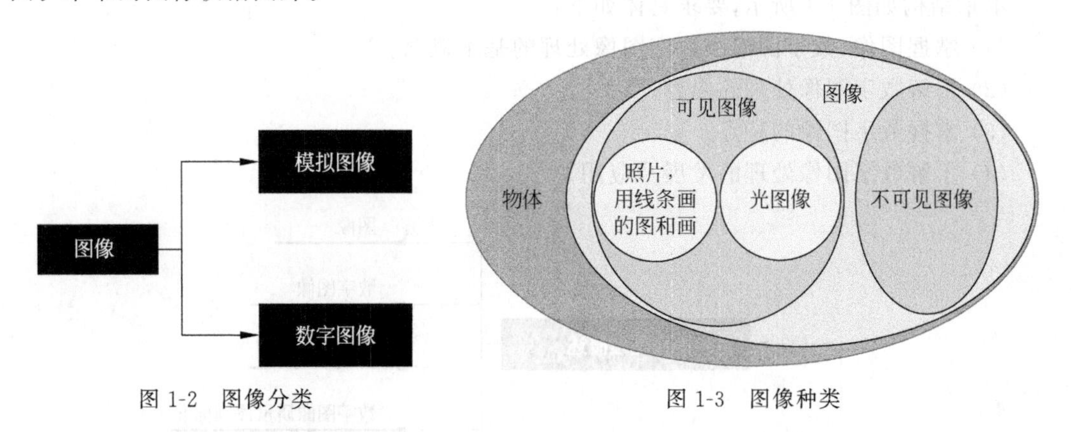

图 1-2 图像分类

图 1-3 图像种类

1.1.2 数字图像

数字图像，又称数码图像或数位图像，是以二维数字组形式表示的图像，其数字单元为像素。数字图像由数组或矩阵表示，其光照位置和强度都是离散的。数字图像由模拟图像数字化得到，以像素为基本元素，可以用计算机或数字电路进行存储和处理。模拟图像到数字图像的映射如图 1-4 所示。

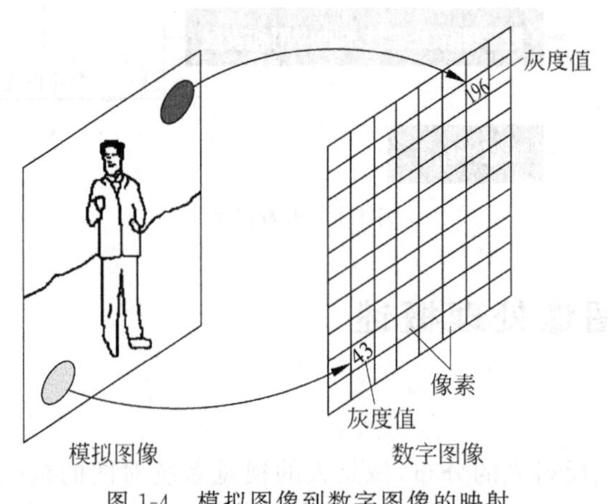

图 1-4 模拟图像到数字图像的映射

组成数字图像的基本单位是像素(Pixel),也就是说,数字图像是像素的集合。在模拟图像数字化时,通过对连续空间进行离散化可以得到像素。每个像素具有整数行(高)和列(宽)的位置坐标,同时也具有整数形式的灰度值或颜色值。

1.1.3　数字图像处理

数字图像处理(Digital Image Processing,DIP)是一种通过计算机对图像进行去除噪声、增强、复原、分割、提取特征等处理的方法和技术。数字图像处理的产生和迅速发展主要受3个因素的影响：①计算机的发展；②离散数学理论的创立和发展；③各个领域应用需求的不断增长。

一般来讲,数字图像处理的主要目的有3个：①为了提高图像的视觉感知质量,即通过对图像的亮度和色彩进行变换、增强,或者对图像进行几何变换,以达到该图像视觉感知质量的目的；②提取图像中所包含的某些特征,例如,频域特征、灰度或颜色特征、边界特征、区域特征、纹理特征、形状特征、拓扑特征、关系结构等,这些图像特征可以为计算机分析图像提供便利；③对图像数据进行变换、编码和压缩以更加方便地进行图像的传输和存储。

1.1.4　数字图像质量评判标准

数字图像的质量评判标准一般可以分为主观评价和客观评价。主观评价由平均主观得分(Mean Opinion Score,MOS)和平均主观得分差(Difference Mean Opinion Score,DMOS)来表示。客观评价主要是通过图像的均方误差(Mean Square Error,MSE)和峰值信噪比(Peak Signal-to-Noise Ratio,PSNR)来表示。图1-5所示为数字图像的质量评判分类。

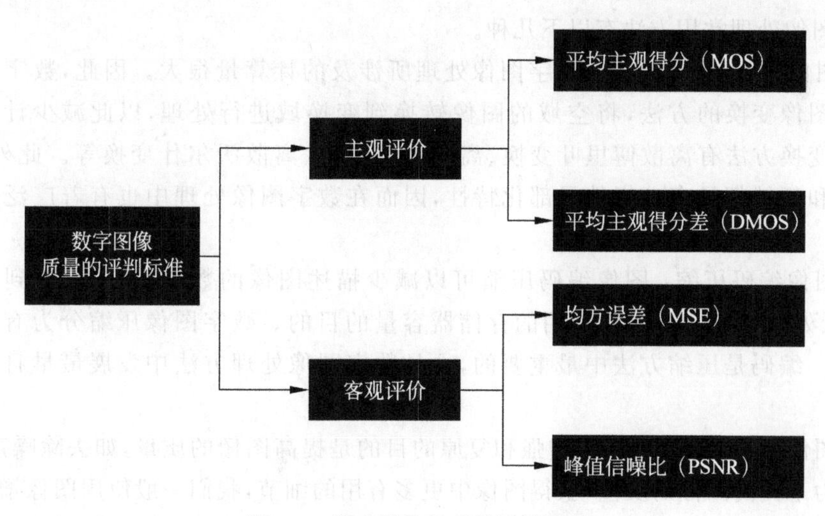

图1-5　数字图像的质量评判标准

1. 平均主观得分和平均主观得分差

平均主观得分是通过对观察者的评分进行归一化来判断图像质量。平均主观得分差是通过观察者对无失真图像和有失真图像评价得分之差进行归一化来判断图像质量。客观评价方法是由计算机根据算法进行计算,得出视频或者图像的质量指标。

客观评价方法尽量让计算机从人的主观视角出发，来预测特定视频的评分，而不同客观评价指标与主观感受符合程度之间的差距较大。客观评价指标可以基于预测的准确性、一致性、稳定性、单调性来进行衡量。准确性指主观评价打分和客观评价指标分数的相似性。一致性指不应仅对某种类型的视频或者图像表现良好，而是应该对所有类型的视频或者图像表现良好。稳定性指对同一视频或者图像不同次数的评价结果应该相同或其误差在可接受的范围内。单调性指评价分数应该随着评价指标的增加或减少呈现出相应的增加或减少趋势。

2. 均方误差和峰值信噪比

图像质量的优劣既可以通过人眼的主观视觉来判断，也可以通过均方误差（Mean Square Error，MSE）和峰值信噪比（Peak Signal to Noise Ratio，PSNR）这两个客观指标来衡量。MSE 和 PSNR 的计算如式(1-1)和式(1-2)所示。

$$\mathrm{MSE}=\frac{1}{MN}\sum_{i=1}^{N}\sum_{j=1}^{M}(f_{ij}-f'_{ij})^2 \tag{1-1}$$

$$\mathrm{PSNR}=10\lg\frac{L^2}{\mathrm{MSE}} \tag{1-2}$$

其中，N 和 M 分别表示 x 轴方向和 y 轴方向图像像素的个数；f_{ij} 和 f'_{ij} 分别表示原图像和测试图像在点 (i,j) 的取值；L 表示图像灰度值的取值范围，对于 8bit 的灰度图像而言，$L=256$。

1.2 数字图像处理的研究内容

数字图像处理常用方法有以下几种。

(1) 图像变换：通常来说，数字图像处理所涉及的计算量很大。因此，数字图像处理往往采用图像变换的方法，将空域的图像转换到变换域进行处理，以此减少计算量。常用的图像变换方法有离散傅里叶变换、离散余弦变换、离散沃尔什变换等。此外，小波变换在时域和频域都具有良好的局部化特性，因而在数字图像处理中也有着广泛而有效的应用。

(2) 图像编码压缩：图像编码压缩可以减少描述图像的数据量，从而达到节省图像传输、降低处理时间和减少所占用的存储器容量的目的。数字图像压缩分为有损压缩和无损压缩。编码是压缩方法中最重要的，也是数字图像处理方法中发展最早且比较成熟的方法。

(3) 图像增强和复原：图像增强和复原的目的是提高图像的质量，如去除噪声、提高清晰度等。为了提高图像的质量，获得图像中更多有用的细节，我们一般使用图像增强进行处理。图像增强常见的方法有灰度变换（线性变换、对数变换、伽马变换）、直方图修正（直方图均衡化、直方图规定化）、图像平滑、图像锐化等。当已知图像质量下降的原因时，为了提高图像的质量，可用图像复原对图像进行校正。

(4) 图像分割：图像分割是数字图像处理的关键技术之一，该技术可以将图像中有意义的特征提取出来。有意义的图像特征有图像边缘、目标等，这是进一步进行图像识别、分析和理解的基础。

(5) 图像分类：图像分类属于模式识别的范畴，其主要内容是对经过某些预处理的图像进行分割和特征提取，从而进行判决分类。

1.3 数字图像处理的特点

数字图像处理对图像信息进行加工、处理和分析，以使其满足人的视觉或心理需要，以及某种实际应用的要求。计算机按照采集、分析、识别判断的过程完成对图像的处理。数字图像处理的特点包括以下几点。

(1) 再现性好：数字图像可以被多次复制，且不失真，不退化。

(2) 精度高：现有图像处理技术可以将一幅模拟图像进行数字化处理为任意精度的二维数组。

(3) 适用面宽：数字图像处理可处理多种类型的图像，如X射线图像、超声波图像、红外图像等。

1.4 数字图像处理技术的应用和发展

1.4.1 数字图像处理技术的应用

图像是获取和交换信息的主要来源，因此，图像处理的应用领域必然涉及人类生活和工作的方方面面。随着人类活动范围的不断扩大，数字图像处理技术的应用领域也随之不断扩大。

1. 生物医学领域

数字图像处理技术在生物医学领域的应用十分广泛，而且很有成效。例如，在医用显微图像处理中，数字图像处理可以对红细胞、白细胞、染色体、癌细胞等进行分析识别。又如，数字图像处理在X光肺部图像增强清晰度、超声波图像处理、心电图分析、立体定向放射治疗等医学诊断方面也得到了广泛应用。

2. 航空航天领域

在航天航空领域，数字图像处理技术也十分重要。美国国家航空航天局(National Aeronautics and Space Administration，NASA)除了在月球和火星照片的处理中使用数字图像处理，在飞机遥感及卫星遥感技术中也广泛使用数字图像处理技术。

3. 通信工程领域

目前，在通信领域，其技术主要发展方向是声音、文字、图像和数据相结合的多媒体通信技术。具体地讲，这种多媒体通信技术是将有线电视网、电信网和互联网以三网合一的方式在数字通信网上传输。其中以图像通信最为复杂和困难，这是因为图像的数据量十分巨大。从一定意义来讲，图像的编码压缩是多媒体通信技术的关键。除了已被广泛应用的熵编码、差分脉冲编码调制(Differential Pulse Code Modulation，DPCM)、变换编码外，国内外正在大力研究和研发其他的编码方法，如分形编码、自适应网络调制与编码、图像的小波变换编码等。

4. 工业和工程领域

在工业和工程领域中，数字图像处理技术有着广泛的应用。零部件无损检测、焊缝及内部缺陷检查、流水线零件自动检测识别、包裹自动分拣、印制板质量/缺陷的检出、生产过程的监控、交通管制、机场监控、金相分析、运动车辆/船只的监控、密封元器件内部质量检查等应用都离不开图像处理技术。

5. 军事公安领域中的应用

在军事方面,图像处理技术主要用于导弹的精确末制导,对各种侦察照片的判读,军事自动化指挥系统,飞机、坦克和军舰模拟训练系统等。在公安业务方面,图像处理技术主要用于图片的判读分析、指纹识别、人脸识别、不完整图片的复原,以及交通监控、事故分析等。目前已投入运行的高速公路不停车收费系统对车辆和车牌的自动识别就是数字图像处理技术成功应用的例子。

6. 机器视觉领域

机器视觉作为智能机器人的重要感觉器官,主要进行三维景物的理解和识别,是目前被广泛研究的开放课题。机器视觉系统主要用于军事侦察、危险环境的探测与操作、邮政/医院/家庭服务、装配线工件识别/定位、太空机器人自动操作等,数字图像处理技术是其核心技术之一。

7. 其他领域

除了上述领域外,图像处理技术也在其他领域发挥着重要的作用。例如,图像的远距离通信、可视电话;服装试穿显示;理发发型预测显示;视频会议;视频监控等。在电子商务应用中,数字图像处理技术也大有可为,如身份认证、产品防伪、水印等。

总而言之,数字图像处理技术的应用领域相当广泛。数字图像处理技术在信息安全、经济发展、日常生活中扮演着越来越重要的角色,对国计民生的作用不可低估。

1.4.2 数字图像处理技术的发展动向

数字图像处理技术仍有许多问题需要解决,具体如下。

(1) 在进一步提高精度的同时着重解决处理速度低的问题。例如,在航天遥感、气象云图处理方面,巨大的数据量和处理速度仍然是需要解决的问题。

(2) 加强软件研究,开发新技术。特别要注意借鉴和移植其他学科的技术和研究成果,如小波分析、分形几何、形态学、遗传算法、神经网络等创造新的数字图像处理技术。

(3) 加强边缘学科的研究,促进数字图像处理技术的发展。例如,在对人的视觉、心理等特性的研究上,如果有所突破,那么将对数字图像处理技术的发展起到极大的促进作用。

(4) 加强理论研究,逐步形成图像处理自身的理论体系。

(5) 在图像处理技术领域,图像具有信息量大、数据量大的特点,因而图像信息的建库、检索和交流是一个重要的问题。该问题可通过建立图像信息库、统一存放格式、建立标准子程序、统一检索等方法解决。

(6) 围绕高清晰度电视(High Definition Television,HDTV)的研制,研究人员开展图像实时处理的理论及技术研究,向着更高速、更高分辨率、立体化、多媒体化、智能化和标准化的方向努力。

(7) 图像、图形相结合,使数字图像处理技术朝着三维成像或多维成像的方向发展。

(8) 硬件芯片研究。把图像处理的众多功能固化在芯片上,使数字图像处理技术更便于应用。

1.5 本章小结

本章是数字图像处理的绪论部分，着重介绍了包括图像、数字图像、数字图像处理，以及数字图像质量评判标准等基本概念；同时，详细阐述了数字图像处理的研究内容，以及数字图像处理的特点。此外，本章还对数字图像处理的应用及数字图像处理的发展动向进行了展望。

课后作业

(1) 图像的概念是什么？

(2) 图像可以分成哪几类？请分别解释其含义。

(3) 请简述数字图像质量的评判标准。

(4) 图像处理的特点有哪些？

(5) 请简述图像处理的分类。

(6) 除本章举例之外，你还能列举图像处理的哪些应用领域及场景？

(7) 在一些常规体检中，经常要进行X射线照片和胸透等检查，请分析这些医学成像设备采用了哪些数字图像处理技术。这些技术对医学检查和诊断具有哪些作用？

第 2 章 数字图像基础及其基本运算

CHAPTER 2

本章的结构如图 2-1 所示，具体要求如下：

（1）了解视觉基础的相关知识。

（2）了解数字图像基础的相关知识。

（3）掌握数字图像的基本运算。

（4）掌握像素运算的方法。

（5）掌握图像邻域运算的方法。

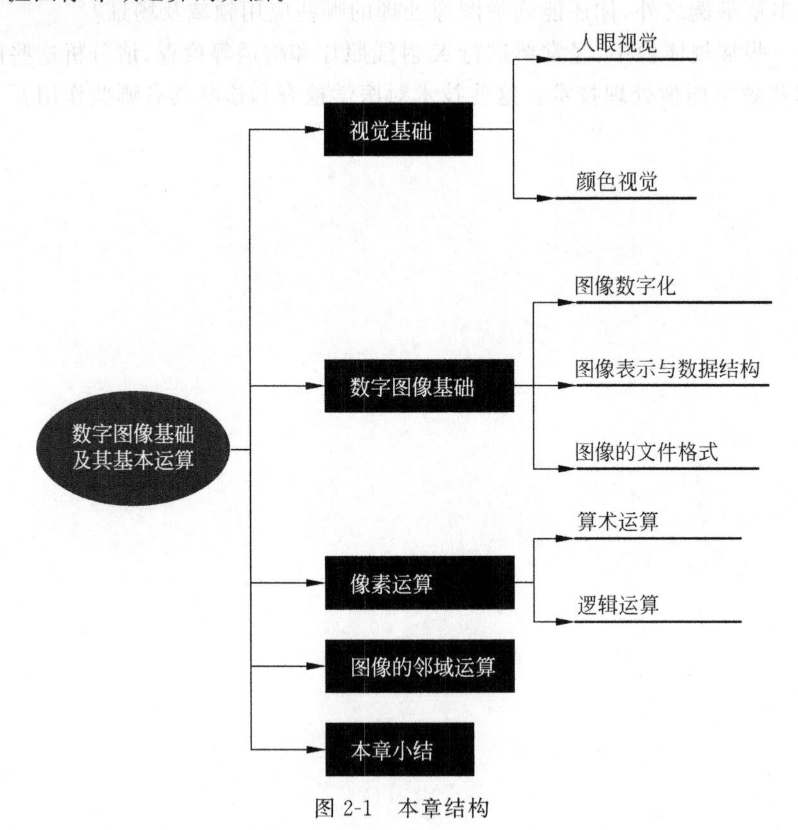

图 2-1　本章结构

2.1 视觉基础

视觉感知是一种使用环境中的物体反射的可见光解释周围环境的能力。视觉感知的理论和观察是计算视觉的主要灵感来源,通过研究人类视觉系统的生理结构和工作方式,使机器能够解释来自摄像机或传感器的图像。

2.1.1 人眼视觉

眼睛是一个可以感知光线的器官,是人类感官中重要的器官,简单的眼睛结构可以感知周围环境的明暗,复杂的眼睛结构可以提供视觉。人类的大脑中的大部分信息都是通过眼睛获取的。读书写字、看图赏画、识人赏景等都离不开眼睛。眼睛能辨别不同颜色和亮度的光,并将这些信息转变成神经信号,传送给大脑。眼睛通过调节晶状体的屈光来改变晶状体焦距,获得倒立的、缩小的实像。

1. 人眼视觉系统

人眼视觉系统是世界上最好的图像处理系统,但不是最完美的。人眼的视觉系统对图像的认知是非均匀和非线性的,并不是对图像的所有变化都能感知的。例如,由图像系数的量化误差引起的图像变化在一定范围内是人眼觉察不到的。因此,如果图像的编码算法能利用人眼视觉系统的特点,那么可以得到人眼感知不到的高压缩比的图像。对人眼视觉系统进行研究并建立各种数学模型,一直是图像数字编码算法的基础。

人眼视觉系统在人类探求、认知客观世界及主观内心的过程中扮演着重要角色,是人类获取外界信息的主要途径。统计科学研究表明大部分的外界信息通过人眼所获得。人眼视觉系统还能快速有效地分析及解读所获得的信息,从而使人类能够感知外界事物。因此,研究和分析人类视觉系统的组成及其视觉特性具有重要的理论及实际意义。人类眼球的结构和照相机的成像原理如图 2-2 所示,其中,图 2-2(a)所示为人类眼球的结构(横切面),图 2-2(b)所示为照相机的成像原理。

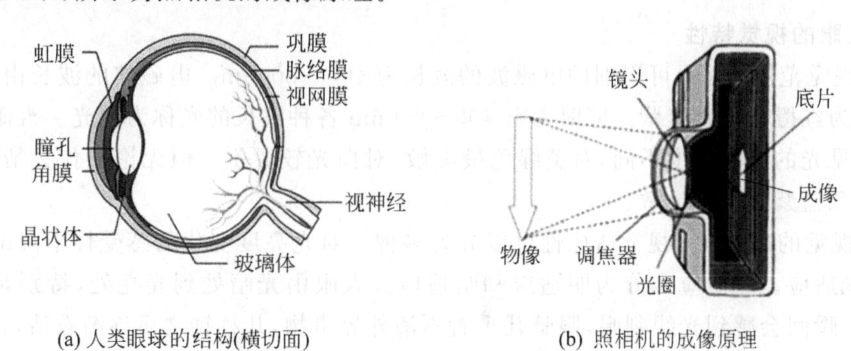

图 2-2　人类眼球结构和照相机的成像原理

从图 2-2(a)可以看出,角膜是位于眼球的最前端的一层透明薄膜,是光线进入眼球的第一道关口。角膜的组织结构分 5 层:上皮层、前弹力层、基质层、后弹力层、内皮细胞层。角膜的上皮层有十分敏感的神经末梢,但这些神经末梢对低温不敏感。透明的角膜后是不透明的虹膜,虹膜中间的圆孔称为瞳孔。瞳孔的直径可调节,能够控制进入人类眼球的光通量，其功能相当于照相机的光圈。晶状体位于瞳孔之后，是一个扁球形弹性透明体，晶状体的曲率可调节，能改变焦距，使不同距离的物体在视网膜上成像。晶状体的功能相当于照相机的透镜。脉络膜位于视网膜和巩膜之间，眼内腔充满玻璃体。脉络膜含有相当多的色素，有遮光作用，使得眼内腔变得像暗箱一样。脉络膜的后面就是视网膜，其集中了大量的视细胞。视网膜的功能相当于照相机底片的功能。

视细胞分为两类：第一类是视锥细胞，在强光条件下，对光的强弱和色彩进行辨别，具有较高的视觉敏感性和细节辨别性。一个视锥细胞连接着一个视神经末梢。第二类是视杆细胞，即暗视觉器官，可在弱光条件下，检测光的亮度，无色彩感觉。多个视杆细胞连接一个视神经末梢，具有较弱的视觉敏感性，仅能分辨物体的轮廓。

人眼成像原理如图 2-3 所示。当自然界的光线经过角膜、晶状体、玻璃体等屈光系统的折射后，聚集在视网膜上，形成光的刺激。视网膜的感光细胞受到光的刺激后，经过一系列物理和化学变化，产生了电流(即神经冲动)。电流经由视网膜神经纤维传导至视神经。两眼的视神经在脑垂体附近会合，最后到达大脑皮层的视觉中枢，产生视觉，形成物体的像。视网膜的像是上下颠倒、左右相反的，大脑皮层的视觉中枢将像反转，使最终的像和实际物体一样。

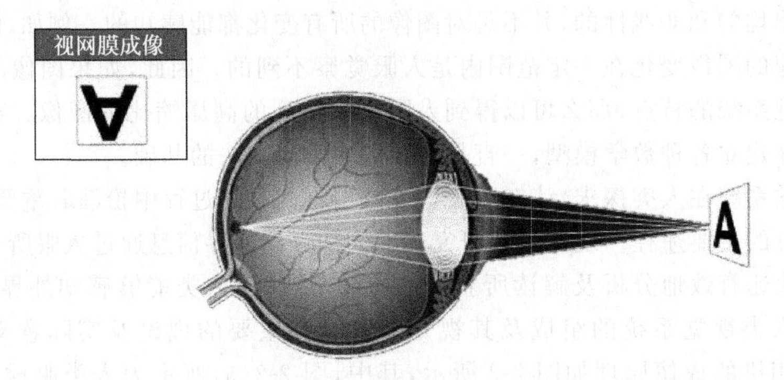

图 2-3　人眼成像原理

2. 人眼的视觉特性

(1) 视觉范围：人眼可识别的电磁波的波长为 400～800nm。电磁波的波长由长至短，光色分别为红橙黄绿青蓝紫。同时含有 400～800nm 各种波长的光称为白光。人眼对不同颜色的可见光的灵敏程度不同，对黄绿色最灵敏，对白光较灵敏。但无论在什么情况下，人眼对红光和蓝紫光都不灵敏。

(2) 视觉的适应性：视觉适应性可以分为多种。对光亮度变化的感受性下降的变化现象，叫作光适应。光适应又分为明适应和暗适应。人眼由光暗处到光亮处，特别是到强光时，最初一瞬间会感到光线刺眼，眼睛几乎看不清外界事物，几秒钟之后逐渐看清，这种现象称为明适应。从光亮处进入光暗处，人眼对光的敏感度逐渐增加，约 30min 达到最大限度，这种现象称为暗适应。暗适应是视细胞的基本功能。

(3) 视觉暂留：视觉暂留又称为余晖效应，是指物体忽然从眼前离开，其在视网膜上产生的视觉形象并不会同时消失，而是会持续一段时间。视觉暂留的时间长短与光线的颜色、强弱、观看时间长短有关，一般为 0.05～0.1s。由于视觉残留的时间长短有一定的范围，当作用于人眼的光脉冲频率不够高时，人眼能分辨出有光和无光的亮度差别，因而产生一明一暗的感觉，这种现象称为闪烁效应。当光脉冲的频率增加到某个数值时，人眼察觉不到有光的明暗变化，而是一种连续的感觉，那么，这种刚好感觉不到闪烁效应的频率称为临界闪烁频率。研究发现，临界闪烁频率大概为 48 次/s，电视的闪烁频率满足这个要求，即每秒画面切换的次数是大于或等于 48，因而人眼察觉不到画面切换过程中的闪烁现象。

(4) 人眼分辨力：人眼的分辨力是指人眼对所观察的实物细节或图像细节的辨别能力，具体量化起来就是能分辨出平面上的两个点的能力。人眼的分辨力是有限的。在一定的距离、对比度和亮度的条件下，人眼只能分辨小到一定程度的点，如果点更小，就分辨不出来了。人眼的分辨力决定了影视工作者力求达到的图像清晰度的指标，也决定了所使用图像分辨率的合理值。人眼分辨图像细节的能力也被称为视觉锐度，视觉锐度的大小用能观察清楚的两个点的视角来表示，最小的分辨视角称为视敏角。视敏角越大，能分辨的图像细节越粗糙；视敏角越小，能分辨的图像细节越细致。

(5) 视觉的心理学特性：视觉过程除了包括一些基于生理基础的物理过程之外，还包括许多先验知识发挥作用的过程。这些先验知识被归结为视觉的心理学特性，使人眼出现视错觉。

3. 亮度视觉

人眼的主要作用是接收光，并将光信息传递给大脑。这种传递到大脑的光信息就是视觉。很显然，不同的光线会产生不同的视觉。影响人眼视觉的两个重要因素分别是亮度和颜色。

亮度视觉即人眼能够感觉到的光的亮度。人眼能感觉到的亮度范围为 $10^{-2}\sim10^{6}\,\mathrm{cd/m^2}$。虽然人眼的亮度视觉范围很宽，但并不能在同一时间感受到如此大范围的亮度。当平均亮度适中，即亮度范围处于 $10\sim10^{4}\,\mathrm{cd/m^2}$ 时，人眼可分辨的最大和最小亮度比为 1000∶1，平均亮度较高或较低时可分辨的最大和最小亮度比只有 10∶1，通常情况下为 100∶1；人眼可分辨的电影屏幕的最大和最小亮度比约为 100∶1，可分辨的显像管的最大和最小亮度比约为 30∶1。

可见光谱如图 2-4 所示。在亮度低于 $10^{-2}\,\mathrm{cd/m^2}$ 的暗环境中，如夜间，人眼的视锥细胞失去感光作用，视觉功能主要依靠视杆细胞，因而人眼失去辨别彩色的能力，仅能辨别白色和灰色。

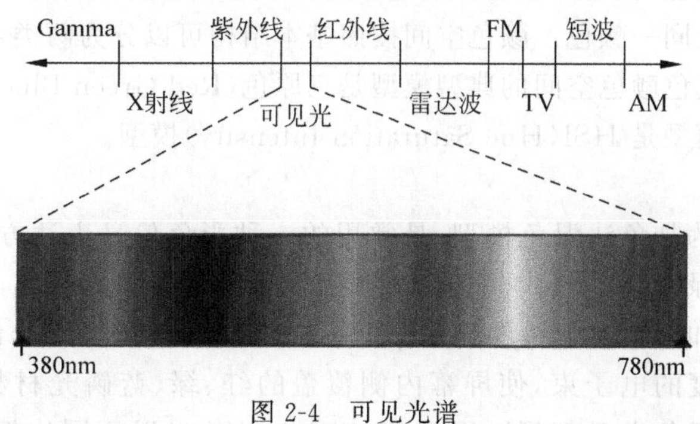

图 2-4　可见光谱

4. 人眼的视觉错误

由于视觉神经受大脑控制，当人眼观察某件事物时，会根据已有知识、经验或者惯性思维对所看到的东西加以修正。正因如此，人眼在看到一些图片时会产生错觉。一些有关于人眼视觉错误的现象具体如下。

（1）马赫带现象。

人眼对局部亮度的感觉不仅取决于该区域的反射光，而且取决于周围的环境。当人眼在观察均匀的黑区与均匀的白区形成边界时，看到的情况与实际情况不一致，产生了如图 2-5 所示的马赫带现象。该现象使人眼在亮度变化区域产生一种暗区更暗，亮区更亮的感觉。这一更暗和更亮的光带叫马赫带。

（2）空间错觉。

空间错觉是带有主观经验性的人眼错觉。当人眼观察物体时，由于受到形、光、色的干扰，加上人们的生理和心理原因而误认物体，产生与实际情况不符的判断性的视觉误差。空间错误示例如图 2-6 所示，上面的线段比下面的看起来更长些，这就是空间错觉。

（3）主观轮廓。

主观轮廓又称为认知轮廓、错觉轮廓，是指在物理刺激为同质的视野中直觉到的轮廓，通常是指实际上并不存在，只是视觉上认为存在的轮廓线。主观轮廓示例如图 2-7 所示，人眼能够看到实际并不存在的圆形轮廓线，这就是主观轮廓。

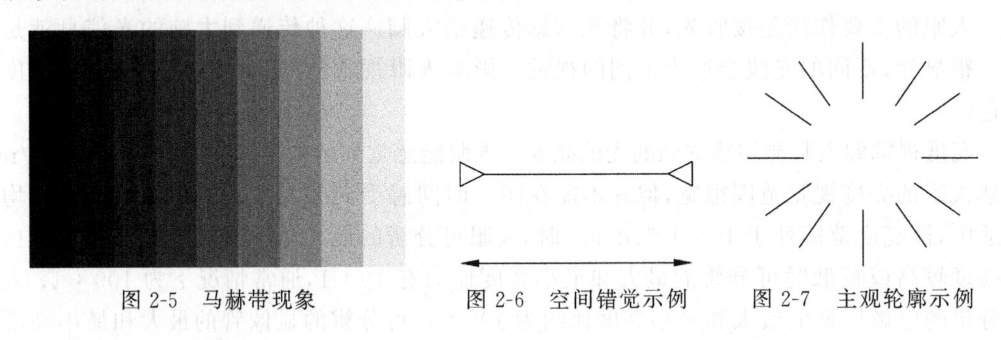

图 2-5　马赫带现象　　图 2-6　空间错觉示例　　图 2-7　主观轮廓示例

2.1.2　颜色视觉

颜色，通常使用 3 个独立属性来描述，是这 3 个独立属性综合作用的结果。这 3 个独立属性构成一个空间坐标，也就是所谓的颜色空间。颜色本身是客观的，不同的颜色空间只是从不同的角度来衡量同一颜色。颜色空间按照基本结构可以分为两类：基色颜色空间和色亮分离颜色空间。基色颜色空间的典型模型是三原色(Red Green Blue，RGB)模型，色亮分离颜色空间的典型模型是 HSI(Hue Saturation Intensity)模型。

1. RGB 模型

RGB 模型又称为加色法混色模型，是常用的一种彩色信息表达方式。RGB 模型使用三基色——红(R)、绿(G)和蓝(B)，将这 3 种色光以不同的比例相加，产生多种多样的色光。计算机显示器和彩色电视机的显示原理一样，都是采用 R、G、B 色光相加的原理，通过发射 3 种不同强度的电子束，使屏幕内侧覆盖的红、绿、蓝磷光材料发光而产生色彩。在 RGB 模型中，任意色光 F 都可以用 R、G、B 这 3 种色光以不同比例的相加而成。当三基色分量都为 0(最弱)时，混合出来的光为黑色光；当三基色分量都为 255(最大)时，混合出来的为白色光。

一般来说，显示器的位深为 8bit，$2^8=256$，因此，在 RGB 模型中，每种基色可分为

0～255，共计256个等级。当确定了R、G、B三基色的等级，就能确定某种具体的颜色，比如，(255,0,0)为红色，(0,255,0)为绿色，(0,0,255)为蓝色。当3种基色的等级相等时，产生灰色光；当等级均为255时，产生纯白色光；当等级均为0时，产生纯黑色光。

RGB模型可以看作三维直角坐标的一个单位正方体，如图2-8所示。x轴代表R，向左下增加；y轴代表G，向右增加；z轴代表B，向上增加；原点(O)代表黑色。单位正方体内的不同点对应不同的颜色，这些颜色可以用从原点到该点的矢量来表示，其中坐标值分别代表R、G、B的比例。也就是说，任何一种颜色在RGB模型中可以用三维空间中的一个点来表示。

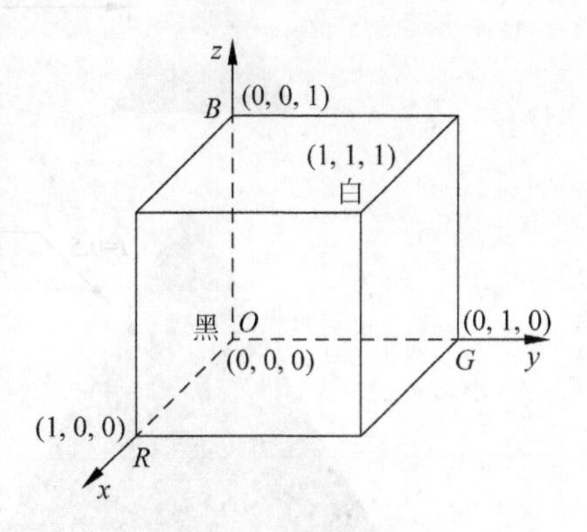

图2-8　RGB模型

RGB模型是依据人眼能识别的颜色而定义的颜色空间，可表示大部分颜色。科学研究一般不采用RGB模型，因为它的细节难以进行数字化调整，且将符合人眼视觉的色调、亮度、饱和度放在一起表示，很难将它们分开。RGB模型是面向硬件的最常用的颜色模型，大多用于彩色监视器、彩色视频摄像机、电视机、计算机显示器等。

2. HSI模型

HSI模型是一种数字图像的颜色模型，由美国色彩学家孟塞尔(H. A. Munsell)于1915年提出。该模型反映了人的视觉系统感知颜色的方式，以色调(Hue)、饱和度(Saturation)和亮度(Intensity)这3种基本特征分量来感知颜色。HSI模型的建立基于两个重要的特点：①H、S、I这3种分量与图像的颜色信息无关；②H分量和S分量与人感受颜色的方式紧密相连。这些特点使HSI模型非常适合用于颜色特性的检测与分析。色调、饱和度和亮度的变化情况如图2-9所示，色调(H分量)、饱和度(S分量)和亮度(I分量)3种基本特征分量的说明如下。

(1) H分量：与光波的频率有关，表示人眼对不同颜色的感受，如红色、绿色、蓝色等；也可表示一定范围的色调，如暖色、冷色等。色调H的取值范围为0～360。

(2) S分量：表示颜色的纯度。纯色是完全饱和的，加入白光后，其饱和度会被稀释。饱和度为一种表示纯色被白光稀释程度的度量。饱和度越大，颜色看起来越鲜艳，反之亦然。饱和度S的取值范围为0～1。

(3) I分量：与成像亮度和图像灰度相对应，表示颜色的明亮程度。亮度是一种主观描述，实际上是不可以测量的，体现了无色的强度概念，并且是描述彩色感觉的关键参数。亮度I的取值范围为0～1。

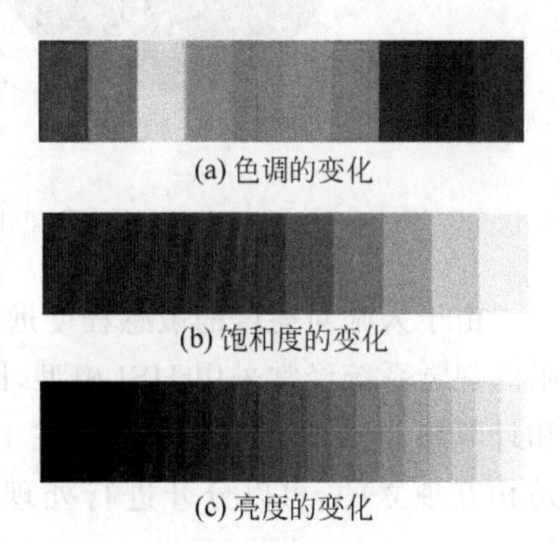

(a) 色调的变化

(b) 饱和度的变化

(c) 亮度的变化

图2-9　色调、饱和度和亮度的变化情况

HSI模型可以用双六棱锥或双椎体来表示，具体如图2-10所示。在这两种表示方式中，H轴表示色调，其取值范围为[0,360°]，其中，纯红色的角度为0，纯绿色的角度为120°，纯蓝色的角度为240°；S轴表示饱和度，是颜色空间中任意一点到I轴的距离；I轴表示强度，取值范围为 0~1。当 $I=0$ 时，H、S 无定义；当 $S=0$ 时，H 无定义。

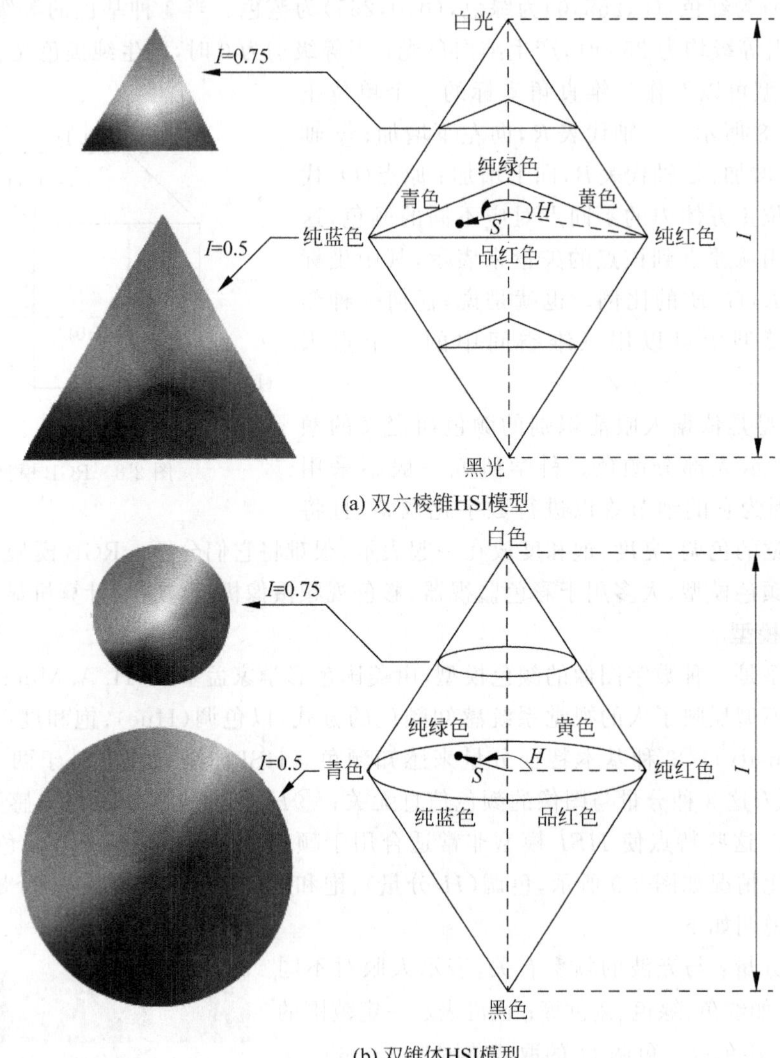

图 2-10　HSI 模型的两种表示方式

由于人眼对亮度的敏感程度远强于对颜色的敏感程度，为了便于颜色的识别和处理，人眼的视觉系统经常采用 HSI 模型，因为它比 RGB 模型更符合人眼的视觉特性。图像处理和计算机视觉的大量算法都可在 HSI 模型中方便地被使用，这是因为 HSI 模型的三分量是相互独立的，可以分开进行处理。因此，HSI 模型可以大大简化图像分析和处理的工作量。

3. 颜色模型之间的转换

RGB 模型和 HSI 模型是同一物理量的不同表示方法。既然它们都是人类对颜色直观的表示方式，那么对于同一种颜色的表示必然能够相互转换。RGB 模型和 HSI 模型之间的转换方法具体如下。

由 RGB 模型转换到 HSI 模型，H 分量 H、S 分量 S、I 分量 I 的计算方法分别如式(2-1)~

式(2-3)所示。

$$H=\begin{cases}\theta, & G\geqslant B\\ 180°\theta, & G<B\end{cases},\quad \theta=\cos^{-1}\left\{\frac{\frac{1}{2}[(R-G)+(R-B)]}{\sqrt{(R-G)^2+(R-B)(G-B)}}\right\} \tag{2-1}$$

$$S=1-\frac{3\min(R,G,B)}{R+G+B} \tag{2-2}$$

$$I=\frac{1}{\sqrt{3}}(R+G+B) \tag{2-3}$$

由 HSI 模型转换到 RGB 模型,R 分量 R、G 分量 G、B 分量 B 的计算方法分别如式(2-4)~式(2-6)所示。

当 $0°\leqslant H<120°$时,

$$\begin{aligned}R&=\frac{I}{\sqrt{3}}\left[1+\frac{S\cos(H)}{\cos(60°-H)}\right]\\ B&=\frac{I}{\sqrt{3}}(1-S)\\ G&=\sqrt{3}I-R-B\end{aligned} \tag{2-4}$$

当 $120°\leqslant H<240°$时,

$$\begin{aligned}G&=\frac{I}{\sqrt{3}}\left[1+\frac{S\cos(H-120°)}{\cos(180°-H)}\right]\\ R&=\frac{I}{\sqrt{3}}(1-S)\\ B&=\sqrt{3}I-R-G\end{aligned} \tag{2-5}$$

当 $240°\leqslant H<360°$时,

$$\begin{aligned}B&=\frac{I}{\sqrt{3}}\left[1+\frac{S\cos(H-240°)}{\cos(360°-H)}\right]\\ G&=\frac{I}{\sqrt{3}}(1-S)\\ R&=\sqrt{3}I-G-B\end{aligned} \tag{2-6}$$

2.2 数字图像基础

2.2.1 图像数字化

图像数字化就是把一幅模拟图像分割成一个个小的单元,这些单元叫作像素或者像素。每个像素用量化的整数来表示其灰度,这些整数形成一幅点阵式的数字图像。图像数字化用的是计算机图形图像技术,并在测绘学、摄影测量、遥感学等学科被广泛应用。图像数字化主要包含采样和量化两个过程,下面展开详细介绍。

1. 采样

采样是指将空间上连续的模拟图像转换成离散的采样点(即像素)集的操作,其示例如图 2-11 所示。简单来说,采样就是把一幅模拟图像在空间上分割成 $M\times N$ 个网格,一个网格则是一个像素。采样的实质是图像空间坐标的数字化,即用多少个网格来描述一幅图像。

图 2-11 图像采样示例

采样质量的好坏用分辨率来衡量。一幅图像最终被采样为由有限个像素构成的集合。例如,一幅图像的分辨率为 640×480,表示这幅图像由 640×480=307 200 个像素组成。

采样间隔和采样孔径是采样的两个重要参数,如图 2-12 所示。当进行采样时,采样间隔的选取很重要,其大小决定了采样后的图像反映原图像的真实程度。如图 2-12(a)所示,采样间隔指两个采样点之间的距离。采样间隔越大,图像的像素就越少,空间分辨率就越低,采样质量越差。采样间隔越小,图像的像素就越多,空间分辨率越高,采样质量好,但数据量大。一般来说,原图像的画面越复杂,色彩越丰富,其采样间隔应越小。采样孔径一般为圆形、正方形、长方形和椭圆形。采样孔径的概念比较抽象,本章以图 2-13 所示的两幅图为例进行讲解。

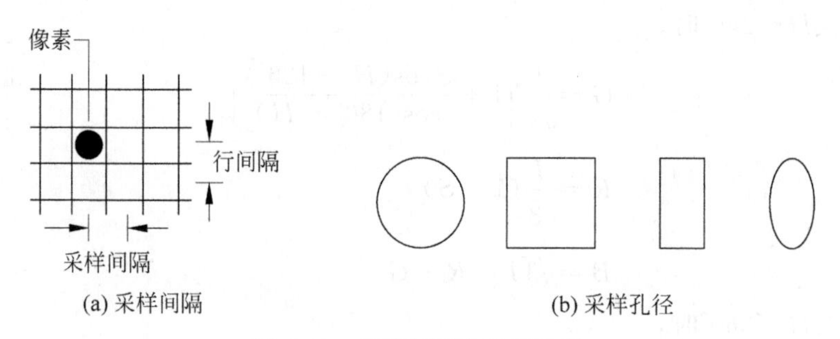

图 2-12 采样间隔和采样孔径

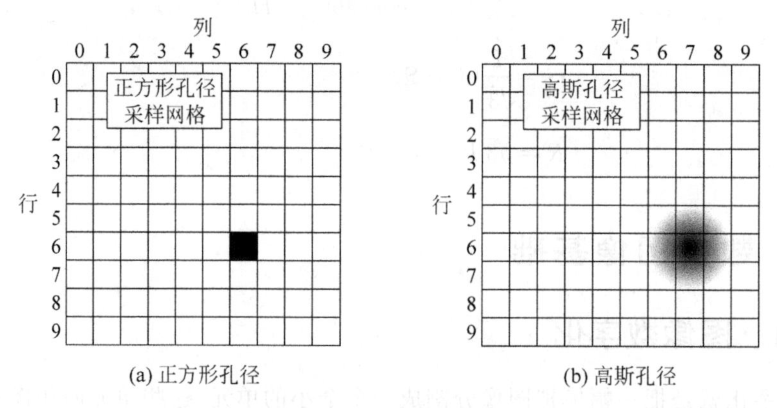

图 2-13 采样孔径

由图 2-13(a)中可以看出,当光照进图像内的任意一个正方形像素的时候,只会影响该像素的灰度值,而不会对其他像素的灰度值产生影响。这是因为图中黑色采样孔径精确地填补了正方形像素区域,从而使所有的光都被检测到,并且相邻像素之间没有重叠或串扰。换句话说,采样孔径与采样间隔是完全相等的。由图 2-13(b)可以看出,采样孔径比采样间隔大得多,且呈高斯分布,这就意味着一束窄光束射到探测器将贡献几个相邻像素的灰度值。

采样还分为均匀采样和非均匀采样两种,其示例如图 2-14 所示。均匀采样将图像分成离散的且均等的网格。非均匀采样根据图像细节的丰富程度来改变采样间隔,细节丰富的地方,采样间隔小,否则采样间隔大。如图 2-14(b)所示,灰度变化较快的区域采用小的采样间隔;灰度变化比较平滑的区域采用大的采样间隔。数字图像一般采用均匀采样。

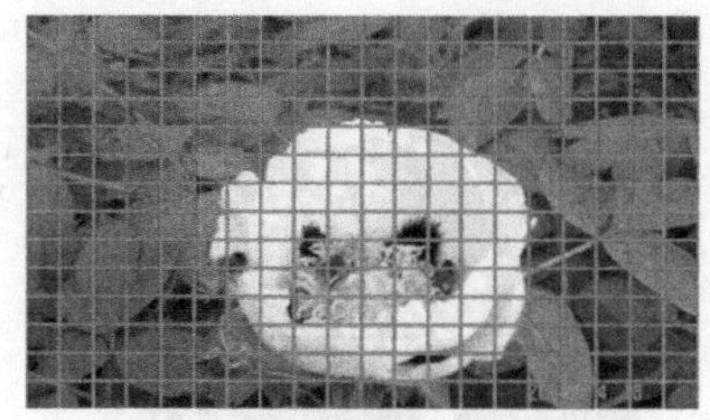
(a) 均匀采样

(b) 非均匀采样

图 2-14 均匀采样与非均匀采样

采样与数字图像质量的关系如图 2-15 所示。由图 2-15 可知,数字图像的质量随着采样点数量的减少而降低。

(a) 原图像（分辨率为256×180）

(b) 数字图像1（分辨率为133×90）

(c) 数字图像2（分辨率为66×45）

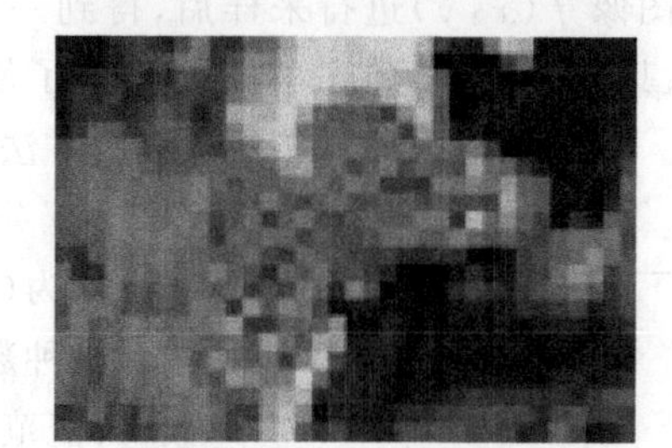
(d) 数字图像3（分辨率为33×22）

图 2-15 采样与数字图像的关系

2. 量化

模拟图像经过采样后,虽然被离散化为像素,但像素的灰度值仍为连续的。把采样所得的像素的灰度值转换为整数的过程称为量化。如图 2-16 所示,图像的灰度分为 256 级,即

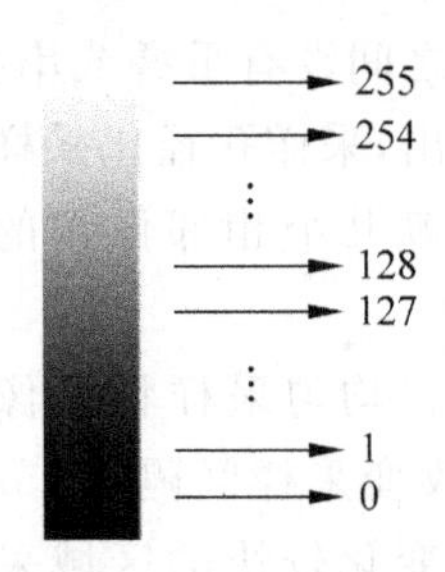

图 2-16 图像的量化

0～255，表示亮度由黑到白。简而言之，量化是图像灰度值的数字化。

由图 2-17 可知，量化等级越多，图像层次越丰富，灰度分辨率越高，质量越好，但数据量越大。量化等级越少，图像层次越欠丰富，灰度分辨率越低，质量越差，会出现假轮廓现象，但数据量小。

量化分为均匀量化和非均匀量化两种。均匀量化指对整幅图像采用同样灰度级的量化。非均匀量化指对图像层次少的区域采用间隔大的量化，而对图像层次丰富的区域采用间隔小的量化。数字图像一般采用均匀量化处理。

(a) 原图像（256灰度级）

(b) 量化图像1（16灰度级）

(c) 量化图像2（8灰度级）

(d) 量化图像3（4灰度级）

图 2-17 不同量化级别对图像质量的影响

2.2.2 图像表示与数据结构

1. 图像的表示

对图像 $f(x,y)$ 进行采样后，得到一幅 M 行 N 列的图像，我们称这幅图像的大小为 $M\times N$，其相应坐标的值是离散的。为了使符号清晰和表示方便，我们将这些离散的坐标值取整数。这里介绍两种数字图像表示方法，具体如下。

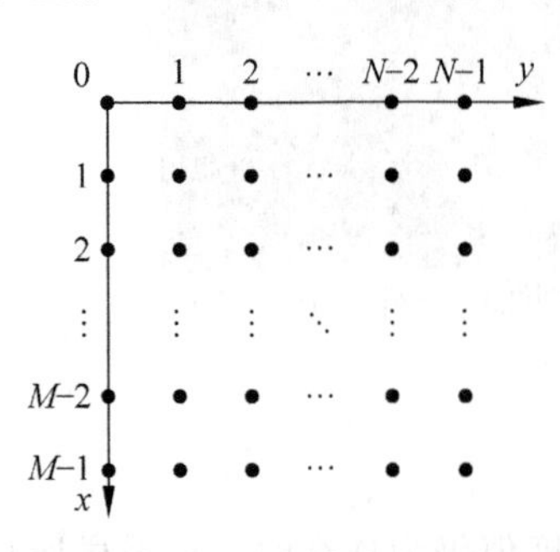

图 2-18 数字图像表示方法 1

(1) 定义图像的原点坐标为 $(x,y)=(0,0)$，第 1 行第 1 个坐标为 $(x,y)=(0,1)$，即 $(0,1)$ 表示第 1 行的第 2 个取样。这种数字图像表示方法如图 2-18 所示，请注意 x 是整数，其值范围为 $0\sim(M-1)$；y 是整数，其值范围为 $0\sim(N-1)$。

(2) 定义图像的原点坐标为 $(x,y)=(1,1)$。MATLAB 的图像处理工具箱使用的是这种数字图像表示方法。这种表示方法如图 2-19 所示。

根据图 2-18 可知，第 1 种数字图像表示方法可以表示为

$$f(i,j)=\begin{bmatrix} f(0,0) & f(0,1) & \cdots & f(0,N-1) \\ f(1,0) & f(1,1) & \cdots & f(1,N-1) \\ \vdots & \vdots & \ddots & \vdots \\ f(M-1,0) & f(M-1,1) & \cdots & f(M-1,N-1) \end{bmatrix} \tag{2-7}$$

其中,等号右侧表示数字图像,矩阵的元素称为图像素素、图画元素或像素。本书用图像(Image)和像素(Pixel)这两个术语来表示数字图像和元素。

根据图 2-19 可知,第 2 种数字图像表示方法可以表示为矩阵,如式(2-8)所示。

$$\boldsymbol{f}(i,j)=\begin{bmatrix} f(1,1) & f(1,2) & \cdots & f(1,N) \\ f(2,1) & f(2,2) & \cdots & f(2,N) \\ \vdots & \vdots & \ddots & \vdots \\ f(M,1) & f(M,2) & \cdots & f(M,N) \end{bmatrix} \tag{2-8}$$

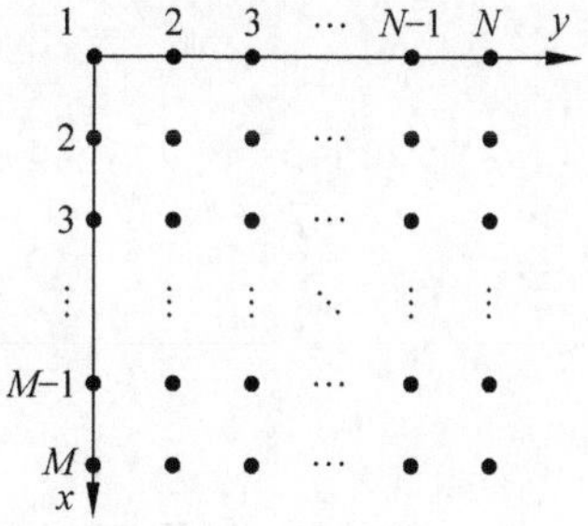

图 2-19　数字图像表示方法 2

此处需要详细解释一些概念。在模拟图像表示中,(x,y)代表图像上某点的空间位置,$\boldsymbol{f}(x,y)$代表(x,y)处图像的灰度值。在数字图像表示中,(i,j)代表数字图像上某像素所在的行列位置;$\boldsymbol{f}(i,j)$代表该像素的灰度值,一般为整数。

2. 图像的数据结构

图像的数据结构用于目标表示和描述。在数字图像处理中,常用的数据结构有矩阵、链码、拓扑结构和关系结构。

(1) 矩阵。

矩阵用于描述图像,可以表示黑白图像、灰度图像和彩色图像。矩阵中的一个元素表示图像的一个像素。

当使用矩阵描述黑白图像时,矩阵的元素值只有 0 和 1 两种。在图 2-20 中,图像的矩阵表示为 $\boldsymbol{I}$,如图 2-20(a)所示;像素表示如图 2-20(b)所示;图像表示如图 2-20(c)所示。

$$\boldsymbol{I}=\begin{bmatrix} 0 & 1 & 0 & 0 \\ 0 & 0 & 1 & 1 \\ 0 & 1 & 1 & 0 \\ 0 & 1 & 0 & 0 \end{bmatrix}$$

(a) 矩阵表示　(b) 像素表示　(c) 图像表示

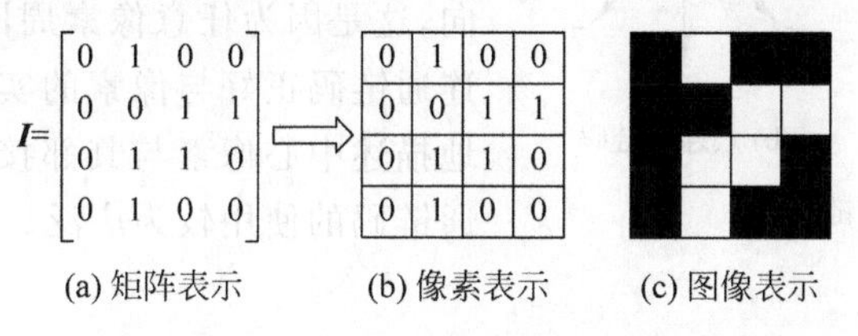

图 2-20　黑白图像的矩阵描述

当使用矩阵描述灰度图像时,矩阵的元素为灰度值。图像的灰度级通常为 8 级,即灰度值为 0～255 的整数,其中,0 表示黑色,255 表示白色。灰度图像的矩阵描述如图 2-21 所示。

彩色图像的每个像素由不同灰度级的 R、G、B 来描述,当使用矩阵描述彩色图像时,像素由 3 个维度相同、分别代表 $\boldsymbol{R}$ 分量、$\boldsymbol{G}$ 分量、$\boldsymbol{B}$ 分量的矩阵组成。$\boldsymbol{R}$ 表示红色,$\boldsymbol{G}$ 表示绿色,$\boldsymbol{B}$ 表示蓝色,这 3 种分量可以合成任意颜色。彩色图像的矩阵描述如图 2-22 所示。

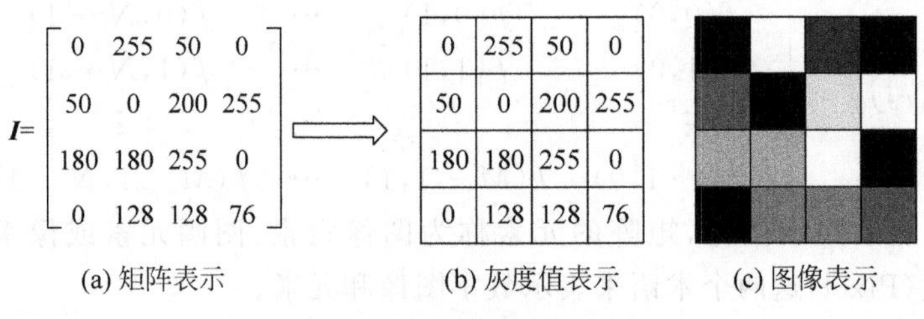

图 2-21 灰度图像的矩阵描述

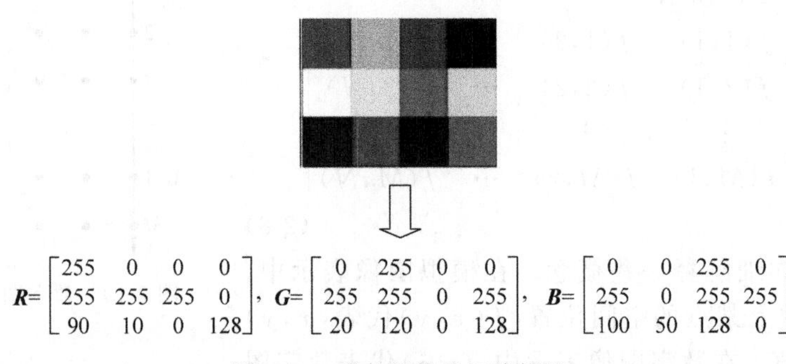

图 2-22 彩色图像的矩阵描述

（2）链码。

链码用于描述目标图像的边界，通过规定链的起始坐标和链起始坐标的斜率，即一小段线段来表示图像边界。由于链码表示图像边界时只需要标记起点坐标，其余点用箭头线段代表方向即可，这种表示方法节省了大量的存储空间。常用的链码按照中心像素邻接方向数的不同，分为四连通链码和八连通链码，如图 2-23 所示。四连通链码的邻接点有 4 个，分别位于中心像素的上方、下方、左侧和右侧。八连通链码在四连通链码的基础上，增加了 4 个斜方向，这是因为任意像素周围均有 8 个邻接点。八连通链码正好与像素的实际情况相符，能够准确地描述中心像素与其邻接点的信息。因此，八连通链码的使用较为广泛。

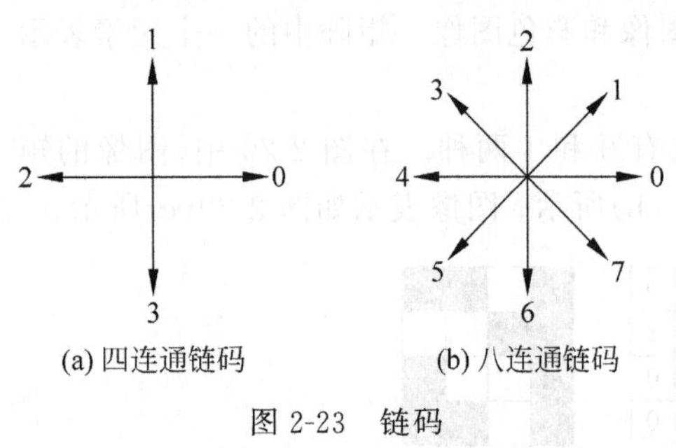

图 2-23 链码

（3）拓扑结构。

拓扑结构可以描述图像的基本结构，通常用于形态学或二值图像的处理。拓扑结构在图像中对相邻的定义为：像素 p 与它周围 8 个相邻的像素组成一个邻域，若只考虑上下左右方向，有 4 个像素，则组成四邻域；若只考虑对角方向的 4 个像素，则组成对角邻域；若考虑周围 8 个像素，即四邻域和对角邻域相加，则组成八邻域。

（4）关系结构。

关系结构用于描述一组目标物体的相互关系。常用的关系结构为串结构和树结构，如图 2-24 所示，其中，a～f 表示节点。串结构是一种一维结构，当被用于描述图像时，需要建立一种合适的映射关系，将二维图像降为一维形式。串结构适用于那些可以从头到尾或以某种连续形式连接的图像素素的描述。链码是基于串结构的一种数据结构。

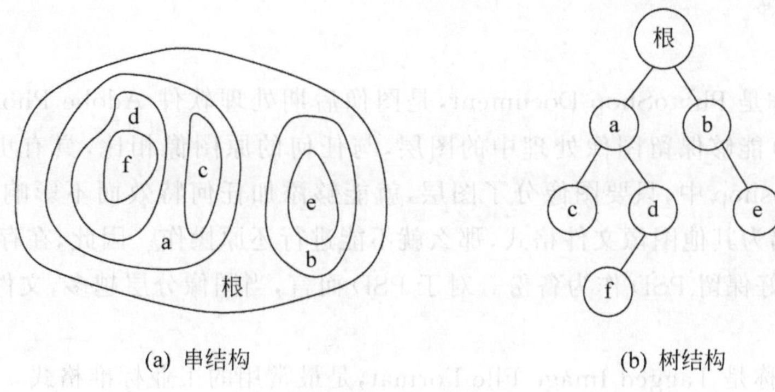

(a) 串结构　　(b) 树结构

图 2-24　关系结构

（5）树结构。

树结构是一种能够对不连接区域进行描述的方法。树结构有两类重要信息：一类是关于节点的信息，表示目标物体的结构；另一类是节点与其相邻节点之间的关系信息，表示一个目标物体和另一个目标物体的关系。树结构是一个及一个以上有限节点的集合，其中，唯一指定的一个节点为根，剩下的节点被划分为多个互不连接的集合，这些集合称为子树，树的末梢节点为叶子。

2.2.3　图像的文件格式

通常来说，常见的图像文件格式有 7 种，分别为 JPEG、PNG、GIF、BMP、PSD、TIFF、RAW。它们有着不同的特点，下面将进行一一介绍。

1. JPEG

JPEG 的全称是 Joint Photographic Experts Group，是一种标准图像文件格式。JPEG 的特点是图像文件较小，下载和传输速度较快。这种格式由于对图像进行了压缩，使图像在细节和质量上有一定损失。一般的相机可以拍摄不同图像质量的 JPEG 格式的图像，其中图像质量越高，图像受损程度越小，图像文件越大。由于压缩导致的图像细节损失，JPEG 适合图像浏览，不适合图像后期处理。

2. PNG

PNG 的全称是 Portable Network Graphics。这种文件格式诞生于 1995 年，结合了 GIF 和 JPEG 的优点，与 GIF 有很多相似的地方。PNG 的特点是图像文件较大，非常适合在互联网上使用，并且能够保留丰富的图像细节。此外，PNG 支持半透明或完全透明效果，是理想的图标（Logo）格式，但其图像质量不足以用作专业印刷。

3. GIF

GIF 的全称是 Graphics Interchange Format。这种图像文件格式仅支持 256 种颜色，色域较窄，文件压缩比不高。GIF 支持多帧动画，图像的背景是透明的。GIF 的文件较小，下载速度快，可由许多具有同样文件大小的图像组成动画。

4. BMP

BMP 的全称是 BitMaP，是 Windows 操作系统的标准位图格式。该图像文件格式没有对图像进行压缩，包含丰富的图像信息，因而文件较大，可用于印刷。BMP 一般适用于无损扫描、图片展示等。

5. PSD

PSD 的全称是 PhotoShop Document，是图像后期处理软件 Adobe Photoshop 默认的保存格式。PSD 能够保留图像处理中的图层，与任何的原图像相比，具有更高的灵活性。在 Adobe Photoshop 中，只要图像分了图层，就能够添加任何特效而不影响原图像。一旦合并图层并存储为其他图像文件格式，那么就不能进行还原操作。因此，在存储为其他图像文件格式时，最好保留 PSD 作为备份。对于 PSD 而言，当图像分层越多，文件也会越大。

6. TIFF

TIFF 的全称是 Tagged Image File Format，是最常用的工业标准格式。一些印刷商会要求摄影师提供原尺寸的 TIFF 图像文件。TIFF 是未压缩文件，具有拓展性、方便性和可改性。由于 TIFF 采用无损压缩，支持多种色彩图像模式，图像质量高。但是，TIFF 文件容量较大，因而会占用大量存储空间。

7. RAW

RAW 为原始文件。很多型号的数码相机可拍摄 RAW 图像文件格式的照片。RAW 能够保留所有的原始拍摄信息，如白平衡、曝光、对比度、饱和度等。当进行后期处理时，RAW 文件所占存储空间大，且传输时间比较久。

图像基本运算

2.3 像素运算

2.3.1 算术运算

算术运算是指对两个像素之间的算术运算，即两幅图像进行点对点的加法、减法、乘法、除法等运算。需要注意的是，在进行算术运算时，两幅图像的矩阵大小、数据类型和通道数必须相同。两幅图像之间的加法、减法、乘法、除法等运算如式(2-9)～式(2-12)所示。

$$g(x,y)=f(x,y)+h(x,y) \tag{2-9}$$

$$g(x,y)=f(x,y)-h(x,y) \tag{2-10}$$

$$g(x,y)=f(x,y)\times h(x,y) \tag{2-11}$$

$$g(x,y)=f(x,y)\div h(x,y) \tag{2-12}$$

其中，$g(x,y)$、$f(x,y)$、$h(x,y)$表示图像像素(x,y)的像素值。

1. 加法运算的主要应用

(1) 去除叠加性噪声。

对于原图像 $f(x,y)$，有一个噪声图像集$\{g_i(x,y)\}$，$i=1,2,\cdots,N$，有

$$g_i(x,y)=f(x,y)+m(x,y) \tag{2-13}$$

其中，$m(x,y)$表示噪声。

假设噪声图像 $m(x,y)$的均值为 0，且互不相关，则 N 个图像的均值为

$$g(x,y)=\frac{1}{N}(g_0(x,y)+g_1(x,y)+\cdots+g_N(x,y)) \tag{2-14}$$

期望值 $E(g(x,y))=f(x,y)$。由此可知，均值将降低噪声对图像的影响。下面以星系图举例，说明加法运算可以去除叠加性噪声，如图 2-25 所示。

由图 2-25 可知，噪声图像的数目越多，使用加法运算去除叠加性噪声的效果越好。

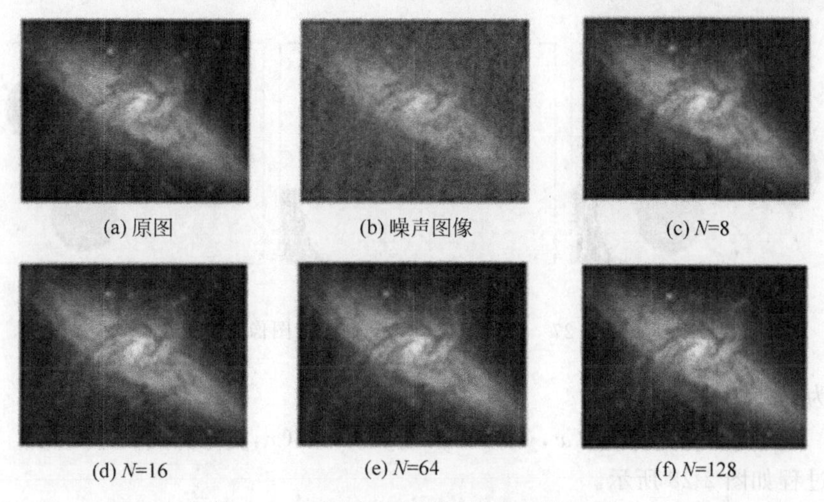

(a) 原图 (b) 噪声图像 (c) N=8

(d) N=16 (e) N=64 (f) N=128

图 2-25 通过加法运算去除叠加性噪声

(2) 进行图像叠加。

对于图像 $f(x,y)$和 $h(x,y)$,有均值为

$$g(x,y)=\frac{f(x,y)+h(x+y)}{2} \tag{2-15}$$

将式(2-15)进行推广,可得式(2-16)。

$$g(x,y)=\alpha f(x,y)+\beta h(x,y) \tag{2-16}$$

其中,$\alpha+\beta=1$。

我们可以通过式(2-16)得到多幅图像的合成效果,也可以得到两幅图像的衔接。通过加法运算进行两幅图像的叠加,具体过程如图 2-26 所示。

(a) 原图像1

(b) 原图像2

(c) 叠加图像

图 2-26 通过加法运算进行图像叠加

由图 2-26 可知,加法计算可实现两幅图像的叠加。

2. 减法计算的主要应用

(1) 混合图像分离。

假设原图像 $f(x,y)$,背景图像 $b(x,y)$,那么去除背景图像,可得

$$g(x,y)=f(x,y)-b(x,y) \tag{2-17}$$

其中,$g(x,y)$为去除了背景图像的图像。具体过程如图 2-27 所示。

由图 2-27 可知,图 2-27(a)减去图 2-27(b),即原图像 $f(x,y)$减去背景图像 $b(x,y)$,可得到图 2-27(c)。

(2) 检测同一场景下两幅图像之间的不同。

假设同一场景下,时间 1 的图像为 $T_1(x,y)$,时间 2 的图像为 $T_2(x,y)$,则两幅图像之

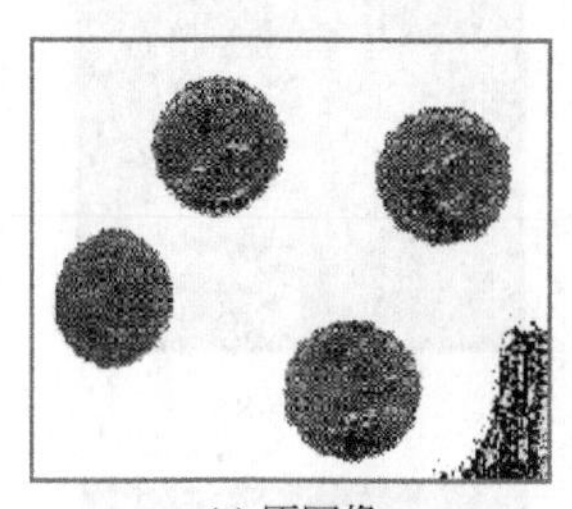
(a) 原图像

(b) 背景图像

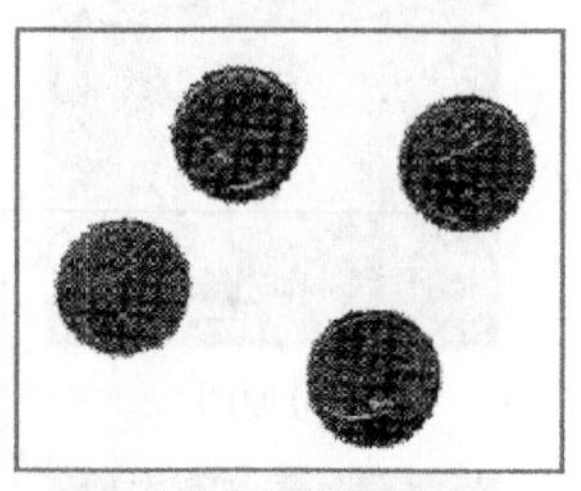
(c) 去除背景图像的图像

图 2-27 通过减法运算实现混合图像分离

间的不同为

$$g(x,y)=T_2(x,y)-T_1(x,y) \tag{2-18}$$

具体过程如图 2-28 所示。

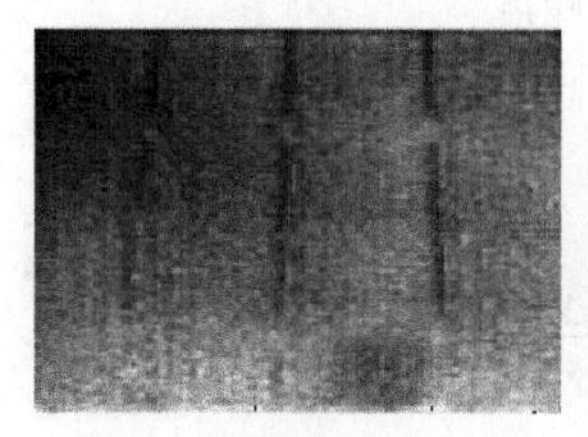
(a) 时间1的图像

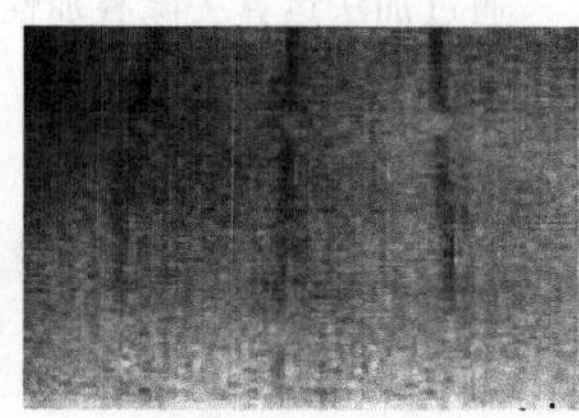
(b) 时间2的图像

(c) 两幅图像之间的不同

图 2-28 通过减法运算检测同一场景下两幅图像之间的不同

由图 2-28 可知，图 2-28(b)减去图 2-28(c)，可得到两幅图之间的不同，即图 2-28(c)所示的差别图像。

3. 乘法运算的主要应用

乘法运算可用于图像的局部显示。使用二值蒙板图像与原图像进行乘法运算，即可得到原图像的局部信息，如图 2-29 所示。

(a) 原图像

(b) 二值蒙板图像

(c) 原图像的局部信息

图 2-29 通过乘法运算进行图像的局部显示

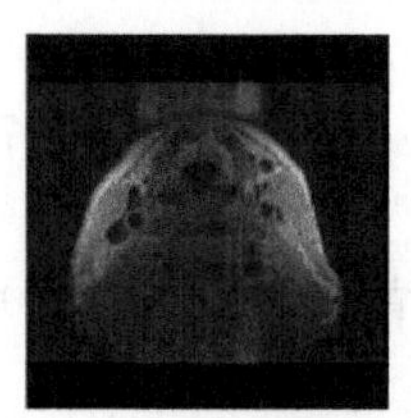
(a) 原图像

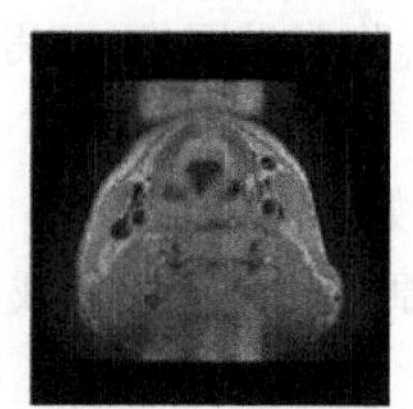
(b) 校正后的图像

图 2-30 通过除法运算进行图像校正

由图 2-29 可知，经过乘法运算后，原图像的局部信息被显示出来。

4. 除法运算的主要应用

除法运算可用于校正因照明或传感器的非均匀性所造成的图像灰度阴影，如图 2-30 所示。

由图 2-30 可知，经过除法计算后，原图像中的灰度阴影被消除，图像变得清晰。

2.3.2　逻辑运算

逻辑运算是针对二值变量进行的运算，其中，二值变量指只有 0 和 1 两个值的变量。图像的逻辑运算是逐像素进行的，即两幅图像进行点对点的与、或、异或、非等运算，具体计算如式(2-19)～式(2-22)所示。

$$g(x,y)=f(x,y)\wedge h(x,y) \tag{2-19}$$

$$g(x,y)=f(x,y)\vee h(x,y) \tag{2-20}$$

$$g(x,y)=f(x,y)\oplus h(x,y) \tag{2-21}$$

$$g(x,y)=\neg f(x,y) \tag{2-22}$$

1. 与运算的主要应用

(1) 求两幅图像的相交图像，如图 2-31 所示。

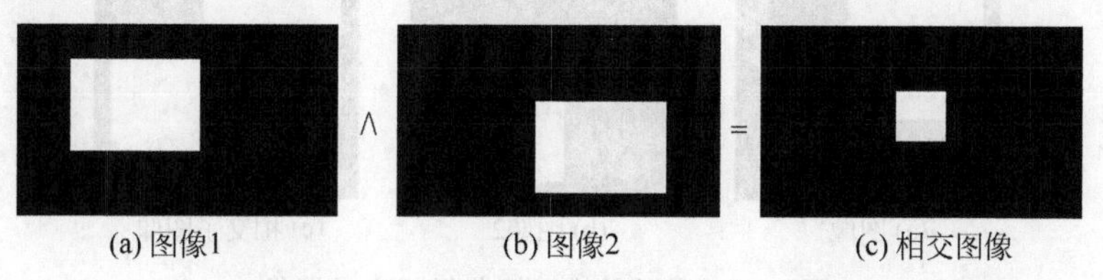

图 2-31　通过与运算得到两幅图像的相交图像

(2) 模板运算：提取感兴趣的子图像，如图 2-32 所示。

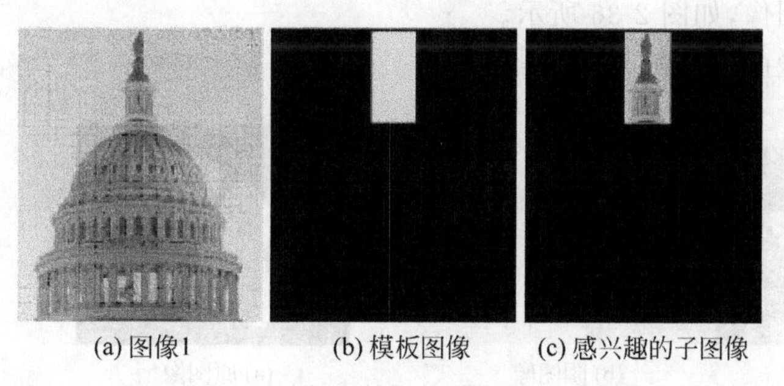

图 2-32　通过与运算提取感兴趣的子图像

2. 或运算的主要应用

(1) 合并图像，如图 2-33 所示。

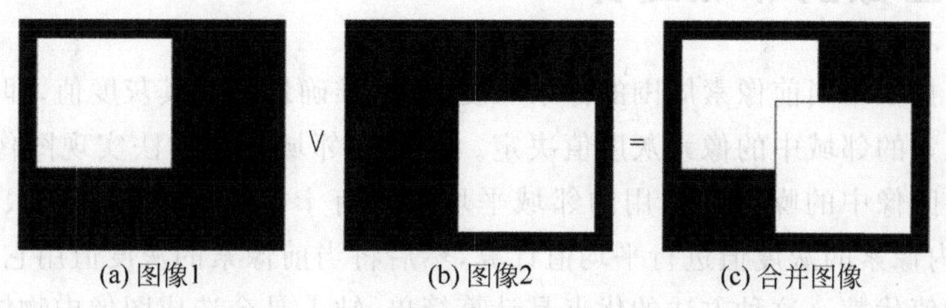

图 2-33　通过或运算合并图像

（2）模板运算：提取感兴趣的子图像，如图 2-34 所示。

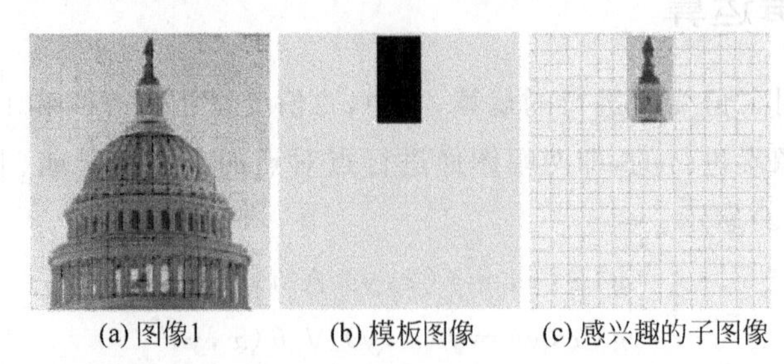

(a) 图像1　(b) 模板图像　(c) 感兴趣的子图像

图 2-34　通过或运算提取感兴趣的子图像

3. 异或运算的主要应用

获得相交子图像，如图 2-35 所示。

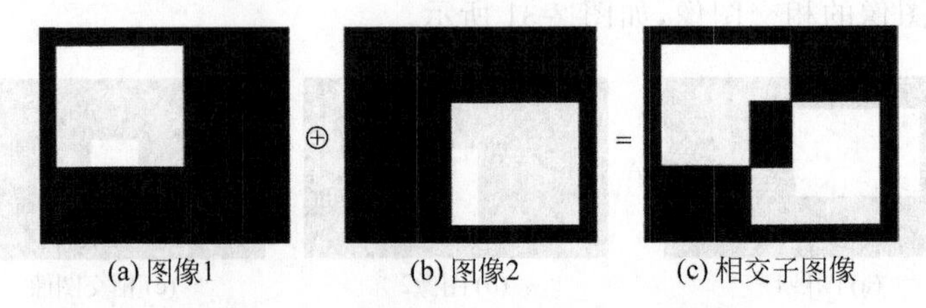

(a) 图像1　(b) 图像2　(c) 相交子图像

图 2-35　通过异或运算获得相交子图像

4. 非运算的主要应用

（1）获得阴图像，如图 2-36 所示。

（2）获得图像的补图像，如图 2-37 所示。

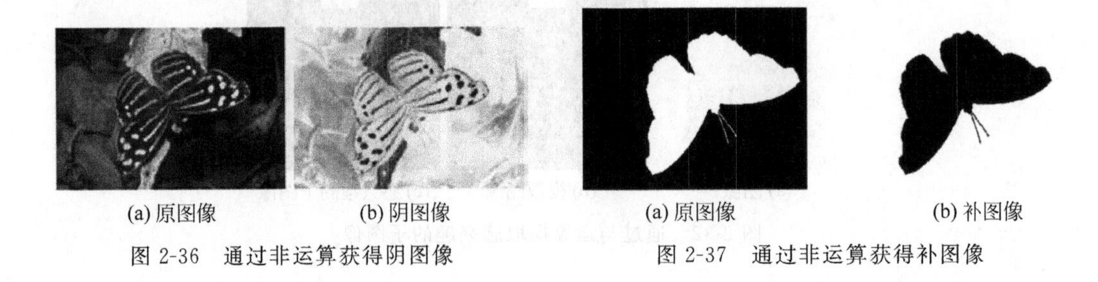

(a) 原图像　(b) 阴图像

图 2-36　通过非运算获得阴图像

(a) 原图像　(b) 补图像

图 2-37　通过非运算获得补图像

2.4　图像的邻域运算

邻域运算指根据当前像素周围的像素灰度值，更准确地修改其灰度值，即输出的像素值由包含当前像素的邻域中的像素灰度值决定。可通过邻域平均方法实现图像的平滑处理，其目的是去除图像中的噪声。常用的邻域平均窗口有十字邻域、方形邻域、三点邻域这 3 种，即对窗口内像素的灰度值进行平均值计算，然后将当前像素的灰度值用它所在邻域的像素灰度值平均值代替。这种方法的优点是计算简单，缺点是会造成图像中物体边缘的模糊。

首先介绍十字邻域、方形邻域和三点邻域的概念。如图 2-38 所示，十字邻域指当前像素的上、下、左、右 4 个像素。方形邻域指当前像素周围 8 个像素。三点邻域指当前像素的上、下两个像素。

此外，常见的邻域运算还有模板运算。模板是一个系数矩阵，模板的维度经常是奇数，比如 3×3、5×5、7×7 等。图 2-39 所示为一个简单的 3×3 模板。

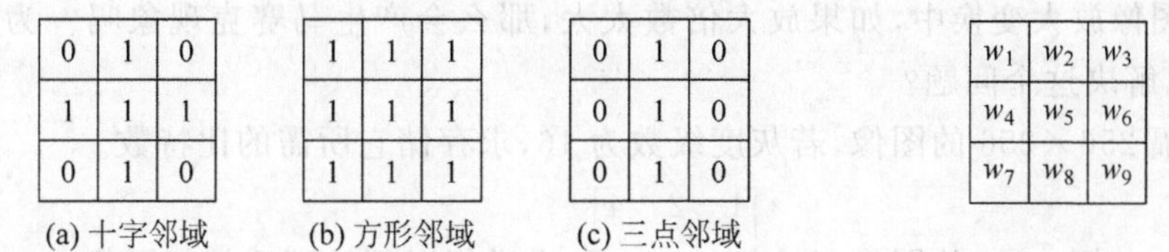

(a) 十字邻域　(b) 方形邻域　(c) 三点邻域

图 2-38　邻域示意　　图 2-39　3×3 模板

模板运算是将图像中某个像素的灰度值重新赋值为其原灰度值与相邻像素灰度值之和的运算。例如考虑图 2-40(a)所示的子图区域，将图 2-40(b)给出的模板中心放在 z_5 上，用模板上对应的系数与模板下的像素灰度值相乘，并将累加结果重新赋值给 z_5。

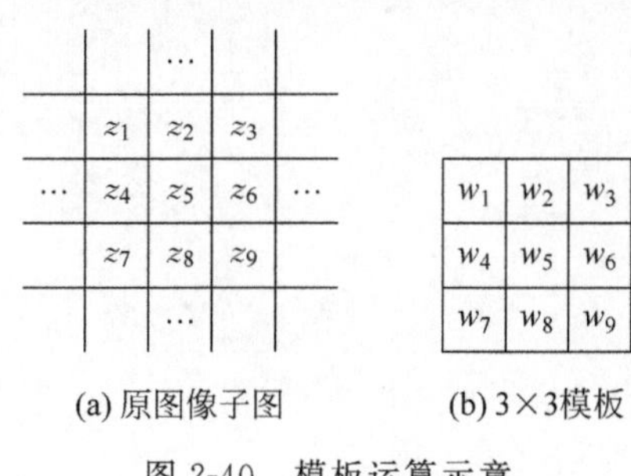

(a) 原图像子图　(b) 3×3模板

图 2-40　模板运算示意

2.5　本章小结

本章讲述了数字图像处理的基础知识及基本运算的相关内容，首先介绍了视觉基础，包括了人眼与亮度视觉及颜色视觉等内容；然后介绍了图像数字化，图像表示与数据结构，以及图像文件格式。最后，本章介绍了包括算术运算与逻辑运算在内的像素运算的相关知识，以及图像邻域运算的内容。

课后作业

(1) 人眼的视觉特性包括哪些内容？

(2) 当观众在白天进入一个黑暗剧场时，在能看清并找到空座位时需要适应一段时间，试述发生这种现象的视觉原理。

(3) 图像的数字化包含哪些步骤？简述这些步骤。

(4) 常见的数字图像格式有哪些？各有何特点？

(5) 简述灰度图像与彩色图像的区别。

(6) 简述像素、邻域的概念。

(7) 图像之间的运算有哪些？

(8) 什么是图像的几何变换?

(9) 图像的旋转变换对图像的质量有无影响?为什么?

(10) 图像的镜像变换包括几种情况?各有何特点?

(11) 在图像放大变换中,如果放大倍数太大,那么会产生马赛克现象吗?为什么?有哪些方法可以解决这个问题?

(12) 一幅 256×256 的图像,若灰度级数为 16,求存储它所需的比特数。

(13) 已知一幅 3×3 的图像 $\boldsymbol{f}=\begin{bmatrix}1 & 2 & 4\\5 & 6 & 3\\9 & 8 & 7\end{bmatrix}$,求进行以下处理后的新图像。

① 将 $\boldsymbol{f}$ 水平向右移动 2 个单位,向下移动 1 个单位,求解移动后的新图像 $\boldsymbol{f}_1$。

② 求将 $\boldsymbol{f}$ 做水平镜像处理后的 $\boldsymbol{f}_2$。

第3章 图像变换

CHAPTER 3

本章的结构如图 3-1 所示，具体要求如下：

(1) 了解图像的几何变换。

(2) 了解图像的离散余弦变换原理。

(3) 掌握图像的离散傅里叶变换及其性质。

(4) 掌握图像的小波变换。

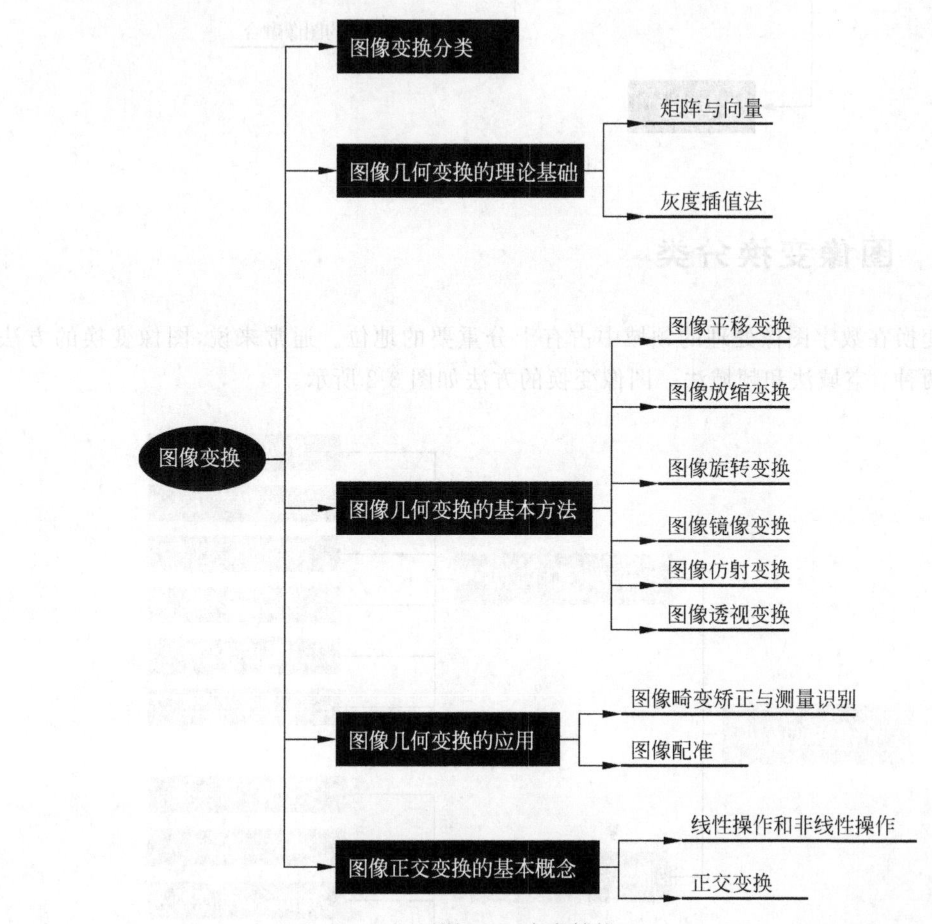

图 3-1　本章结构

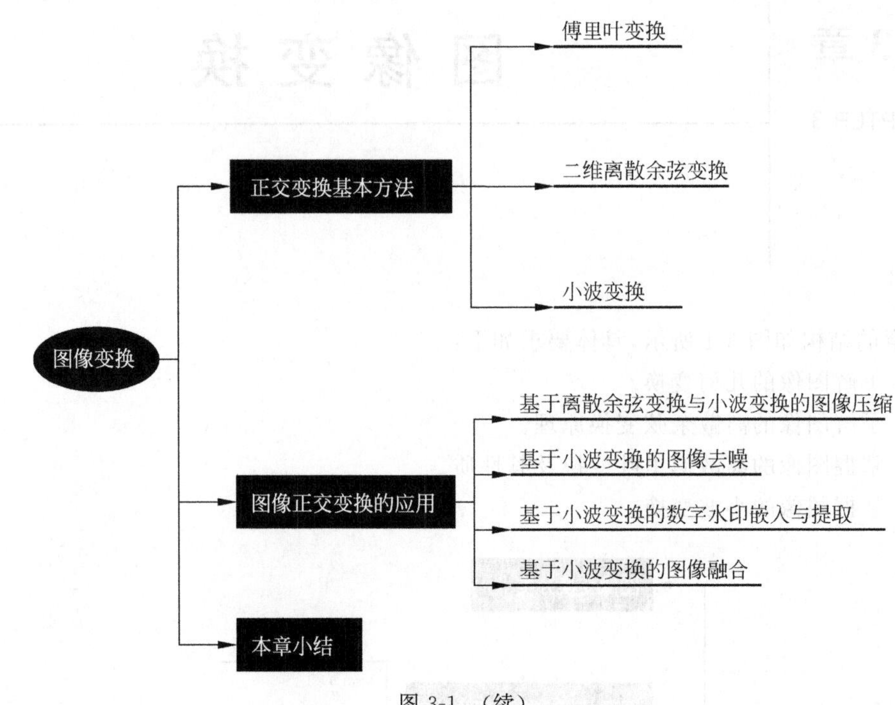

图 3-1 （续）

3.1 图像变换分类

图像变换在数字图像处理的领域中占有十分重要的地位。通常来说，图像变换的方法可以归为两种：空域法和频域法。图像变换的方法如图 3-2 所示。

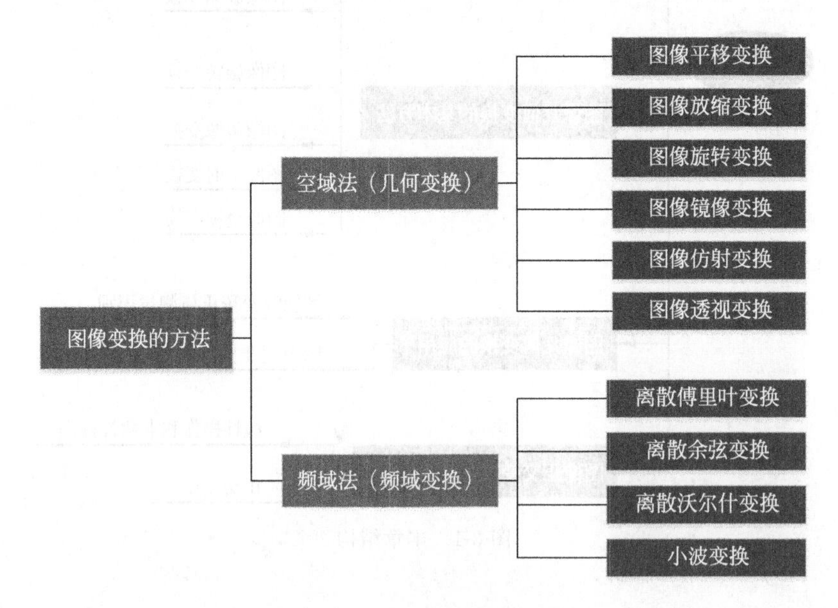

图 3-2 图像变换的方法

图像的空域就是通常所说的像素域,空域法就是在图像的空域进行像素的处理,比如图像叠加。本章的几何变换就是在图像的空域进行的。频域是描述信号频率特性的一种坐标系,它的横坐标轴是信号的频率,纵坐标轴是信号的幅度。图像变换借鉴了频域这一特性,发展出频域变换。频域法首先将图像从原空域以某种形式转换到频域,然后利用该空间的性质进行处理,最后再转换回图像原空域,实现所需效果。本章介绍的离散傅里叶变换、离散余弦变换、小波变换等正交变换就是在频域进行的图像变换。

3.2 图像几何变换的理论基础

3.2.1 矩阵与向量

在数学中,矩阵(Matrix)是一个按照矩形阵列排列的复数或实数集合,是高等代数中的常见工具,也常被用于统计分析等应用数学。一般来说,图像是一个标准的矩形,有长和宽。与之相应,矩阵有着行和列。因此,图像可以用矩阵来表示,其元素为像素。图像和二值矩阵的转换如图 3-3 所示。图 3-3(a)为一棵树。在进行过放大处理后,这棵树变得模糊不清,如图 3-3(b)所示。从图 3-3(b)中可以观察到,经过放大处理后的图片由一个个像素构成。图 3-3(c)为经过灰度处理的图像,灰度值的取值范围为 0～255,其中颜色越深,灰度值越小;颜色越浅,灰度值越大。设一个合适的阈值,当灰度值小于这个阈值时,将其置为 1;反之,当灰度值大于或等于这个阈值时,将其置为 0,如此得到如图 3-3(d)所示的二值矩阵。

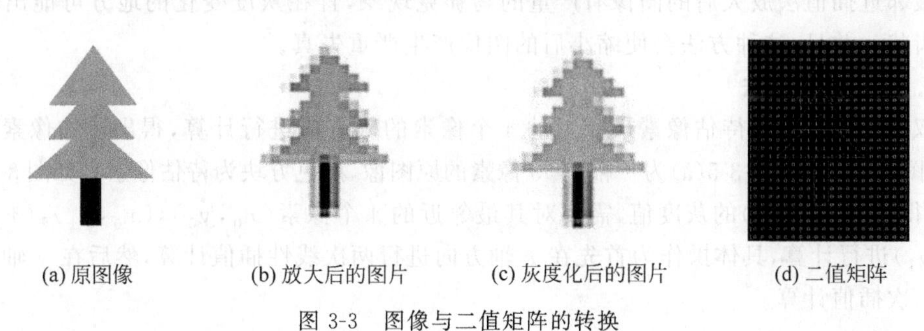

图 3-3 图像与二值矩阵的转换

在很多情况下,图像的处理都是使用矩阵理论来进行的。矩阵理论的应用在数学和计算机中都很常见且成熟。因而,图像很自然地被当作一个矩阵,图像变换也转换成矩阵理论的应用。实际上,所有的图像处理工具也是这么做的。

3.2.2 灰度插值法

在学习几何变换之前,需要先学习灰度插值法。在数字图像处理中,几何变换是将一幅图像映射到另一幅图像的操作,可以分为放缩、翻转、仿射,即平移加旋转、透视等。

图像在进行几何变换时,并不是所有的操作可以通过对像素进行赋值来实现。例如,将图像放大两倍,这必然会多出一些无法被直接映射的像素。对于这些像素,可以通过插值决定它们的灰度值。但是,不同的插值法得到的结果是不同的。常见的灰度插值法有最近邻插值法(Nearest Neighbor Interpolation,NNI)、双线性插值法(Bilinear Interpolation)和双立方插值法(Bicubic Interpolation)。

1. 最近邻插值法

顾名思义，最近邻插值法，就是用离待估像素最近的像素的灰度值来作为待估像素的灰度值。最近邻插值法示意如图 3-4 所示。图 3-4(a)为由 3×3 像素组成的原图像，其中，黑色方块为待估像素。如图 3-4(b)所示，待估像素即要计算像素 O 的灰度值，其中，A、B、C、D 分别表示原图像的像素。通过分别计算像素 A、B、C、D 到 O 的距离 a，b，c，d，可以得出，A 为距待估像素最近的像素，因而用像素 A 来代替我们要计算的像素的值，即像素 O 的灰度值。

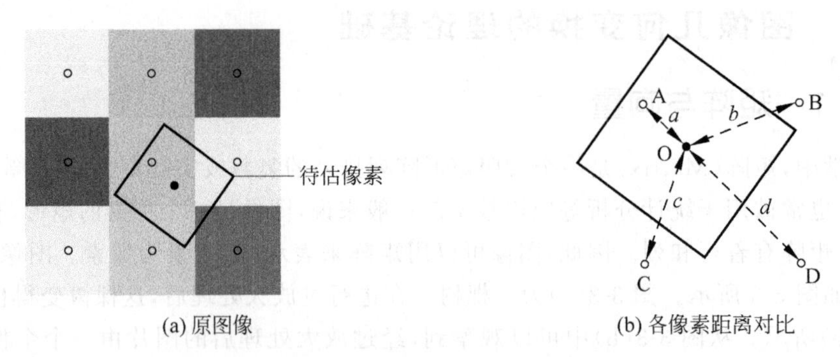

图 3-4　最近邻插值法示意

最近邻插值法是一种最基本、最简单快捷的灰度插值法，该方法的计算量较小。但是，采用最邻近插值法放大后的图像有严重的马赛克现象，且在灰度变化的地方可能出现明显的锯齿状。并且，这种方法会使缩小后的图像产生严重失真。

2. 双线性插值法

双线性插值法对待估像素最邻近的 4 个像素的灰度值进行计算，得出待估像素的灰度值，如图 3-5 所示。图 3-5(a)为一幅 3×3 像素的原图像，黑色方块为待估像素。如图 3-5(b)所示，要得到像素(x,y)的灰度值，需要对其最邻近的 4 个像素(x_0,y_0)，(x_0,y_1)，(x_1,y_0)，(x_1,y_1)进行计算，具体操作为首先在 x 轴方向进行两次线性插值计算，然后在 y 轴方向上进行一次插值计算。

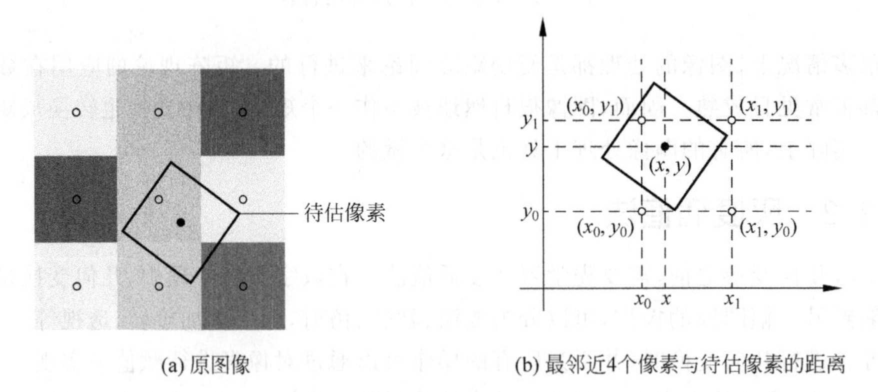

图 3-5　双线性插值法示意

假设已知(x_0,y_0)、(x_0,y_1)、(x_1,y_0)、(x_1,y_1)这 4 个像素及其灰度值，那么通过这 4 个像素可以确定一个矩形。在这个矩形内，任意像素的灰度值可以通过插值得到。首先，在

x 轴方向上进行两次线性插值，得到式(3-1)和式(3-2)。

$$f(x,y_0)=\frac{(x_1-x)}{(x_1-x_0)}f(x_0,y_0)+\frac{(x-x_0)}{(x_1-x_0)}f(x_1,y_0) \tag{3-1}$$

$$f(x,y_1)=\frac{(x_1-x)}{(x_1-x_0)}f(x_0,y_1)+\frac{(x-x_0)}{(x_1-x_0)}f(x_1,y_1) \tag{3-2}$$

然后，在 y 轴方向进行一次线性插值，得到式(3-3)。

$$f(x,y)=\frac{(y_1-y)}{(y_1-y_0)}f(x,y_0)+\frac{(y-y_0)}{(y_1-y_0)}f(x,y_1) \tag{3-3}$$

将式(3-1)和式(3-2)代入式(3-3)，可得式(3-4)，即双线性插值结果。

$$\begin{aligned}f(x,y)=&\frac{(y_1-y)(x_1-x)}{(y_1-y_0)(x_1-x_0)}f(x_0,y_0)+\frac{(y_1-y)(x-x_0)}{(y_1-y_0)(x_1-x_0)}f(x_1,y_0)+\\&\frac{(y-y_0)(x_1-x)}{(y_1-y_0)(x_1-x_0)}f(x_0,y_1)+\frac{(y-y_0)(x-x_0)}{(y_1-y_0)(x_1-x_0)}f(x_1,y_1)\end{aligned} \tag{3-4}$$

虽然，双线性插值法的计算比最邻近插值法复杂，且计算量较大，但没有灰度不连续的缺点，其结果基本令人满意。双线性插值法具有低通滤波性质，使高频分量受损，因而使图像的轮廓有一点模糊。

3. 双立方插值法

双立方插值法是一种更复杂的灰度插值法。与最近邻插值法和双线性插值法相比，通过双立方插值法得到的图像具有更平滑的图像边缘。双立方插值法通常被应用于图像处理软件、打印机驱动及数码相机，对原图像或原图像的某些区域进行放大。由 3.2.2.2 节可知，双线性插值法是根据待估像素最邻近的 4 个像素进行的计算，而双立方插值法则是通过计算待估像素周围的 16 个像素进行插值的。这种方法需要以插值基函数为基础进行计算，常用的插值基函数 BiCubic 函数如式(3-5)所示，其波形和频谱如图 3-6 所示。

$$w(t)=\begin{cases}1-2(a+3)\,|t|^2+(a+2)\,|t|^3, & |t|<1\\ -4a+8a\,|t|-5a\,|t|^2+a\,|t|^3, & 1\leqslant|t|<2\\ 0, & |t|\geqslant 2\end{cases} \tag{3-5}$$

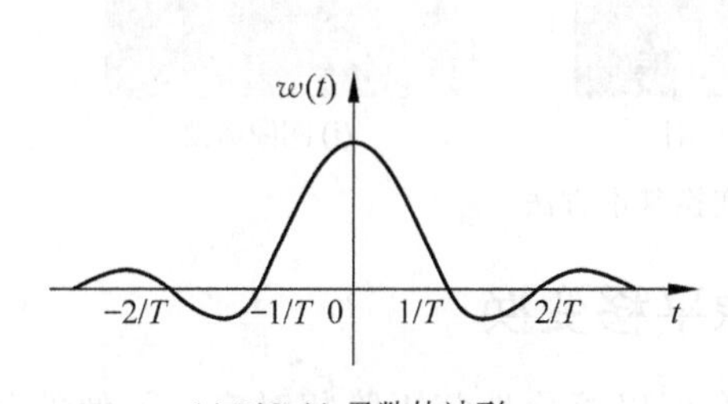

(a) BiCubic函数的波形

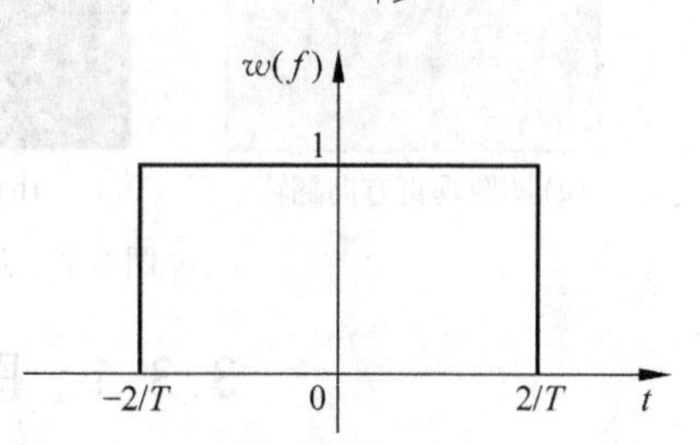

(b) BiCubic函数的频谱

图 3-6 BiCubic 函数波形及其频谱

对于待插值的像素(x,y)，基于 BiCubic 函数的双立方插值法取其附近 4×4 邻域的像素(x_i,y_j)，$i,j=0,1,2,3$；然后按式(3-6)进行插值计算。

$$f(x,y)=\sum_{i=0}^{3}\sum_{j=0}^{3}f(x_i,y_j)w(x-x_i)w(y-y_j) \tag{3-6}$$

3 种灰度插值法的优缺点对比如表 3-1 所示。

表 3-1　3 种灰度插值法的优缺点对比

灰度插值法	优　点	缺　点
最近邻插值法	计算量小,实现较容易	容易产生马赛克现象,造成图像模糊
双线性插值法	图像放大效果得到了明显改善,在图像质量要求不高时,可以广泛应用	图像存在瑕疵
双立方插值法	图像放大时可以保留更多的细节	算法复杂,计算量大

3.3 图像几何变换的基本方法

图像几何变换不改变图像像素的灰度值,只是进行像素的重新安排。几何变换改变了像素之间的空间关系,使图像可以放大和缩小,也可以旋转、移动,或者使用其他方法进行其他形式的扩展。适当的几何变换可以最大程度地消除因成像角度、透视关系,甚至镜头自身造成的几何失真所产生的负面影响。这有利于数字图像处理技术将注意力集中于图像内容本身,更确切地说是图像中的对象,而不是该对象的角度和位置等失真。几何变换常常作为数字图像处理的预处理,是图像归一化的核心工作之一。几何变换基本方法如图 3-7 所示。

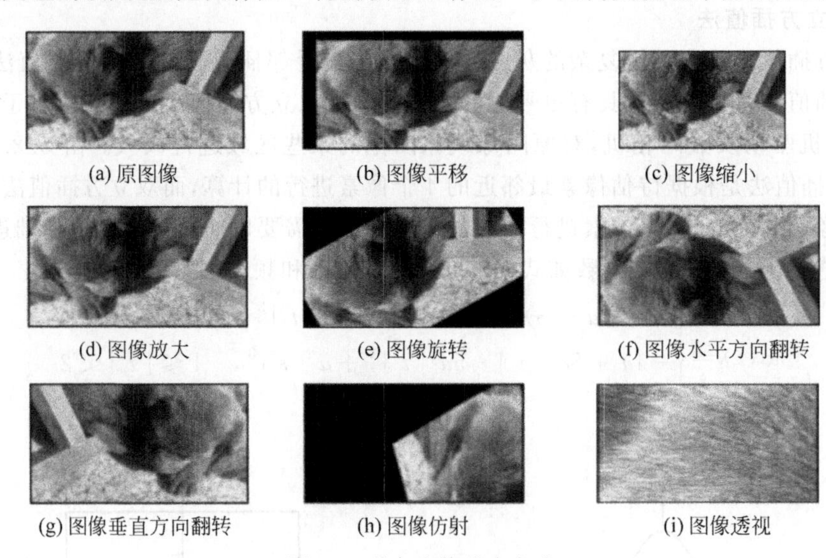

图 3-7　几何变换基本方法

3.3.1 图像平移变换

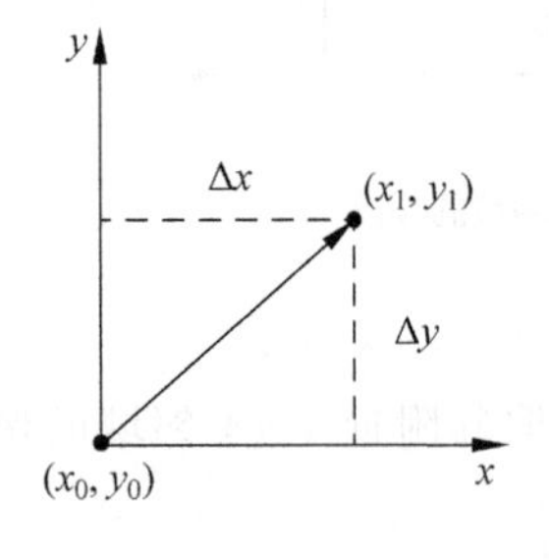

图 3-8　图像平移变换的几何原理

如前文所述,图像可以等价地与矩阵相对应。图像的几何变换就是在矩阵运算的基础上进行的。矩阵运算可以很快地找到像素之间的对应关系。在变换过程中,几何变换会在原图像像素和变换后图像像素之间建立一种映射关系。通过这种关系,几何变换能够计算出变换后像素的坐标。图像平移变换的几何原理如图 3-8 所示。

图像平移变换是将图像中的所有像素按照给定的平移量进行

水平或垂直方向的位移。假设原图像像素的坐标为(x_0, y_0)，经过平移量$(\Delta x, \Delta y)$后，像素的坐标为(x_1, y_1)，如式(3-7)所示。

$$\begin{cases} x_1 = x_0 + \Delta x \\ y_1 = y_0 + \Delta y \end{cases} \tag{3-7}$$

式(3-7)的矩阵形式如式(3-8)所示。

$$[x_1 \quad y_1 \quad 1] = [x_0 \quad y_0 \quad 1] \begin{bmatrix} 1 & 0 & 0 \\ 0 & 1 & 0 \\ \Delta x & \Delta y & 1 \end{bmatrix} \tag{3-8}$$

其中，矩阵$\begin{bmatrix} 1 & 0 & 0 \\ 0 & 1 & 0 \\ \Delta x & \Delta y & 1 \end{bmatrix}$为平移变换矩阵，记$\boldsymbol{M}$；$\Delta x$ 和 Δy 为平移量。MATLAB实现图像平移变换，首先要定义平移变换矩阵$\boldsymbol{M}$，然后调用warpAffine()函数。图3-9为图像平移变换的一个简单例子，图3-9(a)经过在垂直和水平方向分别平移了100像素，得到图3-9(b)。

(a) 原图像

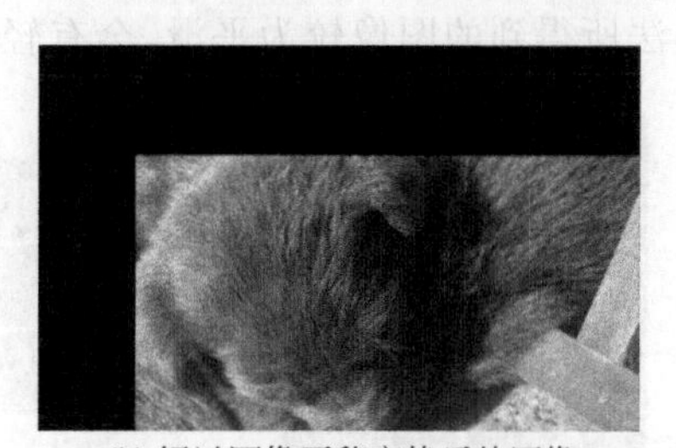

(b) 经过图像平移变换后的图像

图3-9　图像平移变换示例

3.3.2　图像放缩变换

图像放缩变换指的是对数字图像的大小进行调整的过程。经过图像缩小变换后，图像像素的个数减少，承载的信息量减少。图像缩小的方法有两种：基于间隔采样的图像缩小法，基于局部均值的图像缩小法。图像放大，从字面上来看是图像缩小的逆操作。但是，从信息处理的角度来看，图像缩小是对信息的简化和取舍，图像放大是对未知信息的估计，需要为增加的像素选择合适的灰度值。图像放大的方法也有两种：基于像素放大原理的图像放大法，基于双线性插值法的图像放大法。

1. 基于等间隔采样的图像缩小法

基于等间隔采样的图像缩小法通过对原图像进行均匀采样来等间隔地选取一部分像素，从而获得小尺寸图像，并且尽量保持原图像的特征。在图3-10中，对图3-10(a)所示的4×4的像素矩阵按2×2进行等间隔划分，并选取每个区块的左上角的深色像素，然后进行拼接，就得到了一个缩小的深色2×2像素矩阵。简单来说，基于等间隔采样的图像缩小法就是等间隔地选择一些像素，舍弃一些像素，并用选择的像素组成一幅新的图像，使它和原图像的内容差不多，其图像实例如图3-10(b)所示。

基于等间隔采样的图像缩小法由于舍弃了很多像素，无法完全反映被采样的像素信息。通过图3-10(b)可以看出，基于等间隔采样的图像缩小法得到的图像比较生硬，图像中的锯

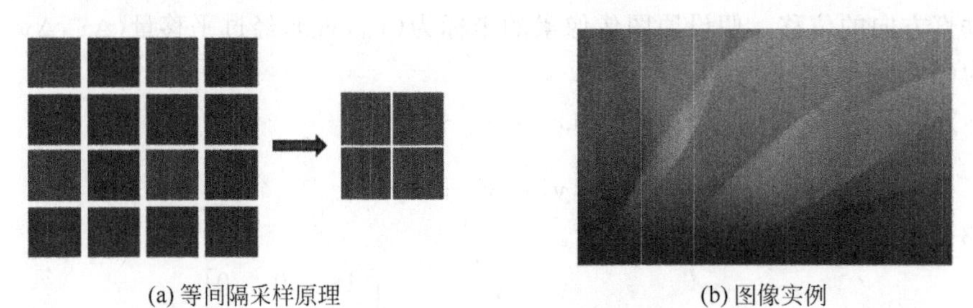

(a) 等间隔采样原理　　(b) 图像实例

图 3-10　基于等间隔采样的图像缩小法

齿较多。

2. 基于局部均值的图像缩小法

由于等间隔采样存在无法完全反映被采样像素信息的缺点，一种局部均值的缩小方法——基于局部均值的图像缩小法被提了出来。以图 3-11 为例，将原图像分成如图 3-11(a)所示的几个子块，然后分别对子块求均值，并进行拼接从而获得缩小图像。基于局部均值的图像缩小法所得到的图像较为平滑，会有轻微模糊的效果，其图像实例如图 3-11(b)所示。

(a) 局部均值采样原理　　(b) 图像实例

图 3-11　基于局部均值采样的图像缩小法

3. 基于像素放大原理的图像放大法

基于像素放大原理的图像放大法指的是如果需要将原图像放大 K 倍，那么需要将原图像中每个像素的灰度值填在新的图像对应的大小为 $K\times K$ 的子块中。如图 3-12(a)所示，原图像被放大两倍，就是将每个像素的灰度值填在一个大小为 2×2 的子块中。基于像素放大原理的图像放大法实例如图 3-12(b)所示。

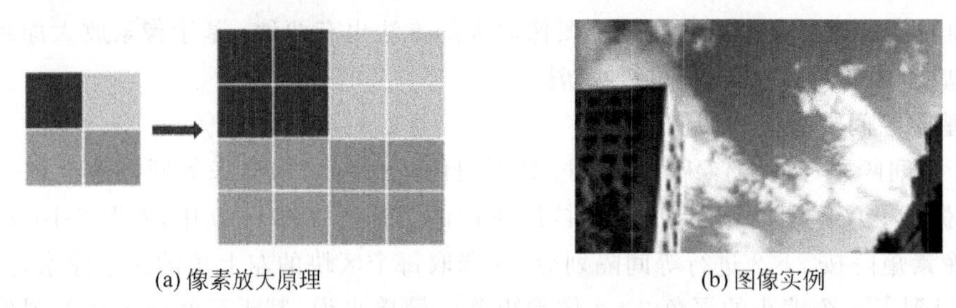

(a) 像素放大原理　　(b) 图像实例

图 3-12　基于像素放大原理的图像放大法

由于图像像素的扩大，基于像素放大原理的图像放大法会导致放大后的图像出现马赛克现象，使图像较为模糊，质量不高。因此，一种改进的图像放大法被提出，即基于双线性插值的图像放大法。

4. 基于双线性插值的图像放大法

基于双线性插值的图像放大法可以消除基于像素放大原理的图像放大法因图像像素扩大而产生的马赛克现象。基于双线性插值的图像放大法使图像的放大效果更加自然。在图 3-13 中,图 3-13(a)为双线性插值放大原理,图 3-13(b)为基于双线性插值的图像放大法实例。基于双线性插值的图像放大法具体步骤如下。

(1) 首先,按照基于像素放大原理的图像放大法,确定原图像的每一个像素在新图像中对应的子块。

(2) 然后,对于新图像中的每一个子块,选取该子块中的一个像素进行填充,如图 3-13(a)所示,其中,$f_{11}\sim f_{44}$ 字符分别表示各像素的灰度值。具体填充方法是:对于最右下角的子块,选取右下角的像素,如图 3-13(a)中的 f_{44};对于末列非末行的子块,选取右上角的像素,如图 3-13(a)中的 f_{14} 和 f_{24};对于末行非末列的子块,选取左下角的像素,如图 3-13(a)中的 f_{41} 和 f_{43};剩下的子块,选取左上角的像素,如图 3-13(a)中的 f_{13},f_{23},f_{11} 和 f_{21}。

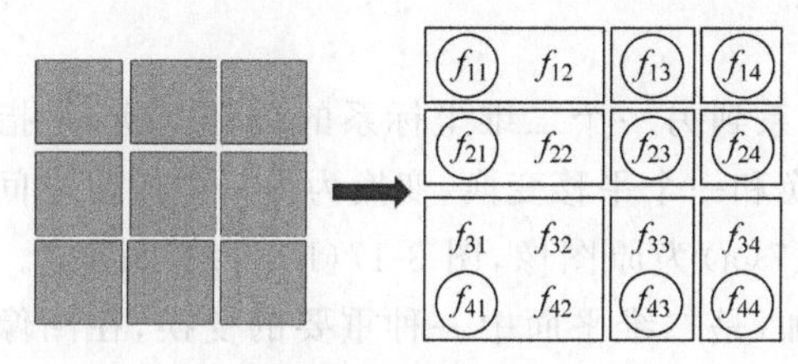

(a) 双线性插值放大原理 (b) 图像实例

图 3-13 基于双线性插值的图像放大法

(3) 最后,通过双线性插值法计算图像中剩余像素的灰度值,得到扩大后的图像。

3.3.3 图像旋转变换

图像旋转是指图像以某一点为中心旋转一定的角度,形成一幅新图像的过程。图像旋转变换有一个旋转中心,这个旋转中心一般为图像的中心。如图 3-14 所示,图像像素原坐标为(x_0,y_0),顺时针旋转 θ 后得到坐标(x_1,y_1)。

图 3-15 为图像旋转变换的实例,其中,图 3-15(a)为原图像,图 3-15(b)为原图像经过逆时针旋转 45°后得到的结果图像。

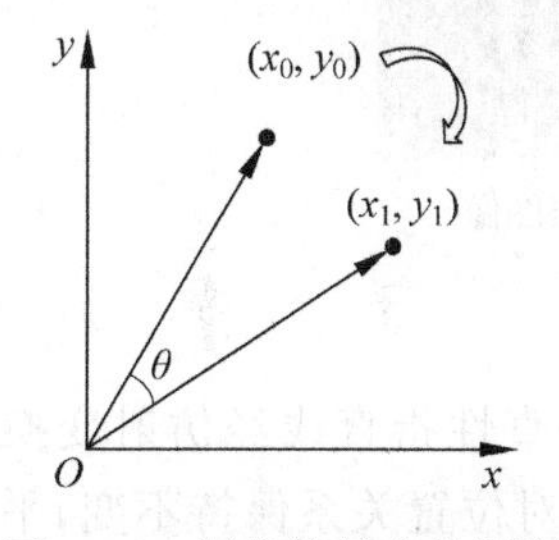

图 3-14 图像旋转变换原理

(a) 原图像

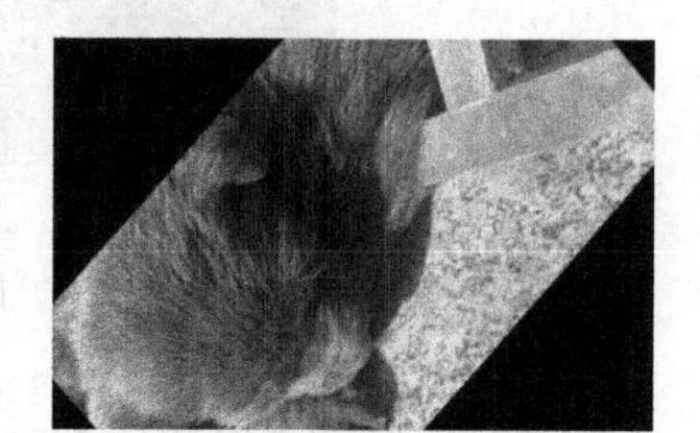

(b) 结果图像

图 3-15 图像旋转变换实例

3.3.4 图像镜像变换

图像镜像变换是图像旋转变换的一种特殊情况,通常包括垂直方向和水平方向的镜像变换。水平镜像通常是以原图像的垂直中轴线为中心，交换图像的左右部分。同理，垂直镜像是以图像水平中轴线为中心，交换图像的上下部分。图 3-16 为图像镜像变换原理，其中，图 3-16(a)为水平镜像原理，图 3-16(b)为垂直镜像原理。

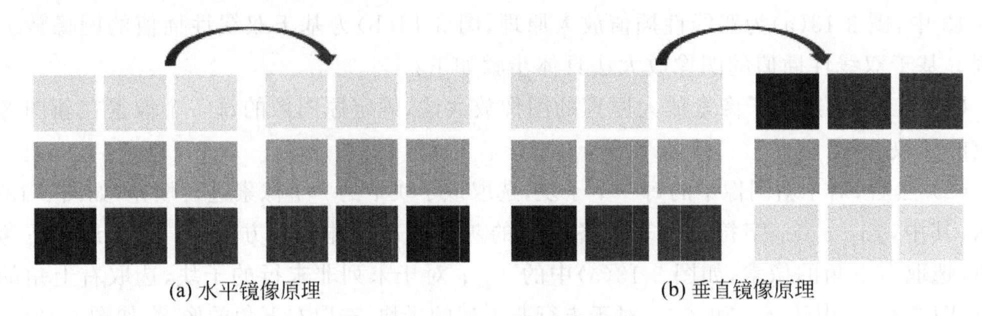

(a) 水平镜像原理　　(b) 垂直镜像原理

图 3-16　图像镜像变换原理

3.3.5 图像仿射变换

图像仿射变换是一种从一个二维坐标系到另一个二维坐标系的线性变换，是指在几何空间中，由一个向量空间进行一次线性变换和一个平移变换，变换为另一个向量空间。图像仿射变换实例如图 3-17 所示，其中，图 3-17(a)为原图像，图 3-17(b)为结果图像。简单来说，仿射变换即线性变换和平移变换的叠加，是二维平面中一种重要的变换，在图像图形领域有广泛的应用。在二维图像变换中，图像仿射变换的表达式为

$$\begin{bmatrix} x' \\ y' \\ 1 \end{bmatrix} = \begin{bmatrix} R_{00} & R_{01} & T_x \\ R_{10} & R_{11} & T_y \\ 0 & 0 & 1 \end{bmatrix} \begin{bmatrix} x \\ y \\ 1 \end{bmatrix} \tag{3-9}$$

其中，T_x 和 T_y 分别表示平移变换的偏移量，R_{00}、R_{01}、R_{10}、R_{11} 分别表示图像线性变换的推移量。

(a) 原图像

(b) 结果图像

图 3-17　图像仿射变换实例

此外，图像仿射变换保持了二维图像的平直性和平行性。平直性指直线经仿射变换后还是直线，圆弧经仿射变换后还是圆弧。平行性指直线之间的相对位置关系保持不变，平行线经仿射变换后依然为平行线，直线上点的位置顺序不会发生变化。

3.3.6 图像透视变换

如果说图像仿射变换是从一个二维坐标系变换到另一个二维坐标系，是线性变换和平

移变换的叠加，归根结底还是属于线性变换，那么透视变换就是从二维坐标系变换到三维坐标系的过程，属于非线性变换。图像透视变换通过投影的方式，把当前图像映射到另外一个平面。以现实中的例子来说，就像电影院里的胶片放映机，如果幕布或者胶片中任意一个与放映机发出的光线不是呈 90°垂直，那么投射到幕布的图像就会发生畸变。这种畸变就是透视畸变的一种。对于畸变图像的校正，图像透视变换需要获得畸变图像 4 个点的坐标并作为一组，以及目标图像的 4 个点的坐标并作为一组，通过两组坐标计算出透视变换矩阵，然后对原图像执行透视变换矩阵的变换，实现图像校正。

以图 3-18 所示的图像透视变换为例，图 3-18(a)所示电子书由于拍摄时摄像头角度的原因，导致产生一定程度的畸变：距离摄像头越近的点，看起来越大；越远的点，看起来越小。图像透视变换的目的就是要纠正这种畸变，得到电子书的正视角矩形图像，其校正效果相当于从电子书的正上方视角拍摄的图像，即图 3-18(b)所示的图像。

(a) 原图像

(b) 结果图像

图 3-18 图像透视变换实例

图像透视变换的矩阵表达式为

$$[x' \quad y' \quad w'] = [u \quad v \quad w]\begin{bmatrix} a_{11} & a_{12} & a_{13} \\ a_{21} & a_{22} & a_{23} \\ a_{31} & a_{32} & a_{33} \end{bmatrix} \tag{3-10}$$

其中，$\begin{bmatrix} a_{11} & a_{12} & a_{13} \\ a_{21} & a_{22} & a_{23} \\ a_{31} & a_{32} & a_{33} \end{bmatrix}$为透视变换矩阵，$[u \quad v \quad w]$为原图像矩阵，$[x' \quad y' \quad w']$为变换后的图像矩阵，$\begin{bmatrix} a_{11} & a_{12} \\ a_{21} & a_{22} \end{bmatrix}$实现线性变换，$\begin{bmatrix} a_{13} \\ a_{23} \end{bmatrix}$实现平移变换，$[a_{31} \quad a_{32}]$实现透视变换，$[a_{33}]$实现全比例变换。

图像透视变换的数学表达式如式(3-11)所示。

$$\begin{cases} x = \dfrac{x'}{w'} = \dfrac{a_{11}u + a_{21}v + a_{31}}{a_{13}u + a_{23}v + a_{33}} \\ y = \dfrac{y'}{w'} = \dfrac{a_{12}u + a_{22}v + a_{32}}{a_{13}u + a_{23}v + a_{33}} \end{cases} \tag{3-11}$$

由此可知，给定图像透视变换对应的 4 个点坐标，即原图像像素的坐标和变换后图像像素的坐标，联立可求得透视变换矩阵。

3.4 图像几何变换的应用

3.4.1 图像畸变校正与测量识别

一般提到图像畸变，大家都会想到镜头畸变，但本节的图像畸变是几何畸变，例如，仿射畸变、投影畸变。简单来说，几何畸变就是拍摄角度未对正，使拍摄的图像发生了形变。图像畸变校正利用消失点原理，使图像中原有的平行/垂直关系得以保持，得到正视图的效果。

几何透视如图 3-19 所示，相交于无穷远的平行线，经过投影变换相交于一点，即消失点。不同的平行线相交于不同的消失点，而一个平面上各组平行线的消失点共线。而消失线方程与投影变换矩阵有关。因此，在图像上描出几组平行关系，便可以计算消失点和消失线，进而反解出投影变换矩阵。图像畸变校正利用此矩阵进行图像变换，来去除几何畸变。

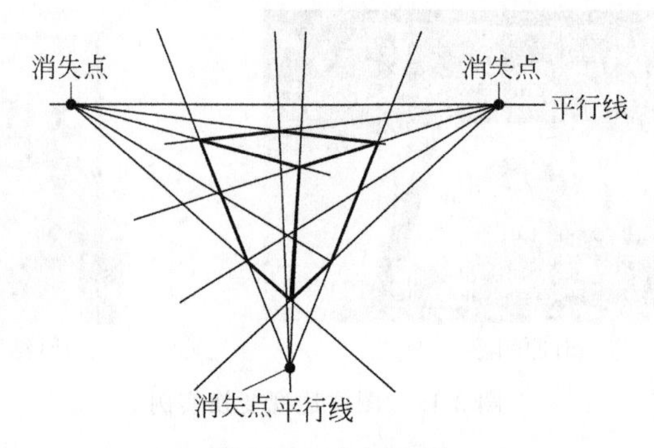

图 3-19 几何透视

随着经济和技术的迅猛发展，工业水平显著提高，道路上的机动车数量也呈爆炸式增长。道路资源分配的不合理导致道路堵塞，同时，现有的道路资源也没有得到充分利用。为了解决这一问题，透视变换被用于识别和过滤行人、自行车和摩托车等非机动车，只针对机动车进行检测，以便于合理安排交通资源，减少交通拥堵。

由于摄像机的成像特性及光学原理所产生的透视效果会导致图像不同位置的物体产生透视畸变。最明显的透视畸变就是远处的物体明显缩小，近处的物体明显增大，从而影响了基于面积和像素数量的目标识别过程，导致摄像头远端方向的有效目标可能被误判或者消除，对整体识别的效果产生很大干扰。要消除这方面的影响，就需要对图像进行校正。

真实世界坐标在摄像机平面的成像过程可以用式(3-12)来表示。

$$\boldsymbol{A}(X,Y)=\boldsymbol{HB}(X,Y) \tag{3-12}$$

其中，$\boldsymbol{A}(X,Y)$表示真实世界坐标向量，$\boldsymbol{B}(X,Y)$表示平面坐标向量，$\boldsymbol{H}$ 表示变换矩阵。人们可以通过人工方式选择图像中的 4 个交点作为矫正参考点。这 4 个交点组成的区域的变换即为已知的矩形变换的过程，如式(3-13)所示。

$$\begin{bmatrix} XW \\ YW \\ W \end{bmatrix}=\begin{bmatrix} a & b & c \\ d & e & f \\ g & h & 1 \end{bmatrix}\begin{bmatrix} x \\ y \\ 1 \end{bmatrix} \tag{3-13}$$

其中，a、b、c、d、e、f、g、h 为变换矩阵的参数。由式(3-13)可知

$$W=gx+hy+1 \tag{3-14}$$

将式(3-14)代入式(3-13)可得

$$\begin{cases} X = ax + by + c - 0 \times d + 0 \times e + 0 \times f - Xxg - Xyh \\ Y = 0 \times a + 0 \times b + 0 \times c + xd + ye + f - Yxg - Yyh \end{cases} \tag{3-15}$$

畸形变换前后的一对交点坐标都能够满足式(3-15)。图像畸形变换前后标定的4对交点的坐标可得出4对方程组,共8个方程。由这8个方程解出变换矩阵 $\boldsymbol{H}$ 的8个参数,即 a、b、c、d、e、f、g、h。根据这些参数即可求得变换后这4个交叉点的坐标。

视频画面也有透视变换现象,即较远物体的画面会产生较大的畸变。

3.4.2 图像配准

图像几何变换重要的应用之一是图像配准。图像配准是将两幅相同场景的图像加以对准的过程。图像配准具有广泛的应用场景,例如,同一个场景多幅图像的匹配或叠加。尤其是在医学图像、卫星图像分析和光流等领域,图像配准的应用非常普遍。在这些领域中,图像配准对同一场景的多幅图像进行叠加,以对因摄像机角度、距离、传感器分辨率和其他因素所导致的几何失真进行校正。目前,图像配准还没有找到一种普适的方法,能够应对所有的几乎失真,任何一种图像配准算法都必须考虑图像的成像原理、几何变形、噪声影响、配准精度等。图像配准分类如图3-20所示。

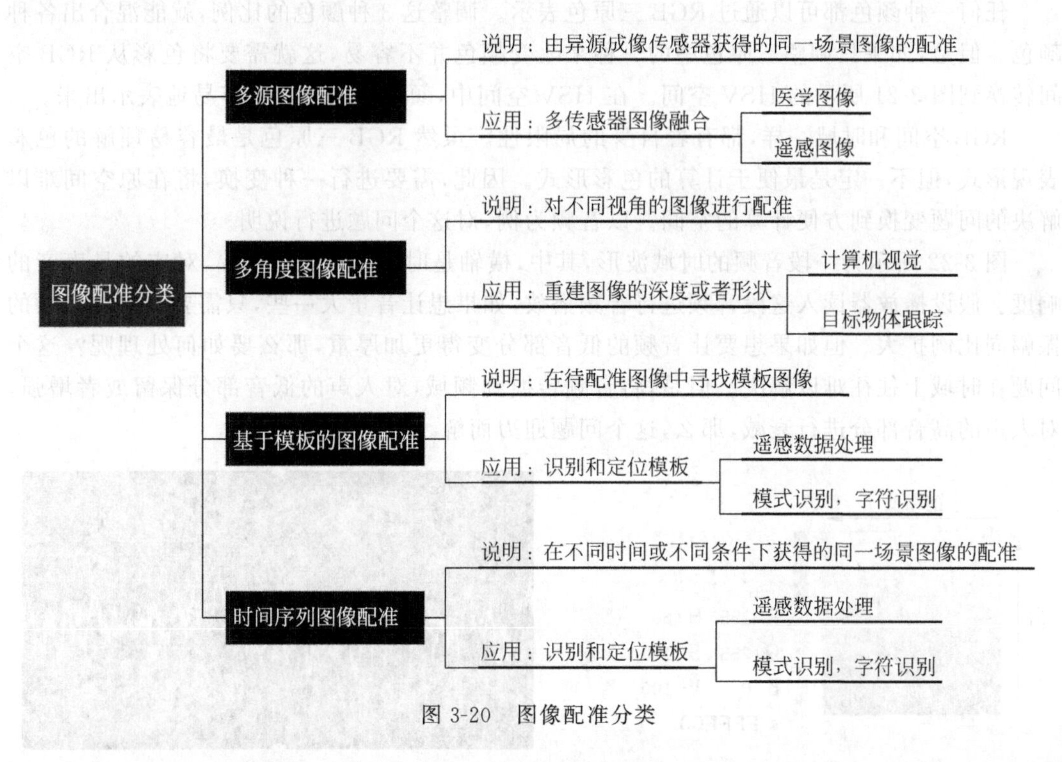

图3-20 图像配准分类

根据图像配准的原理,图像配准分为特征检测、特征匹配、图像变换模型评估、图像变换这4个基本步骤,具体如下。

(1)特征检测:根据图像畸变的程度,分别采用人工或者自动的方式检测图像的不变特征,例如,边界、轮廓、线交点、交点等均可以作为特征。

(2) 特征匹配：通过特征描述算子及相似性度量来建立所提取的图像特征之间的对应关系。特征匹配常用的信息有区域灰度、特征向量空间分布、特征符号描述等。

(3) 图像变换模型评估：根据待配准图像与参考图像之间几何畸变的情况，选择能最佳拟合两幅图像之间变化的图像变换模型。常见的图像变换模型包括仿射变换、透视变换、多项式变换等，其中，最常用的是仿射变换和多项式变换。

(4) 图像变换：将待配准图像进行相应的参数变换，使它与参考图像处于同一个坐标系。在这个过程中，由于图像变换后的坐标点不一定是整数，因此，需要考虑插值处理。

在这4个步骤中，特征匹配是一种通过提取两个或多个图像的特征，对特征进行参数描述，然后运用所描述的参数来进行匹配的算法。图像特征一般有颜色特征、纹理特征、形状特征、空间位置特征等。特征检测算法需要满足3个条件：显著性，抗噪性，一致性。显著性是指所提取的特征应该是比较明显的，分布广泛的、易于提取的特征。抗噪性是指所选特征具有较强的噪声抑制能力且对成像条件的变化不敏感。一致性是指该特征能够准确地检测出两幅图像的共有特征。

3.5 图像正交变换的基本概念

任何一种颜色都可以通过RGB三原色表示。调整这3种颜色的比例，就能混合出各种颜色。但是，如果只调整三原色中的一种来改变颜色并不容易，这就需要将色彩从RGB空间转换到图3-21所示的HSV空间。在HSV空间中，颜色变化可以很容易地表示出来。

RGB空间和时域一样，都有着自身的局限性。虽然RGB三原色是最容易理解的色彩表现形式，但不一定是最便于计算的色彩形式。因此，需要进行一种变换，将在原空间难以解决的问题变换到方便计算的空间。以音频为例，对这个问题进行说明。

图3-22所示为一段音频的时域波形，其中，横轴是时间；纵轴是振幅，对应的是声音的响度。假设播放器读入这段音频进行音频播放，如果想让音量大一些，只需要将整段音频的振幅同比例扩大。但如果想要让音频的低音部分变得更加厚重，那么要如何处理呢？这个问题在时域上往往难以解决。但是，将音频转换到频域，对人声的低音部分保留或者增强，对人声的高音部分进行衰减，那么，这个问题迎刃而解。

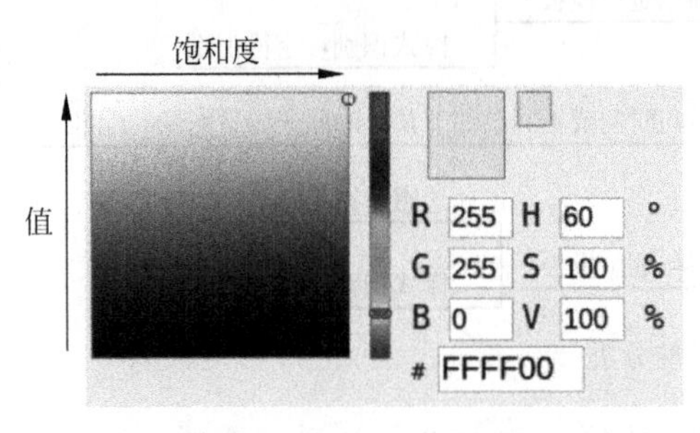

图3-21 HSV空间示意

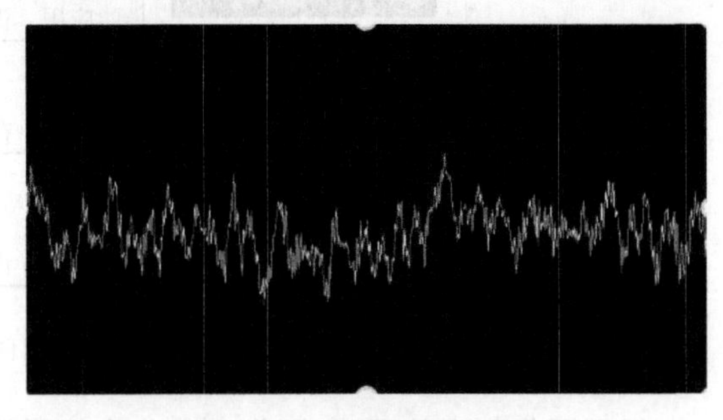

图3-22 音频的时域波形

通过音频的例子不难发现，不管是时域，还是频域或者是空域，都有其局限性，都存在着自身无法看出的问题，这就好比苏轼的《题西林壁》中“横看成岭侧成峰，远近高低各不同”一般。时域、频域、空域这3个看似完全不相关的系统其实只是从不同的角度来看待同一个事物。由于角度的不同，使原域中难以解决的问题竟然迎刃而解，这也是进行图像正交变换的原因。

人眼所看到的图像是在空域上的，其信息具有很强的相关性，因此，在进行数字图像处理时，人们经常将图像通过某种数学方法变换到其他正交矢量空间。在变换中，原图像一般称为空域图像，变换后的图像称为频域图像。频域图像可反变换为空域图像。

3.5.1 线性操作和非线性操作

在学习正交变换之前，本章首先介绍线性操作和非线性操作。如图 3-23 所示，对于输入 $X(t)$和输出 $Y(t)$而言，若系统满足齐次性及叠加性，则称系统为线性系统；否则为非线性系统。

X(t) ⟹ 系统 ⟹ Y(t)

图 3-23 系统模型

考虑算子 H，对于给定的输入图像 $f(x,y)$，产生输出图像 $g(x,y)$，如式(3-16)所示。

$$H[f(x,y)]=g(x,y) \tag{3-16}$$

如果 H 满足式(3-17)，则称 H 是线性算子。

$$H[a_i f_i(x,y)+a_j f_j(x,y)]=a_i g_i(x,y)+a_j g_j(x,y) \tag{3-17}$$

其中，a_i、a_j 表示任意常数，$f_i(x,y)$、$f_j(x,y)$表示大小相同的图像。

式(3-17)的输出是线性操作，这是因为两个输入相加得到的结果和分别输入得到的结果相同。这体现了线性操作的叠加性。另外，输入乘以常数的线性操作得到的输出与乘以该常数的原输入得到的输出结果相同，这种特性称为同质性。

例 3-1 设 H 为求和算子 Σ，检验其是否为线性的，具体过程如式(3-18)所示。

$$\begin{aligned}\Sigma[a_i f_i(x,y)+a_j f_j(x,y)]&=\Sigma a_i f_i(x,y)+\Sigma a_j f_j(x,y)\\&=a_i\Sigma f_i(x,y)+a_j\Sigma f_j(x,y)\\&=a_i g_i(x,y)+a_j g_j(x,y)\end{aligned} \tag{3-18}$$

由式(3-18)的推导过程可以看出：等号左边的展开式与右边的相等，因此，可以得出求和算子是线性的这一结论。此外，需要注意的是求和算子为阵列求和，并不是图像全部元素的求和。因此，单幅图像的求和是该图像的本身。

例 3-2 H 为求最大值算子 max，检验其是否为线性。假设 $\boldsymbol{f}_1=\begin{bmatrix}0&2\\2&3\end{bmatrix}$，$\boldsymbol{f}_2=\begin{bmatrix}6&5\\4&7\end{bmatrix}$，$a_1=1$，$a_2=-1$，代入式(3-17)，可以得出式(3-19)和式(3-20)。

$$\max\left\{1\times\begin{bmatrix}0&2\\2&3\end{bmatrix}+(-1)\times\begin{bmatrix}6&5\\4&7\end{bmatrix}\right\}=\max\left\{\begin{bmatrix}-6&-3\\-2&-4\end{bmatrix}\right\}=-2 \tag{3-19}$$

$$1\times\max\left\{\begin{bmatrix}0&2\\2&3\end{bmatrix}\right\}+(-1)\times\left\{\max\left\{\begin{bmatrix}6&5\\4&7\end{bmatrix}\right\}\right\}=-4 \tag{3-20}$$

可以看出，式(3-19)和式(3-20)的结果是不相等的，因而，求最大值算子是非线性的。

3.5.2 正交变换

图像由很多个像素构成。这一个个的像素可以看成点冲激函数，那么一幅图像可以看成由很多点冲激函数构成。对图像进行处理，就是对这些像素也就是点冲激函数进行处理。图像除了可以被分为一个个的像素外，还可以分解为基图像之和。基图像之间相互是正交的,图像变换的本质就是寻找合适的基图像来表达图像。假设 $\boldsymbol{x}$ 是 $N\times1$ 的列向量,$\boldsymbol{T}$ 是 $N\times N$ 的矩阵,那么,有

$$\boldsymbol{T}(u)=\sum_{x=0}^{N-1}f(x)\boldsymbol{g}(x,u),\quad 0\leqslant u\leqslant N-1 \tag{3-21}$$

其中,$\boldsymbol{T}$ 为 x 的正交变换,$\boldsymbol{g}(x,u)$为正向变换核。有这样一个正变换,与之对应就有一个逆变换,如式(3-22)所示。

$$\boldsymbol{f}(x)=\sum_{u=0}^{N-1}\boldsymbol{T}(u)\boldsymbol{h}(x,u),\quad 0\leqslant x\leqslant N-1 \tag{3-22}$$

其中,$\boldsymbol{h}(x,u)$为反向变换核。

由一维离散正交变换可以推导出二维离散正交变换。二维离散正交变换如式(3-23)所示,即分别在 x 轴方向和 y 轴方向进行求和。二维离散正交变换的逆变换如式(3-24)所示。

$$\boldsymbol{T}(u,v)=\sum_{x=0}^{M-1}\sum_{y=0}^{N-1}\boldsymbol{f}(x,y)\boldsymbol{g}(x,y,u,v),\quad 0\leqslant u,v\leqslant N-1 \tag{3-23}$$

$$\boldsymbol{f}(x,y)=\sum_{u=0}^{M-1}\sum_{v=0}^{N-1}\boldsymbol{T}(u,v)\boldsymbol{h}(x,y,u,v),\quad 0\leqslant u,v\leqslant N-1 \tag{3-24}$$

其中,$\boldsymbol{f}(x,y)$表示输入图像,$\boldsymbol{T}(u,v)$表示输出图像,$\boldsymbol{g}(x,y,u,v)$表示正向变换核,$\boldsymbol{h}(x,y,u,v)$表示反向变换核。若 $\boldsymbol{f}(x,y)$和 $\boldsymbol{T}(u,v)$大小均为 $N\times N$ 的图像,则正向变换核和反向变换核的大小均为 $N^2\times N^2$。

二维离散正交变换还有如下的性质。

(1) 可分离性。如果二维离散正交变换在 x 轴方向和 y 轴方向的变换是无关的,那么则称正向变换核和反向变换核是可分离的,如式(3-25)和式(3-26)所示。

$$\boldsymbol{g}(x,y,u,v)=\boldsymbol{g}_1(x,u)\boldsymbol{g}_2(y,v) \tag{3-25}$$

$$\boldsymbol{h}(x,y,u,v)=\boldsymbol{h}_1(x,u)\boldsymbol{h}_2(y,v) \tag{3-26}$$

(2) 对称性。若 $\boldsymbol{g}_1$ 与 $\boldsymbol{g}_2$ 的函数形式相同,则称正向变换核是对称的。同样地,若 $\boldsymbol{h}_1$ 与 $\boldsymbol{h}_2$ 的函数形式相同,则称反向变换核是对称的。

(3) 可分离变换。若变换核是可分离的,则称正交变换为可分离变换。具有可分离变换核的二维离散正交变换的计算分为两个步骤,每个步骤用一个一维离散正交变换完成,具体如下。

步骤 1 对 $\boldsymbol{f}(x,y)$的每一行进行一维离散正交变换,得到 $\boldsymbol{T}(x,v)$,如式(3-27)所示。

$$\boldsymbol{T}(x,v)=\sum_{y=0}^{N-1}\boldsymbol{f}(x,y)\boldsymbol{g}_2(y,v),\quad 0\leqslant x,v\leqslant N-1 \tag{3-27}$$

步骤 2 对 $\boldsymbol{T}(x,v)$的每一列进行一维离散正交变换得到 $\boldsymbol{T}(u,v)$,如式(3-28)所示。

$$\boldsymbol{T}(u,v)=\sum_{x=0}^{N-1}\boldsymbol{T}(x,v)\boldsymbol{g}_2(x,u),\quad 0\leqslant u,v\leqslant N-1 \tag{3-28}$$

3.6 正交变换基本方法

满足正交和完备这两个条件的函数集合或矩阵才能用于图像矩阵的分析。图像变换常用的可分离正交变换有:二维离散傅里叶变换,二维离散余弦变换,二维沃尔什变换,以及

小波变换。图像变换常用于图像特征提取、图像压缩、图像增强等。

3.6.1 傅里叶变换

傅里叶变换是线性系统一个有力的分析工具，能够定量地分析如数字图像等的数字化系统。傅里叶变换理论与物理解释的相结合，将有利于解决大多数图像处理问题，其物理意义是将图像的灰度分布函数变换为图像的频率分布函数。实际上，图像进行二维傅里叶变换所得到的频谱图就是图像梯度的分布图。

1. 傅里叶变换概述

从纯粹的数学意义上来看，傅里叶变换将一个图像函数转换为一系列周期函数，将图像的频率分布函数变换为灰度分布函数。傅里叶频谱图上的明暗不一的亮点实际上是表示图像中某一像素与邻域像素差异的强弱，即梯度的大小，也即该点频率的大小。如果频谱图中暗点数量多，那么该图像是比较柔和的。反之，如果频谱图中亮点数量多，那么该图像一定是尖锐的，边界分明且边界两边像素差异较大。

傅里叶变换是在以时间为自变量的信号和以频率为自变量的频谱函数之间的一种变换关系。傅里叶变换提供了一种在全新的频率空间认识信号的方式：一方面可能使在时域中较为复杂的问题在频域中变得简单起来，从而简化分析过程；另一方面使信号与系统的物理本质在频域中能更好地被揭示出来。

当自变量时间或频率的形式(连续、离散)不同时，可以形成多种不同的傅里叶变换对，即信号与频谱的对应关系。傅里叶变换包含连续傅里叶变换、离散傅里叶变换、快速傅里叶变换、短时傅里叶变换等。数字图像处理使用的是二维离散傅里叶变换。

在介绍傅里叶变换之前，首先要介绍狄里赫利条件。狄里赫利条件是指如果信号有有限个间断点、有限个极值点，且绝对可积，那么它的傅里叶变换是存在的。我们所接触的信号，一般来说都满足狄里赫利条件，因此，一般情况下，本章不再强调狄里赫利条件。

2. 傅里叶变换的定义

一维傅里叶变换的函数如式(3-29)所示。

$$F(u)=\int_{-\infty}^{\infty} f(x)\mathrm{e}^{-\mathrm{j}2\pi ux}\,\mathrm{d}x \tag{3-29}$$

式(3-29)的逆变换为

$$f(x)=\int_{-\infty}^{\infty} F(u)\mathrm{e}^{\mathrm{j}2\pi ux}\,\mathrm{d}u \tag{3-30}$$

对于一维傅里叶变换来说，它的变换函数是 $\mathrm{e}^{-\mathrm{j}2\pi ux}$。根据式(3-31)所示的欧拉公式可知，变换函数 $\mathrm{e}^{-\mathrm{j}2\pi ux}=\cos(2\pi ux)-\mathrm{j}\sin 2\pi ux$ 为一个复数，所以，傅里叶变换 $F(u)$在一般情况下是一个复数量，可以写成式(3-32)所示的实部加虚部的形式。

$$\mathrm{e}^{\mathrm{j}\omega}=\cos\omega+\mathrm{j}\sin\omega \tag{3-31}$$

$$F(u)=R(u)+\mathrm{j}I(u)=|F(u)|\mathrm{e}^{\mathrm{j}\phi(u)} \tag{3-32}$$

其中，$R(u)$表示实部；$I(u)$表示虚部；$|F(u)|$为 $F(u)$的实部和虚部平方和开根号，如式(3-33)所示，称为 $f(x)$的傅里叶幅度谱；$\phi(u)$如式(3-34)所示，称为 $f(x)$的傅里叶相位谱。

$$|F(u)|=\sqrt{R^2(u)+I^2(u)} \tag{3-33}$$

$$\phi(u)=\arctan\frac{I(u)}{R(u)} \tag{3-34}$$

傅里叶变换同样可以推广到二维函数。如果二维函数满足狄里赫利条件，那么存在式(3-35)所示的二维傅里叶变换对，这个变换对是由一维变换推广得到。

$$\begin{cases}F(u,v)=\int_{-\infty}^{\infty}\int_{-\infty}^{\infty}f(x,y)\mathrm{e}^{-\mathrm{j}2\pi(ux+vy)}\mathrm{d}x\mathrm{d}y\\ f(x,y)=\int_{-\infty}^{\infty}\int_{-\infty}^{\infty}F(u,v)\mathrm{e}^{\mathrm{j}2\pi(ux+vy)}\mathrm{d}u\mathrm{d}v\end{cases} \tag{3-35}$$

二维傅里叶变换的变换函数变成了 $\mathrm{e}^{-\mathrm{j}2\pi(ux+vy)}$，$f(x,y)$在 x 轴方向进行变换的同时，也在 y 轴方向进行相应变换。二维傅里叶变换的逆变换函数相应地变成了 $\mathrm{e}^{\mathrm{j}2\pi(ux+vy)}$。类似于一维傅里叶变换，二维傅里叶变换也存在幅度谱和相位谱，如式(3-36)和式(3-37)所示。

$$|F(u,v)|=\sqrt{R^2(u,v)+I^2(u,v)} \tag{3-36}$$

$$\phi(u,v)=\arctan\frac{I(u,v)}{R(u,v)} \tag{3-37}$$

离散傅里叶变换是一种经典的正弦/余弦型正交变换。它建立了空域与频域之间的联系，具有明确的物理意义，能够更直观、方便地解决许多图像处理问题，被广泛应用于数字图像处理领域。

一维离散傅里叶变换的定义如下：设$\{f(n)|n=0,1,\cdots,N-1\}$为一维信号的 N 个抽样，其离散傅里叶变换及其逆变换如式(3-38)所示。

$$\begin{cases}F(u)=\frac{1}{N}\sum_{x=0}^{N-1}f(x)\mathrm{e}^{-\mathrm{j}2\pi ux/N}, & u=0,1,2,\cdots,N-1\\ f(x)=\sum_{u=0}^{N-1}F(u)\mathrm{e}^{\mathrm{j}2\pi ux/N}, & x=0,1,2,\cdots,N-1\end{cases} \tag{3-38}$$

二维离散傅里叶变换是由图像矩阵向频域矩阵的转换，如式(3-39)所示，其中，$1/N$ 是二维离散傅里叶变换进行归一化处理所添加的系数。对二维离散傅里叶变换来说，它的变换核是 $\mathrm{e}^{-\mathrm{j}2\pi\left(\frac{ux}{N}+\frac{vy}{N}\right)}$。

$$\begin{cases}F(u,v)=\frac{1}{N}\sum_{x=0}^{N-1}\sum_{y=0}^{N-1}f(x,y)\mathrm{e}^{-\mathrm{j}2\pi\left(\frac{ux}{N}+\frac{vy}{N}\right)}\\ f(x,y)=\frac{1}{N}\sum_{u=0}^{N-1}\sum_{v=0}^{N-1}F(u,v)\mathrm{e}^{\mathrm{j}2\pi\left(\frac{ux}{N}+\frac{vy}{N}\right)}\end{cases} \tag{3-39}$$

其中，$f(x,y)$的频谱为 $F(u,v)$。$|F(u,v)|=\sqrt{R^2(u,v)+I^2(u,v)}$，称为幅度谱。$\phi(u,v)=\arctan\frac{I(u,v)}{R(u,v)}$，称为相位谱。图像经过二维离散傅里叶变换的幅度谱和相位谱如图 3-24 所示。

图像的重构如图 3-25 所示。图 3-25(a)所示为原图像，进行二维离散傅里叶变换后得到它的幅度谱和相位谱，如图 3-25(b)和图 3-25(c)所示。如果仅用频域的幅度谱进行傅里叶反变换，也就是图像重构，那么得到图 3-25(d)所示的幅度谱重构图像。可以看出，

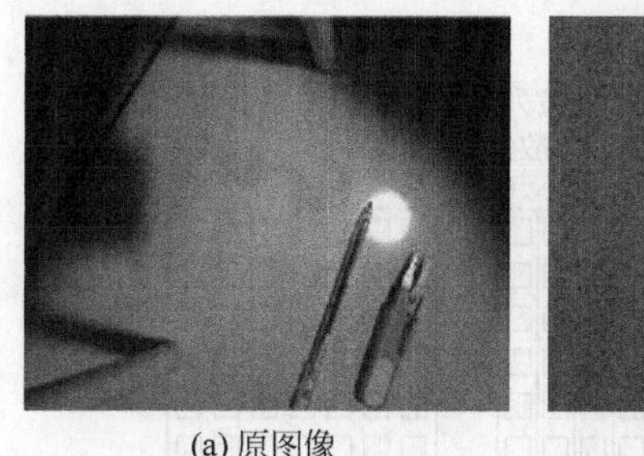
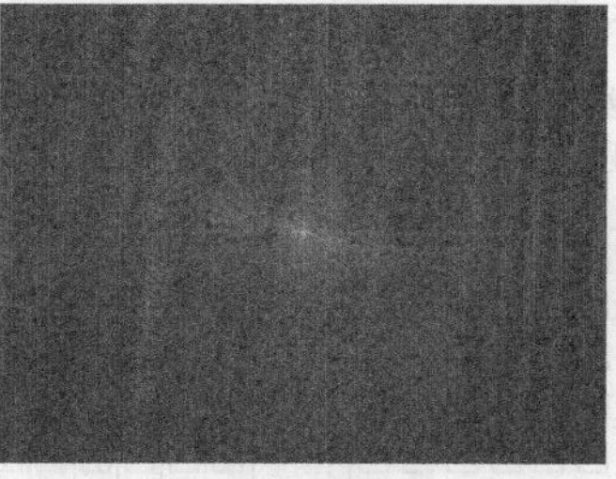
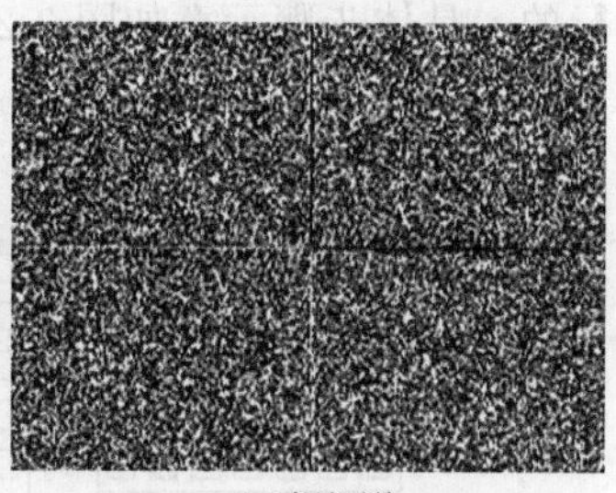

(a) 原图像　(b) 幅度谱　(c) 相位谱

图 3-24　图像经过二维离散傅里叶变换的幅度谱和相位谱

图 3-25(a)与原图像差异非常大，基本无法看出任何信息。这也意味着幅度谱所包含的信息不足以完全表示原图像的空间信息。同样地，如果仅用相位谱来进行傅里叶反变换，也就是把幅度都置为 1，那么会得到图 3-25(e)所示的相位谱重构图像。

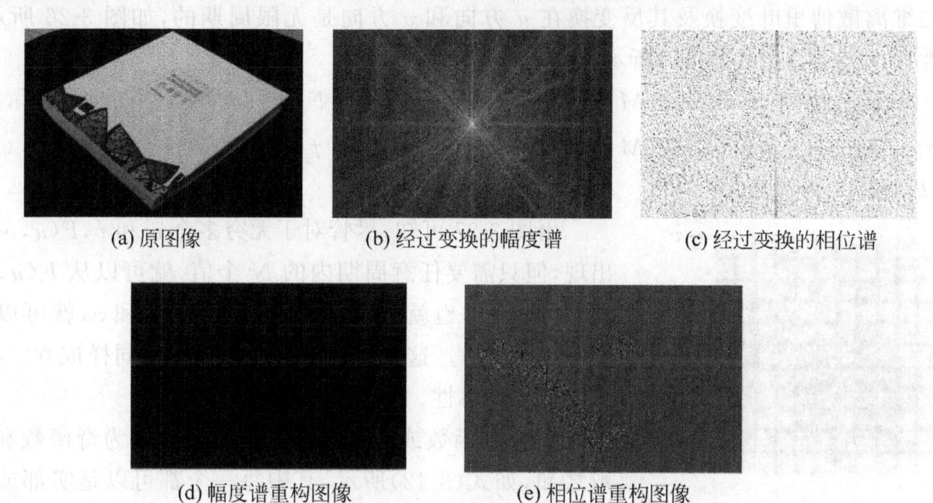

(a) 原图像　(b) 经过变换的幅度谱　(c) 经过变换的相位谱

(d) 幅度谱重构图像　(e) 相位谱重构图像

图 3-25　图像的重构

可以看出，相位谱重构图像比幅度谱重构图像更清晰、更直观，也和原图像相似得多。因此，可以得出结论：相对于幅度谱而言，相位谱具有更重要的应用，或者说它所携带的信息更为重要。

3. 离散傅里叶变换的性质

本节将介绍二维离散傅里叶变换的一些性质，并设 $f(x,y)$表示大小为 $M\times N$ 的原图像。

(1) 可分离性。

由可分离性可知，二维傅里叶变换可分解为两步，每一步都是一维离散傅里叶变换。具体步骤如下。

步骤 1　$f(x,y)$按行进行一维离散傅里叶变换，得到 $F(x,v)$。

步骤 2　$F(x,v)$按列进行一维离散傅里叶变换，便可得到 $f(x,y)$的二维离散傅里叶变换结果 $F(u,v)$。

显然，$f(x,y)$先按列进行一维离散傅里叶变换，再按行进行一维离散傅里叶变换也是可行的。具体步骤示意如图 3-26 所示。

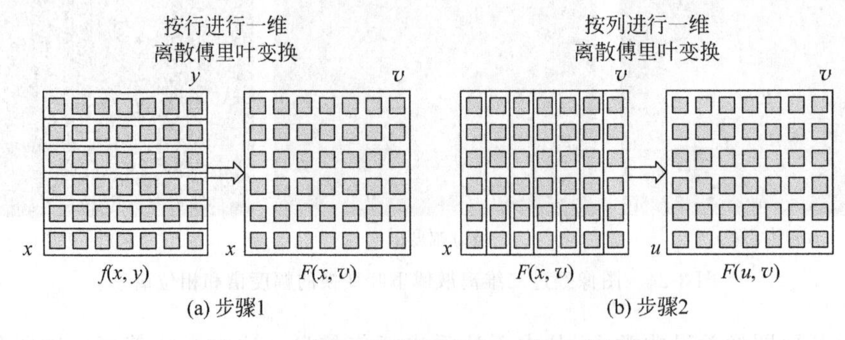

图 3-26 图像二维离散傅里叶变换步骤示意

(2) 周期性。

二维离散傅里叶变换及其反变换在 u 方向和 v 方向是无限周期的，如图 3-26 所示，其周期性如式(3-40)和式(3-41)所示。

$$F(u,v)=F(u+k_1M,v)=F(u,v+k_2N)=F(u+k_1M,v+k_2N) \tag{3-40}$$

$$f(x,y)=f(x+k_1M,y)=f(x,y+k_2N)=f(x+k_1M,y+k_2N) \tag{3-41}$$

其中，k_1 和 k_2 为整数。

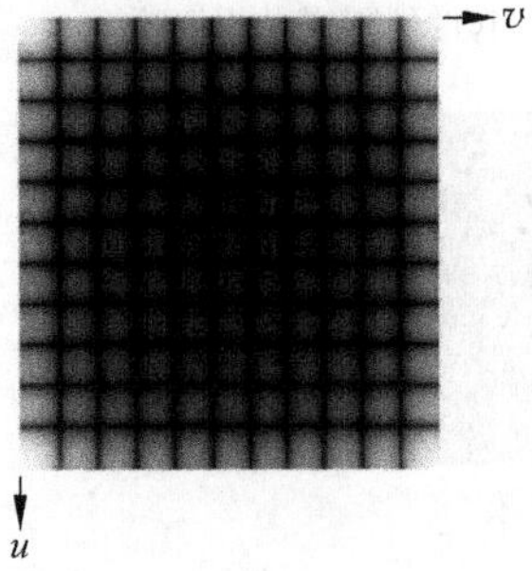

图 3-27 二维离散傅里叶变换的周期性

由图 3-27 可知，尽管对于无穷多个 u 和 v，$F(u,v)$重复出现，但只需要任意周期内的 N 个值，就可以从 $F(u,v)$得到 $f(x,y)$。也就是说，仅一个周期的 u 和 v，就可以完全确定 $F(u,v)$。这一性质对于 $f(x,y)$也同样成立。

(3) 对称性。

任意实函数或虚函数 $w(x,y)$可表示为奇函数和偶函数之和，如式(3-42)所示，其中每一个都可以是实部或虚部的和。

$$w(x,y)=w_e(x,y)+w_o(x,y) \tag{3-42}$$

其中，$w_e(x,y)$为偶数部分，$w_o(x,y)$为奇数部分，它们的定义如式(3-43)和式(3-44)所示。

$$w_e(x,y) \triangleq \frac{w(x,y)+w(-x,-y)}{2} \tag{3-43}$$

$$w_o(x,y) \triangleq \frac{w(x,y)-w(-x,-y)}{2} \tag{3-44}$$

将式(3-43)和式(3-44)代入式(3-42)，可以得出恒等式 $w(x,y)\equiv w(x,y)$，证明了式(3-42)的正确性。由奇偶性可得式(3-45)和式(3-46)。

$$w_e(x,y)=w_e(-x,-y) \tag{3-45}$$

$$w_o(x,y)=-w_o(-x,-y) \tag{3-46}$$

也就是说，偶函数 $w_e(x,y)$是对称函数，奇函数 $w_o(x,y)$是反对称函数。

由高等数学的基本知识可知，两个偶函数或两个奇函数的积是偶函数，一个奇函数和一个偶函数的积是奇函数。除此之外，使得离散函数为奇函数的唯一方法是令所有样本和为

0。由此可以推导出一个重要的结论：对于任意一个离散偶函数 w_e 和一个离散奇函数 w_o，有

$$\sum_{x=0}^{M-1}\sum_{y=0}^{N-1} w_e(x,y)w_o(x,y)=0 \tag{3-47}$$

(4) 叠加性。

傅里叶变换是线性变换，满足线性变换的叠加性，如式(3-48)所示。

$$F[a_1 f_1(x,y)+a_2 f_2(x,y)]=a_1 F[f_1(x,y)]+a_2 F[f_2(x,y)] \tag{3-48}$$

(5) 平移性。

图像经过二维离散傅里叶变换得到 $F(u,v)$，如图 3-28 所示。$F(u,v)$ 和 $f(x,y)$ 图像大小一致。在图 3-28 所示的幅度谱中，包含原图像的低频分量和直流分量，其中，顶点位置对应直流分量，越靠近中心位置表示原图像的频率越高，在正中心处对应的就是高频分量。

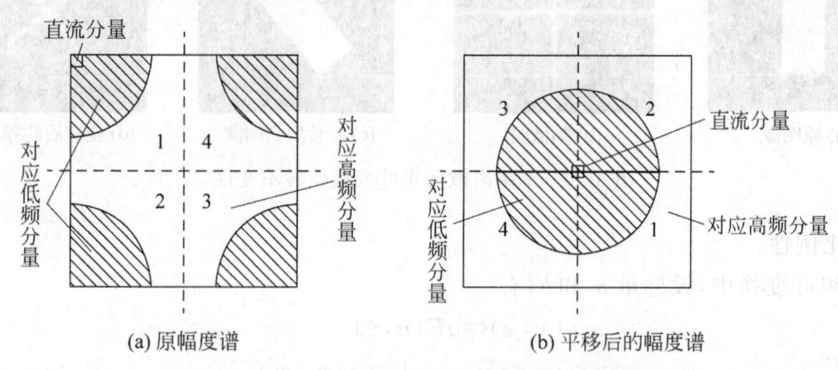

图 3-28 二维离散傅里叶变换后频域的幅度谱

由于图 3-28(a)有一定的对称性，为了显示方便，往往会进行移位，对 1 和 3、2 和 4 所在部分分别进行交叉移位，如图 3-28(b)所示。此时，在经过移位后，图 3-28(b)中心对应的是直流分量。这种平移称为对称平移，也就是对角线交换。

图 3-29(a)为原图像。经过傅里叶变换以后，它的幅度谱如图 3-29(b)所示。可以看出，图 3-29(b)的顶点是直流分量，中间部分是高频分量。图 3-29(b)经过对称平移后，得到图 3-29(c)，其中心位置对应的是直流分量，离直流分量越近的距离上，对应的是低频的分量，即图中亮区域；越远离直流分量的地方，也就是四周对应的是高频的分量，即图中暗区域。

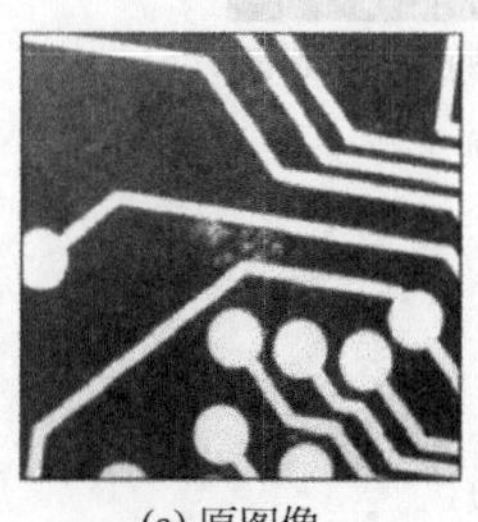
(a) 原图像

(b) 频域幅度谱

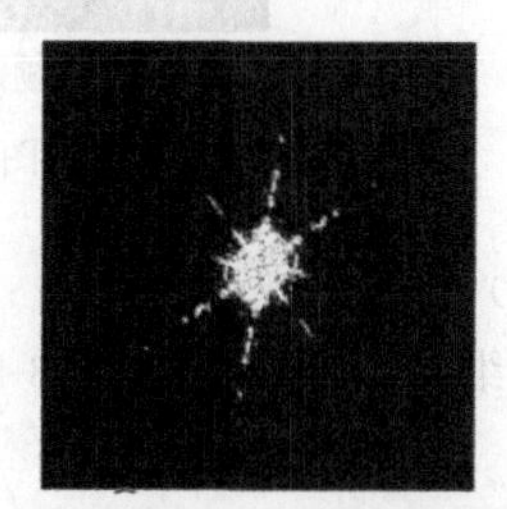
(c) 平移后的频域幅度谱

图 3-29 二维离散傅里叶变换平移性示例

（6）旋转不变性。

引入极坐标，使$\begin{cases}x=r\cos\theta\\y=r\sin\theta\end{cases}$，$\begin{cases}u=\omega\cos\varphi\\v=\omega\sin\varphi\end{cases}$。$f(x,y)$和$F(u,v)$分别表示为$f(r,\theta)$和$F(\omega,\varphi)$，则可以得出（式3-49）。

$$f(r,\theta+\theta_0)\Leftrightarrow F(\omega,\varphi+\theta_0) \tag{3-49}$$

从平面波的角度来理解二维离散傅里叶变换相对容易些。旋转并没有改变平面波的幅度和相位，只是将平面波旋转了一个角度。原图像、经过旋转后的图像，以及它们的二维离散傅里叶变换频谱图如图3-30所示。可以看出，图像在空域进行旋转，其二维离散傅里叶变换在频域也旋转了相同的角度。

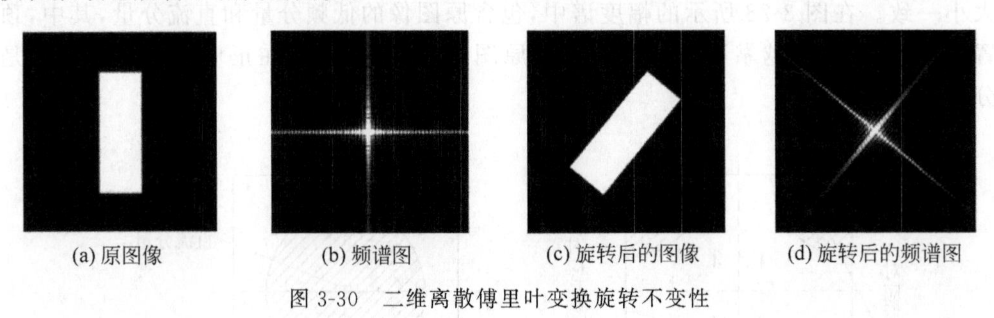
(a) 原图像　(b) 频谱图　(c) 旋转后的图像　(d) 旋转后的频谱图

图3-30　二维离散傅里叶变换旋转不变性

（7）比例性。

在傅里叶变换中，设标量a和b，有

$$af(x,y)\Leftrightarrow aF(u,v) \tag{3-50}$$

$$f(ax,by)\Leftrightarrow \frac{1}{|ab|}F\left(\frac{u}{a},\frac{v}{b}\right) \tag{3-51}$$

图3-31(a)为原频谱图，图3-31(b)为按比例调整后的频谱图，可以看出，图像在空域进行放大，对应于频域则为压缩，其幅度减少为原来幅度的$\frac{1}{|ab|}$。

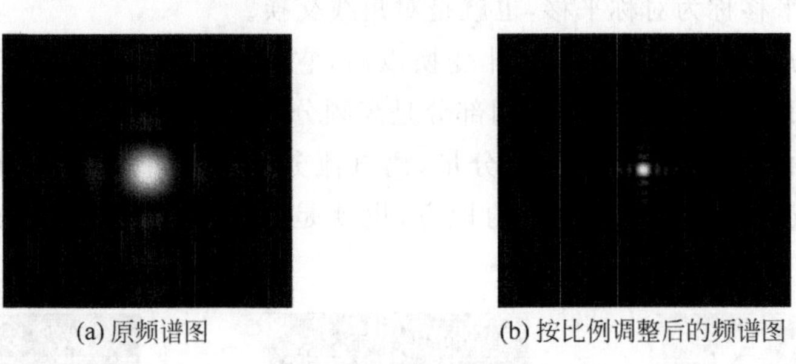
(a) 原频谱图　(b) 按比例调整后的频谱图

图3-31　二维离散傅里叶变换比例性示例

（8）卷积。

一维卷积的定义如式（3-52）所示。

$$f(x)\otimes g(x)=\sum_{\alpha}^{N-1}f(\alpha)g(x-\alpha) \tag{3-52}$$

根据式（3-52）的一维卷积定义可以推断出二维卷积定义，如式（3-53）所示。

$$f(x,y)\otimes g(x,y)=\sum_{\alpha}^{N-1}\sum_{\beta}^{N-1}f(\alpha,\beta)g(x-\alpha,y-\beta) \tag{3-53}$$

其中，$\alpha,\beta=0,1,2,\cdots,N-1$。

二维卷积定理如式(3-54)和式(3-55)所示。

$$f(x,y)\otimes g(x,y)\Leftrightarrow F(u,v)G(u,v) \tag{3-54}$$

$$f(x,y)g(x,y)\Leftrightarrow F(u,v)\otimes G(u,v) \tag{3-55}$$

许多图像变换都是基于卷积运算，这是因为频域的乘积运算比空域的卷积运算快。快速傅里叶变换使这种特点更加明显。

4. 快速傅里叶变换

离散傅里叶变换的计算量大，运算时间长，其运算次数正比于 N^2。当 N 较大时，其运算时间将迅速增长，以致无法容忍。因此，对离散傅里叶变换的快速算法，即快速傅里叶变换(Fast Fourier Transform，FFT)的研究非常有必要。

一种称为逐次加倍法的快速傅里叶变换于 1965 年由 J. W. 库利和 T. W. 图基提出，其运算次数正比于 $N\text{lb}N$。当 N 很大时，这种快速傅里叶变换的计算量可以大大降低。例如，当 $N=1\,024$ 时，快速傅里叶变换的运算次数和离散傅里叶的运算次数之比为 1/102.4；当 $N=4\,096$ 时，两者的比值可达 1/341.3。表 3-2 为离散傅里叶变换和快速傅里叶变换运算次数的比较。

表 3-2 离散傅里叶变换和快速傅里叶变换运算次数的比较

N	离散傅里叶变换运算次数/次	快速傅里叶变换运算次数/次	两者运算次数的比值/倍
8	64	24	1/2.7
16	256	64	1/4.0
32	1 024	160	1/6.4
64	4 096	384	1/10.7
128	16 384	896	1/18.3
256	65 536	2 048	1/32.0
512	262 144	4 608	1/56.9
1024	1 048 576	10 240	1/102.4
2048	4 194 304	22 528	1/186.2

一个 n 次多项式可以被 n 个点唯一确定，那么可以把单位根的 0～$(n-1)$次幂代入，并以此来确定多项式。设多项式 $A(x)$的系数为$(a_0,a_1,a_2,\cdots,a_{n-1})$，有

$$A(x)=a_0+a_1x+a_2x^2+a_3x^3+\cdots+a_{n-1}x^{n-1} \tag{3-56}$$

将式(3-56)系数的下标按照奇偶进行分类，得到式(3-57)。

$$A(x)=(a_0+a_2x^2+\cdots+a_{n-2}x^{n-2})+(a_1x+a_3x^3+\cdots+a_{n-1}x^{n-1}) \tag{3-57}$$

设有

$$A_1(x)=a_0+a_2x+\cdots+a_{n-2}x^{\frac{n-2}{2}} \tag{3-58}$$

$$A_2(x)=a_1+a_3x+\cdots+a_{n-1}x^{\frac{n-2}{2}} \tag{3-59}$$

将式(3-58)和式(3-59)代入式(3-57)，则可以得到式(3-60)。

$$A(x)=A_1(x^2)+xA_2(x^2) \tag{3-60}$$

将 $\omega_n^k\left(k<\frac{n}{2}\right)$ 代入式(3-60),得到式(3-61)。

$$A(\omega_n^k)=A_1(\omega_n^{2k})+\omega_n^k A_2(\omega_n^{2k}) \tag{3-61}$$

同理,将 $\omega_n^{k+\frac{n}{2}}$ 代入式(3-60),可得式(3-62)。

$$A(\omega_n^{k+\frac{n}{2}})=A_1(\omega_n^{2k+n})+\omega_n^{k+\frac{n}{2}}A_2(\omega_n^{2k+n}) \tag{3-62}$$

由式(3-61)和式(3-62)可知,两式中只有一个常数项不同,因此在枚举式(3-61)时,通过 $O(1)$ 可以得到式(3-62)的值,因此,式(3-62)的计算量减少了一半。

3.6.2 二维离散余弦变换

1. 二维离散余弦变换概述

离散余弦变换(Discrete Cosine Transform,DCT)是通过一组频率和幅度不同的余弦函数之和来近似地表示图像的方式,实际上是傅里叶变换的实数部分。离散余弦变换有一个重要的性质,即对于一幅图像而言,其大部分可视化信息都集中在少数的变换系数,因此,离散余弦变换经常用于图像压缩,例如国际压缩标准 JPEG 就采用了离散余弦变换。

离散余弦变换是一种可分离的正交变换,并且是对称的。它和傅里叶变换有着密切的联系,近年来得到了广泛应用,特别是在图像压缩领域。傅里叶变换有一个最大的问题:它的参数为复数。正因为如此,傅里叶变换在数据描述的数据量相当于实数的两倍,导致计算量大。因此,研究者们推出了改进的离散余弦变换。在傅里叶变换过程中,如果被展开的函数是实偶函数,那么其傅里叶变换中只包含余弦项。基于这一特点,人们提出了离散余弦变换。离散余弦变换首先将图像函数变换成偶函数形式,然后对其进行二维离散傅里叶变换,因此离散余弦变换可以看成是一种简化的傅里叶变换。

2. 二维离散余弦变换定义

函数 $f(x)$ 的一维离散余弦变换及其反变换为

$$\begin{cases} C(u)=a(u)\sum\limits_{x=0}^{N-1}f(x)\cos\dfrac{(2x+1)u\pi}{2N} \\ f(x)=\sum\limits_{x=0}^{N-1}a(u)C(u)\cos\dfrac{(2x+1)u\pi}{2N} \end{cases} \tag{3-63}$$

其中,$a(u)$ 为归一化加权系数,其定义如式(3-64)所示。

$$a(u)=\begin{cases} \sqrt{\dfrac{1}{N}}, & u=0 \\ \sqrt{\dfrac{2}{N}}, & u=1,2,\cdots,N-1 \end{cases} \tag{3-64}$$

一维离散余弦变换扩展到二维离散余弦变换,其变换及反变换为

$$\begin{cases} C(u,v)=a(u)a(v)\sum\limits_{x=0}^{N-1}\sum\limits_{y=0}^{N-1}f(x,y)\cos\left[\dfrac{(2x+1)u\pi}{2N}\right]\cos\left[\dfrac{(2y+1)v\pi}{2N}\right] \\ f(x,y)=\sum\limits_{x=0}^{N-1}\sum\limits_{y=0}^{N-1}a(u)a(v)C(u,v)\cos\left[\dfrac{(2x+1)u\pi}{2N}\right]\cos\left[\dfrac{(2y+1)v\pi}{2N}\right] \end{cases} \tag{3-65}$$

比较式(3-65)的两个式子可以看出,二维离散傅里叶变换是可分离的,如式(3-66)所

示。因此,二维离散余弦变换能够逐次应用一维离散余弦变换进行计算。

$$C(u,v)=a(u)\sum_{x=0}^{N-1}\left\{a(v)\sum_{y=0}^{N-1}f(x,y)\cos\left[\frac{(2y+1)v\pi}{2N}\right]\right\}\cos\left[\frac{(2x+1)u\pi}{2N}\right] \tag{3-66}$$

3. 二维离散余弦变换实现方式

首先,本章介绍一维离散余弦变换实现步骤,如式(3-67)所示。

$$C(u)=a(u)\sum_{x=0}^{N-1}f(x)\cos\frac{(2x+1)u\pi}{2N}=a(u)\mathrm{Re}\left\{\sum_{x=0}^{N-1}f(x)\mathrm{e}^{-\mathrm{j}\frac{(2x+1)u\pi}{2N}}\right\} \tag{3-67}$$

式(3-67)中的 $f(x)$ 可以延拓为

$$f_{\mathrm{e}}(x)=\begin{cases}f(x), & x=0,1,\cdots,N-1\\ 0, & x=N,\cdots,2N-1\end{cases} \tag{3-68}$$

则有

$$C(0)=\sum_{x=0}^{2N-1}f_{\mathrm{e}}(x) \tag{3-69}$$

$$C(u)=a(u)\mathrm{Re}\left\{\mathrm{e}^{-\mathrm{j}\frac{\pi u}{2N}}\sum_{x=0}^{2N-1}f_{\mathrm{e}}(x)\mathrm{e}^{-\mathrm{j}\frac{\pi ux}{N}}\right\} \tag{3-70}$$

二维图像离散余弦变换可以借助傅里叶变换来实现,具体步骤如下。

步骤 1 计算进行二维图像离散余弦变换的宽度和高度,如果不是 2 的整数次幂,则需要先对图像进行调整。

步骤 2 计算在水平和垂直方向上变换时的迭代次数。

步骤 3 用一维离散余弦变换进行水平方向变换,再用一维离散余弦变换进行垂直方向变换。

步骤 4 得到二维离散余弦变换。

3.6.3 小波变换

在学习小波变换之前,请思考一个问题:既然傅里叶变化可以分析信号的频谱,那么为什么还要提出小波变换?这是因为对于非平稳过程而言,傅里叶变换有它的局限性。

3 组信号及其频谱如图 3-32 所示。图 3-32(a)所示为平稳信号,进行 FFT 后,其频谱有 4 条清晰的线,说明该信号包含 4 个频率成分。

图 3-32(b)和图 3-32(c)是频率随着时间而变化的非平稳信号,它们包含的频率成分和图 3-32(a)相同。进行快速傅里叶变换后,可以发现,这 3 组在时域上有巨大差异的信号,它们的频谱却非常一致。尤其是图 3-32(b)和图 3-32(c)所示的两个非平稳信号,无法从频谱上进行区分,这是因为它们包含的 4 个信号的频率成分是一样的,只是出现的顺序不同。可见,傅里叶变换并不能完美地处理非平稳信号,只能获得一段信号总体包含哪些频率的成分,但是对各成分出现的时刻并不清楚,因而出现时域相差很大的两个信号的频谱一样的情况。然而,平稳信号大多是人为制造出来的,自然界的大量信号几乎是非平稳的。在生物医学信号分析等领域的论文中,基本看不到只采用傅里叶变换进行信号处理的方法。

这时候,考虑加窗处理,就是把整个时域过程分解成无数个等长的小过程,每个小过程近似平稳每个小过程进行傅里叶变换,那么就知道在哪个时间点上出现了什么频率。这种方法被称为短时傅里叶变换。但是,短时傅里叶变换依然有不足。当窗太窄时,窗内的信号

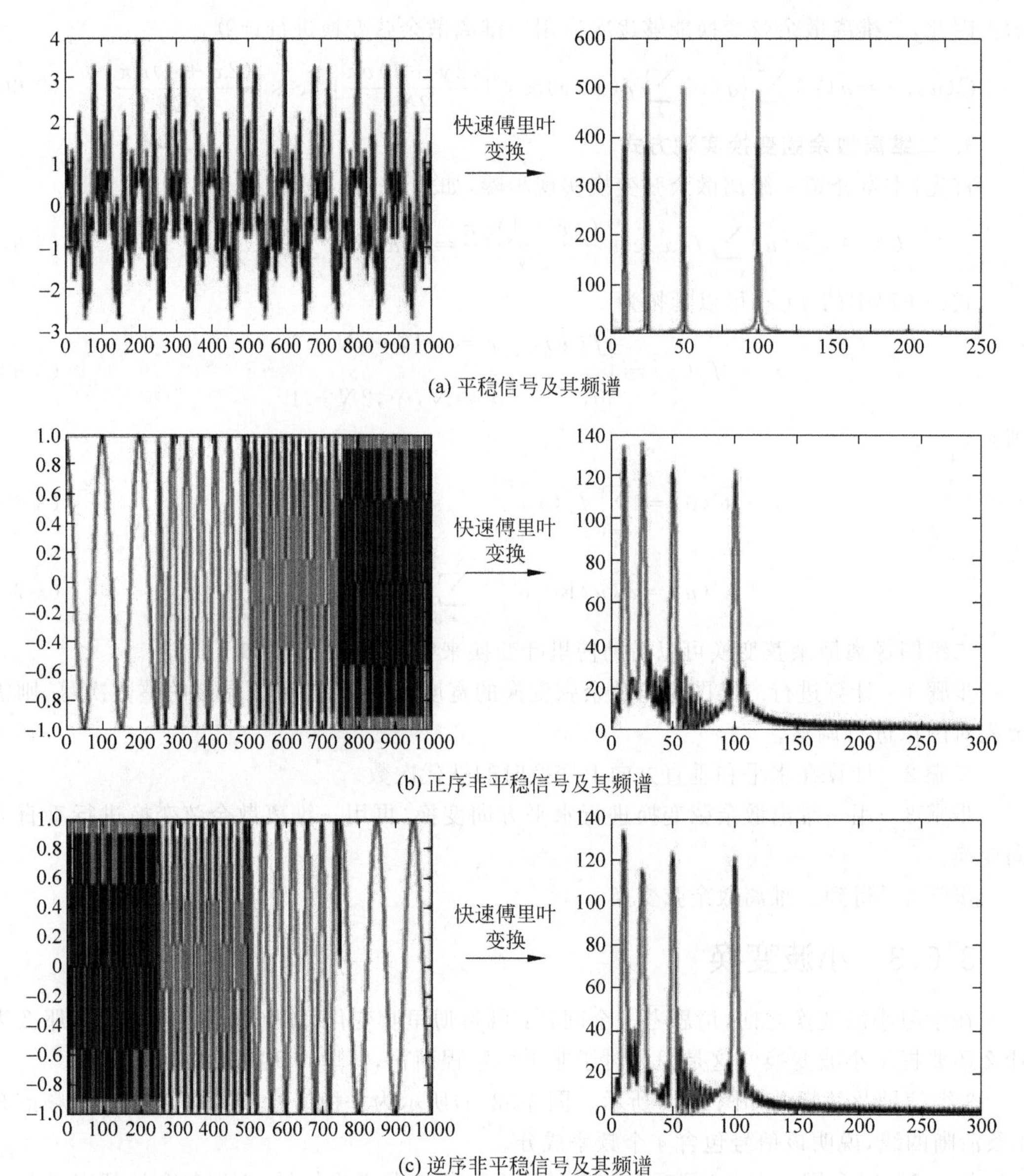

(a) 平稳信号及其频谱

(b) 正序非平稳信号及其频谱

(c) 逆序非平稳信号及其频谱

图 3-32 3 组信号及其频谱图对比

太短会导致频率分析不够精准，频率分辨率差。当窗太宽时，时域上又不够精细，时间分辨率低。对于时变的非平稳信号，高频部分适合小窗口，低频部分适合大窗口。然而，短时傅里叶变换的窗口是固定的，在一次短时傅里叶变换中其宽度并不会变化。因此，非平稳信号变化的频率需求还是无法被满足。

与傅里叶变换相比，小波变换是时域信号的局部分析，通过伸缩平移运算对信号逐步进行多尺度细化，最终达到高频部分细分、低频部分细分，且能自动适应地分析时频信号。小波变换可聚焦到信号的任意细节，解决了傅里叶变换存在的问题，成为傅里叶变换以来信号处理方法的重大突破。小波变换的不同之处在于将无限长的三角函数基换成了有限长的会衰减的小波基。

1. 小波变换概述

傅里叶变换可以准确地知道信号中含有哪些频率成分，但是不能知道这些成分发生的时间及位置。小波变换的提出很好地解决了这些问题。小波分析的发展非常迅速，最早可以追溯到1900年希尔伯特的论述，以及1910年哈尔提出的规范正交基。小波变换在图像处理领域被十分重视。面向图像的压缩、特征检测、纹理分析等许多方法，如多分辨率分析、时频域分析、金字塔算法等，都最终归于小波变换的范畴。线性系统的傅里叶变换以在两个方向上都无限伸展的正弦曲线波作为正交基函数。对于如边缘这类图像瞬态信号或高度局部化信号而言，它们的频谱是相当混乱的。

为了克服上述缺陷，使用有限宽度基函数的变换方法逐步发展起来了。这些基函数在频率和位置上是变化的，是有限宽度的波，并被称为小波。基于它们的变换就是小波变换。

2. 小波变换定义

傅里叶变换基函数指的是复指数正弦波，这个波在正负无穷处无限延拓。而小波指的是哈尔小波变换的基函数正负脉冲对，宽度有限。形象地说，宽度有限的波可以称为小波，这种说法并不是十分严谨，只是直观地强调了可以用有限宽度或者两头快速衰减的基函数来进行变换。在分析瞬态信号的时候，小波变换比傅里叶变换更加方便。

$\psi(x)$定义了某个形状，又称为基本小波、母小波或者基小波。设$\psi(x)=L^2(R)$，如果$\psi(x)$的傅里叶变换$\psi(\omega)$满足式(3-71)所示条件，则称$\psi(x)$为基本小波，或者允许小波。其中，$C_\psi<+\infty$被称为允许条件。

$$C_\psi=\int_{-\infty}^{+\infty}\frac{|\psi(\omega)|^2}{|\omega|}\mathrm{d}\omega<+\infty \tag{3-71}$$

基本小波具有波动性、衰减性、带通性这3种性质。波动性指基本小波有正有负，且积分值为0。衰减性指当$|x|$趋于∞，$\psi(x)$趋于0的衰减足够快，即平方可积。带通性指当$\omega=0$和ω趋于∞时，$\psi(\omega)$趋于0。

基本小波经过一系列伸缩及平移变换后，形成基函数族$\{\psi_{a,b}(\omega)\}$。根据基函数族可以得出式(3-72)。

$$\psi_{a,b}(x)=\frac{1}{\sqrt{a}}\psi\left(\frac{x-b}{a}\right) \tag{3-72}$$

其中，$a\in \mathrm{R}^+$，称为尺度因子；$b\in\mathrm{R}$，称为平移因子；a，b均可以连续变化。当$|a|>1$时小波波形变宽，当$|a|<1$时小波波形变窄。因此，$\psi_{a,b}(x)$称为连续小波或者小波函数。因为基本小波$\psi(x)$的均值为0，所以各连续小波函数$\psi_{a,b}(x)$的均值也为0。由于各个小波基函数之间有很强的相关性，所以不适合用于图像压缩。离散小波变换适用于图像压缩，因此，接下来将$\psi_{a,b}(x)$的连续变量a和b进行离散化处理。

令$a=a_0^{-m}$，$b=nb_0a_0^{-m}$，则可以得到离散小波函数，如式(3-73)所示。

$$\psi_{m,n}(x)=a_0^{\frac{m}{2}}\psi(a_0^m x-nb_0) \tag{3-73}$$

其中，a和b为离散值，x为连续值。若x也离散化为i，则式(3-73)将成为离散小波变换，其正变换与反变换如式(3-74)和式(3-75)所示。

$$W(m,n)=\sum_i f(i)\overline{\psi_{m,n}(i)} \tag{3-74}$$

$$f(i)=\sum_{m=-\infty}^{\infty}\sum_{n=-\infty}^{\infty}W(m,n)\psi_{m,n}(i) \tag{3-75}$$

3. 小波变换的实现方式

图像的二维离散小波分解和重构过程如图 3-33 所示。

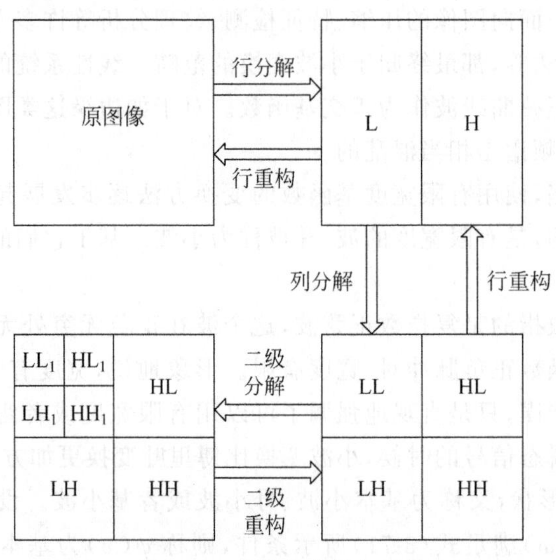

图 3-33 图像的分解与重构

二维离散小波变换的分解过程如下。首先图像逐行进行一维离散小波变换，获得原图像在水平方向的低频分量 L 及高频分量 H；然后，再逐列进行一维离散小波变换，获得原图像在水平和垂直方向都是低频的分量 LL，在水平方向是低频和垂直方向是高频的分量 LH，在水平方向是高频和垂直方向是低频的分量 HL，以及在水平和垂直方向都是高频的分量 HH。数字图像的二级分解是对原图像分量 LL 重复上述操作。

图像被变换成低频区域和高频区域两部分。低频区域表示为 LL，高频区域又分为 HL、LH 和 HH。

图像重构的过程如下。首先变换结果逐列进行一维离散小波逆变换，然后逐行进行一维离散小波逆变换，即可获得重构图像。

由上述过程可以看出，数字图像的小波分解是一个将信号按低频和有向高频进行分离的过程，在分解的过程中，还可以根据需要对分量 LL 进行进一步的小波分解(如图 3-33 所示的分量 LL_1，LH_1，HL_1，HH_1)，直至达到要求。

3.7 图像正交变换的应用

3.7.1 基于离散余弦变换与小波变换的图像压缩

众所周知，图像的数据量非常大。为了更有效地传输和存储图像，有必要进行图像压缩。随着现代通信技术的发展，图像的信息种类和数据量越来越大。若不对图像进行压缩，相关技术便难以推广和应用。近几十年来，在视频会议、高清电视、远程医疗等商业应用的推动下，图像和视频的压缩编码技术发展极为迅速。原图像的数据是高度相关的，但存在很大冗余。大多数图像内相邻像素之间有较大的相关性，这种相关性称为空间冗余。而图像压缩的目的就是消除这些冗余。

图像压缩的方法有许多种。按照原图像是否可以完全恢复的标准，可以分为有损压缩和无损压缩。有损压缩是一种以牺牲部分信息为代价的压缩方法，主要有离散余弦变换编码、差分脉冲预测编码等。

在目前常用的正交变换中，离散余弦变换性能接近最佳。离散余弦变换矩阵与图像内容无关，且由于其构造是对称的数据序列，避免了出现图像边界处的跳跃和不连续现象。又因离弦变换矩阵的基向量是固定的，计算相对简单。加之有快速算法，这使离弦余弦变换在图像压缩方面被广泛应用。

细节较少的图像及其频谱图如图 3-34 所示。由图 3-34(b)和图 3-34(c)可以看出，离散傅里叶变换的数据集中在频谱图的低频区域，离散余弦变换的数据集中在频谱图的左上角。

(a) 原图像

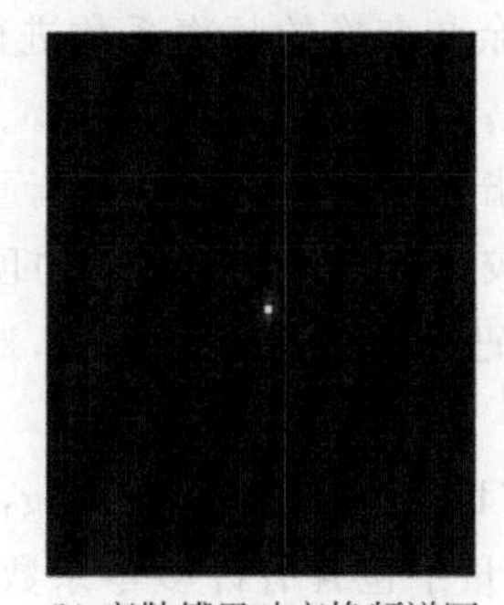
(b) 离散傅里叶变换频谱图

(c) 离散余弦变换频谱图

图 3-34　细节较少的图像及其频谱图

图 3-35 是一幅细节丰富的图像及其频谱图。通过观察不难发现，经过离散傅里叶变换后的数据很发散，离散余弦变换后的数据仍然比较集中。因此可以得出结论：如果从频谱恢复原图像，那么离散余弦变换更合理，这是因为离散余弦变换只需要存储更少的数据点。

(a) 原图像

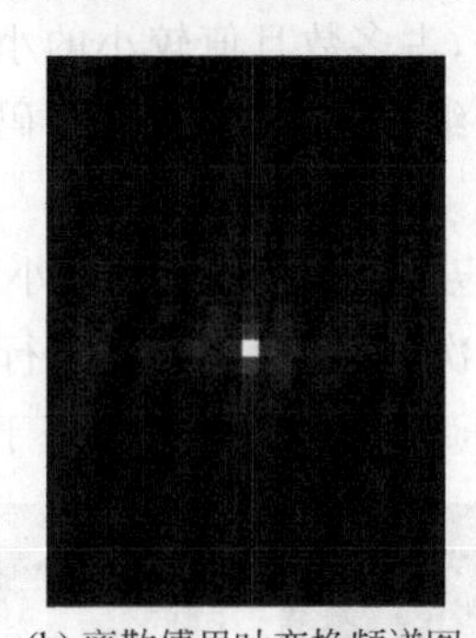
(b) 离散傅里叶变换频谱图

(c) 离散余弦变换频谱图

图 3-35　细节丰富的图像及其频谱图

JPEG 专家组开发了两种基本的压缩算法，一种是以离散余弦变换为基础的有损压缩算法，另一种是以预测技术为基础的无损压缩算法。当采用有损压缩算法进行图像压缩时，在压缩比为 25∶1 的情况下，压缩被还原得的图像与原图像相比较，非图像处理领域的专家很难找出它们之间的区别。

基于离散余弦变换的图像有损压缩算法的主要过程如图 3-36 所示,具体如下。

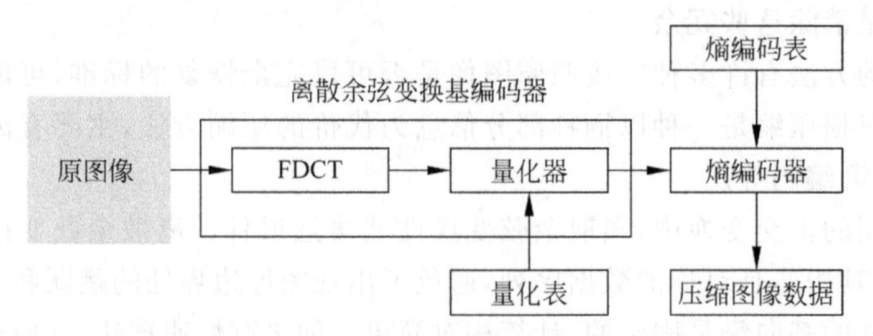

图 3-36　基于离散余弦变换的图像有损压缩算法的主要步骤

(1) 二维离散余弦变换：通常根据可分离性,二维离散余弦变换可通过两次一维离散余弦变换来完成,其算法流程与离散傅里叶变换类似。

(2) 量化：指对经过二维离散余弦变换的频率系数进行量化。量化的目的是减少非零系数的幅度及增加零值系数的数目。

(3) Z 字形编码：Z 字形编码指对量化后的系数进行重新编排。例如,把 8×8 的矩阵变成一个 1×64 的矢量,其中频率较低的系数放在矢量的顶部。

(4) 调制：对直流系数进行编码：使用 DPCM 技术,对相邻图像块之间量化直流系数的差值进行编码。

(5) 编码：使用游程长度编码(Run-Length Encoding,RLE)对交流系数进行编码。量化后交流系数的特点是 1×64 的矢量中包含有许多零系数,并且这些零系数是连续的。因此,可以使用非常简单且直观的 RLC 进行编码。

(6) 熵编码(Entropy Coding,EC)：可以对差分脉冲调制编码后的直流系数以及 RLC 后的交流系数做进一步的压缩。

除了离散余弦变换外,小波变换也被广泛地应用于图像压缩。小波变换将强相关的空间像素矩阵映射成完全不相关且能量分布紧凑的小波系数矩阵,其中,占少数且值较大的小波系数表示图像中主要的能量成分,占多数且值较小的小波系数表示一些不重要的细节分量。通过量化去除小系数所代表的细节分量,用很少的码字来描述大系数所代表的主要能量成分,从而达到高压缩比。

基于小波变换的图像压缩基本步骤如下：首先,用小波变换对图像层进行分解,并提取分解结构中的低频和高频系数；其次,对各频率成分进行重构；再次,对第一层低频信息进行压缩；最后,对第二层低频信息压缩。如图 3-37 为基于小波变换的图像压缩实例。

(a) 原图像

(b) 分解后的低频和高频信息

(c) 第一次压缩后的图像

(d) 第二次压缩后的图像

图 3-37　基于小波变换的图像压缩实例

3.7.2 基于小波变换的图像去噪

随着信息技术的不断发展,图像在人们的生活和工作中显得越来越重要。许多应用都会使用数字图像处理技术,例如,图像去噪。一般来说,现实中的图像都是含有噪声的,这是因为图像在采集、转换和传输过程中,常常受到成像设备和外部环境等影响而产生噪声,使图像的质量有所下降。图像质量下降不仅会影响视觉效果,而且会掩盖图像的部分细节,这对图像后面进行处理非常不利。有时候,噪声甚至会对图像融合、图像分割、特征提取、边缘检测等图像处理造成影响。因此,在尽可能有效去除噪声的同时,又不消除图像的有用信息,这已经成为数字图像处理研究的重要课题。

图像去噪又称之为图像滤波,是属于数字图像处理中的图像复原。图像去噪希望通过采取某种算法,尽可能有效地降低图像中所携带的噪声所产生的影响,使图像的质量得到提升,解决噪声对图像的污染问题,让图像得到最大程度的恢复。

小波去噪在数字图像处理领域已经逐渐发展成为一种经典算法。它是采用小波变换进行图像去噪,也就是说,在知道要处理图像的先验知识的情况下,利用不同变换尺度上信号的小波系数与噪声的小波系数所含有不同特性的原理,当图像信号的能量集中于少数小波系数时,这些系数的值必然大于能量分散的大量的噪声小波系数的值。只要选取适当的阈值,过滤掉绝对值小于阈值的小波系数,那么就可实现图像的去噪。小波去噪的基本流程如图 3-38 所示。

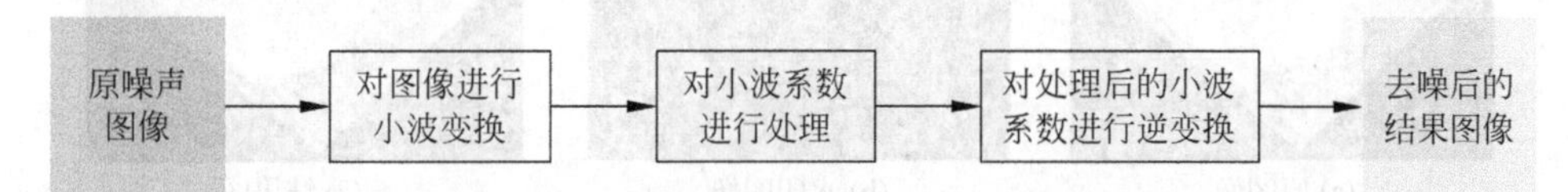

图 3-38 小波去噪的基本流程

小波去噪的步骤如下。首先,对图像进行小波变换:选择一个小波,计算原噪声图像的小波系数;然后,对细节系数通过阈值进行过滤,选择一个细节系数阈值,并对所有细节系数进行阈值化操作;最后,基于阈值化过滤后的细节系数及原始近似系数,使用小波变换进行重建,得到去噪后的结果图像。小波去噪效果实例如图 3-39 所示。

(a) 原图像

(b) 噪声图像

(c) 第一次去噪后的图像

(d) 第二次去噪后的图像

图 3-39 小波去噪效果实例

3.7.3 基于小波变换的数字水印嵌入与提取

随着互联网的普及和数字技术的广泛应用,数字产品的种类变得愈加丰富,且数字产品的传播方式也更为便捷，随之而来的是抄袭事件频发。在我国相关法律法规不断完善的同时，人们的版权意识也在日渐加强。数字水印技术将数字水印隐藏于数字媒体中，以便发生版权纠纷时为版权所有者提供版权证明。

图 3-40 为数字水印技术的框架。首先，水印生成算法及密钥生成水印信号，然后，原图像与水印信号通过数字水印嵌入算法相结合，从而获得含水印的图像。在进行数字水印提取时，根据相同的密钥及数字水印生成算法将水印信号提取出来。

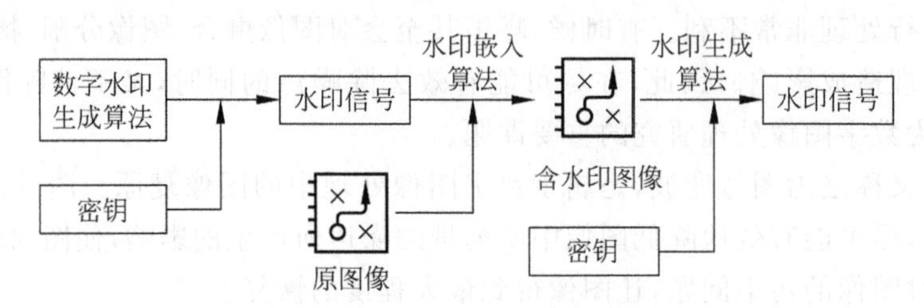

图 3-40 数字水印技术的框架

基于小波变换的数字水印嵌入实例如图 3-41 所示，其中，图 3-41(a)表示原图像，图 3-41(b)表示水印图像，图 3-41(c)表示原图像经过基于小波变换的数字水印嵌入技术的结果图。

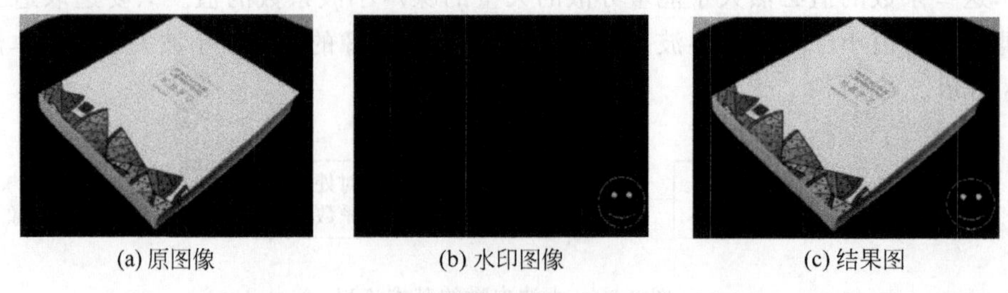

(a) 原图像 (b) 水印图像 (c) 结果图

图 3-41 基于小波变换的数字水印嵌入实例

3.7.4 基于小波变换的图像融合

图像融合是数字图像处理技术的一个重要部分，可以利用同一场景的多种传感器协同输出一幅适合人类视觉，或者便于计算机进一步处理与分析的图像。该技术将多源信道所采集的关于同一目标的图像数据经过图像处理和计算机技术等，最大限度地提取各自信道数据的有利信息，合成高质量的图像。图像融合明显改善了单一传感器的不足，提高了结果图像的清晰度及所包含的信息量，有利于更为准确、可靠、全面地获取目标场景的信息。目前，图像融合主要应用于军事国防、遥感、医学图像处理、生物检测等领域。

图像融合可分为 3 个层次：像素级融合、特征级融合、决策级融合。像素级融合是后两者的基础，将原图像中相对应的部分进行融合处理，尽可能多地保留图像信息。像素级融合按照分类方法的不同又可分为 3 种：简单的图像融合法、基于塔形分解的图像融合法、基于小波变换的图像融合法。

与基于塔形分解的图像融合法相比，基于小波变换的图像融合法具有以下优势。

(1) 具有方向性。基于小波变换的图像融合法在提取图像低频信息的同时，还能获得水平、垂直和对角这 3 个方向的高频信息。

(2) 通过合理选择小波，可使离散小波变换在去除噪声的同时能更有效地提取纹理、边缘等显著信息。

(3) 离散小波变换在不同尺度具有更高的独立性。

(4) 具有快速算法。在小波变换中,快速算法相当于快速傅里叶变换在傅里叶变换中的作用,这为小波变换应用提供了必要的手段。

以两幅图像为例,若对图像进行 N 层小波分解,那么将有$(3N+1)$个不同频带,其中,包含 $3N$ 个高频子图像和 1 个低频子图像。其融合处理的基本步骤如下。

步骤 1 每幅原图像分别进行小波变换,建立图像的小波塔形分解。

步骤 2 对各分解层分别进行融合处理。各分解层上的不同频率分量可采用不同的融合算子进行融合处理,最终得到融合后的小波金字塔。

步骤 3 对融合后的小波金字塔进行小波重构,所得到的重构图像即为融合图像。

在图像融合过程中,小波基的种类和小波分解的层数对融合效果有很大的影响。对特定的图像来说,哪一种小波基的融合效果最好,分解到哪一层最合适,都是需要考虑的问题,因此,可以引入融合效果的评价来构成一个闭环系统,如图 3-42 所示。

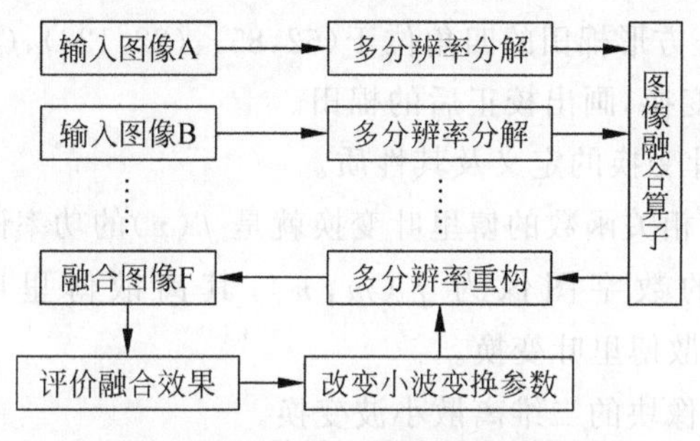

图 3-42 基于效果评价的图像融合原理

目前,基于小波变换的图像融合规则主要分为两种:基于像素的图像融合规则和基于区域特征的图像融合规则。基于像素的图像融合规则主要包括:小波系数的直接替换或追加,最大值选取及平均加权。基于区域特征融合的图像规则主要包括:基于梯度的方法、基于局域方差的方法、基于局域能量的方法。

基于像素的图像融合规则在进行融合处理时,表现出对边缘的高度敏感性,因而,在预处理时要求图像是严格对准的,否则处理结果将不尽人意。这加大了预处理的难度。基于区域的图像融合规则由于考虑了与相邻像素之间的相关性,降低了对边缘的敏感性,因而具有更加广泛的适用性。

3.8 本章小结

本章介绍了两类图像变换的方法,分别是几何变换和频域变换。关于几何变换,首先介绍了包括图像平移变换、图像放缩变换、图像旋转变换、图像镜像变换、图像仿射变换、图像透视变换等基本方法,并将其与实际相结合,解决了包括图像畸变校正及车辆识别等多个问题。关于图像的变换域处理,本章首先介绍了图像的傅里叶变换、离散余弦变换和小波变换的基本原理,并且介绍了相关实例。同时,本章还介绍了傅里叶变换、离散余弦变换、小波变换的定义、性质及其应用。本章通过对图像变换进行全面介绍,以方便读者了解和掌握相关基础知识。

课后作业

(1) 简述图像的基本位置变换及其 MATLAB 实现。

(2) 简述基本的图像形状变换及其 MATLAB 实现。

(3) 简述直角坐标系中图像旋转的过程,并思考如何解决这个过程中所产生的图像空穴问题。

(4) 分别举例说明使用最近邻插值法和均值插值法进行空穴填充的过程。

(5) 令 $F(221,396)=18, F(221,397)=45, F(222,396)=27, F(222,397)=36$。对 $F(221.3,396.7)$ ①用最近邻插值法进行插值;②用双线性插值法写出双线性方程及各系数的值,并画出插值示意图。

(6) 假设有一幅从飞机窗后以某一角度拍摄的棉田照片,请对它进行校正,使其看起来像在视线的正下方。一块正方形棉田的四角位于(62,85)、(22,128)、(125,134)、(140,106)。求出校正图像所用的空间变换,画出校正后的棉田。

(7) 简述离散傅里叶变换的定义及其性质。

(8) 证明 $f(x)$ 的自相关函数的傅里叶变换就是 $f(x)$ 的功率谱(谱密度)$|f(u)|^2$。

(9) 已知 $N\times N$ 的数字图像为 $f(m,n)$,其离散傅里叶变换为 $F(u,v)$,求 $(-1)^{m+n}f(m+n)$ 的离散傅里叶变换。

(10) 求下列数字图像块的二维离散小波变换。

① $\boldsymbol{f}_1(m,n)=\begin{bmatrix}1&4&4&1\\1&4&4&1\\1&4&4&1\\1&4&4&1\end{bmatrix}$。

② $\boldsymbol{f}_2(m,n)=\begin{bmatrix}4&4&1&1\\4&4&1&1\\4&4&1&1\\4&4&1&1\end{bmatrix}$。

③ $\boldsymbol{f}_3(m,n)=\begin{bmatrix}4&4&4&4\\4&4&4&4\\4&4&4&4\\4&4&4&4\end{bmatrix}$。

(11) 利用 MATLAB 选择下面一种图像变换方法进行实现:

① 基于图像畸变矫正的测量识别。

② 图像配准处理。

③ 基于离散傅里叶变换的边缘检测。

④ 基于离散余弦变换的盲水印嵌入与提取。

⑤ 基于小波变换的图像压缩。

附录 MATLAB 实现代码

(1) 最近邻插值法的 MATLAB 实现代码。

```
%最近邻插值
%输入图像文件及放大率
%输出根据放大率变化后的新图像
function nearest_neighbor = nearest_neighbor(filename,R)
%初始化,读入图像,图像数据为 m*n*color
img = imread(filename);
%变化后图像
[row,col,color] = size(img);                              %获得原图像的行列数及色板数
row = round(row*R);                                       %新图像行
col = round(col*R);                                       %新图像列

%新图像初始化
%使用 class 获得原图像的数据类型,使新图像数据类型与原图像保持一致
img_new = zeros(row,col,color,class(img));
%对新图像的行、列、色板赋值
for i = 1:row
    for j = 1:col
        for n = 1:color
            x = round(i/R);
            y = round(j/R);
            %为了避免 x 和 y 等于 0 而报错,采取 +1 处理即可
            if x == 0
                x = x+1;
            end
            if y == 0
                y = y+1;
            end
            img_new(i,j,n) = img(x,y,n);
        end
    end
end
```

(2) 双线性插值法的 MATLAB 实现代码。

```
%双线性插值
%输入图像文件及放大率
%输出根据放大率变化后的新图像
function bilinear_interpolation = bilinear_interpolation(filename,R)

%初始化,读入图像,图像数据为 m*n*color
img = imread(filename);

%变化后图像
[row,col,color] = size(img);                              %获得原图像的行列数及色板数
```

```
row = round(row * R);                              % 新图像行
col = round(col * R);                              % 新图像列
% 新图像初始化
% 使用 class 获得原图像的数据类型,使新图像的数据类型与原图像保持一致
img_new = zeros(row,col,color,class(img));
% 对新图像的行、列、色板赋值
for i = 1:row
    for j = 1:col
        for n = 1:color
            x = round(i/R);
            y = round(j/R);
            if x == 0
                x = x + 1;
            end
            if y == 0
                y = y + 1;
            end
            u = i/R - floor(i/R);                  % 求取水平方向的权重
            v = j/R - floor(j/R);                  % 求取垂直方向的权重
            % 此处需要对图像边缘进行例外处理
            % 本例对图像右边缘及下边缘用最近邻插值计算
            if i >= row - R || j >= col - R
                img_new(i,j,n) = img(x,y,n);
            else
                img_new(i,j,n) = u * v * img(x,y,n) + (1 - u) * v * img(x + 1,y,n) + u * (1 - v)
 * img(x,y + 1,n) + (1 - u) * (1 - v) * img(x + 1,y + 1,n);
            end
        end
    end
end
```

(3) 双立方插值法的 MATLAB 实现代码。

```
I = imread('/Users/apple/Downloads/IMG_3331.JPG');
I = double(I);
[oh,ow,od] = size(I);
zmf = 2;                                  % 放缩因子

% initial target image TI
th = round(oh * zmf);
tw = round(ow * zmf);
TI = zeros(th,tw,od);                     % 预分配内存提高计算速度

% add original image with 2 rows and 2 cols
% expand the border to prevent calculation overflow
a = I(1,:,:); b = I(oh,:,:);
temp_I = [a;a;I;b;b];
c = temp_I(:,1,:); d = temp_I(:,ow,:);
FI = [c,c,temp_I,d,d];
```

```
%fill target image with new pixels
for w = 1:tw
    j = floor(w/zmf) + 2; v = rem(w,zmf)/zmf;
    for h = 1:th
        i = floor(h/zmf) + 2; u = rem(h,zmf)/zmf;
        A = [s(u+1),s(u),s(u-1),s(u-2)];
        C = [s(v+1);s(v);s(v-1);s(v-2)];
        for d = 1:od                            %图像的3个通道
            B = FI(i-1:i+2,j-1:j+2,d);
            TI(h,w,d) = A*B*C;
        end
    end
end

figure;
imshow(uint8(TI));
toc;
```

(4) 图像平移变换的 MATLAB 实现代码。

```
clc;                                    %清空命令窗口
I = rgb2gray(imread('DORMITORY.JPG'));  %读入图片并转换为灰度图
figure,imshow(I);                       %建立窗口,显示灰度图 I
[r,c] = size(I);                        %计算灰度图的大小 dst = zeros(r,c);
dx = 50;                                %平移的 x 轴方向的距离,这里是竖直方向
dy = 80;                                %平移的 y 轴方向的距离,这里是水平方向
tras = [1 0 dx;0 1 dy;0 0 1];           %平移变换矩阵
for i = 1:r
    for j = 1:c
        temp = [i;j;1];                 %灰度图 I 要平移变换的点,这里用矩阵表示
        temp = tras * temp;             %矩阵相乘
        x = temp(1,1);                  %把矩阵 temp 的第一行第一列的元素给 x
        y = temp(2,1);                  %把矩阵 temp 的第二行第一列的元素给 y
        if(x>=1&&x<=r)&&(y>=1&&y<=c)    %判断所变换后得到的点是否越界
            dst(x,y) = I(i,j);          %得到平移结果矩阵
        end
    end
end
figure,imshow(uint8(dst));              %建立窗口,显示平移后的图像
```

(5) 基于等间隔采样的图像缩小法的 MATLAB 实现代码。

```
clc;clear;
f = rgb2gray(imread('D:/Code/Image/classic.jpg'));
figure,imshow(f);                       %计算采样间隔
k1 = 0.7;
k2 = 0.6;                               %缩小的倍数
 %求出缩小后的图像
[row,col] = size(f);
```

```
for i = 1:row * k1                    %遍历新画布,将旧画布像素有选择性地填充到新画布
    for j = 1:col * k2
        g(i,j) = f(round(i * (1/k1)),round(j * (1/k2)));
    end
end
figure,imshow(uint8(g));
```

(6) 基于像素放大原理的图像放大法的 MATLAB 实现代码。

```
%function [im] = resize(I,kr,kc)
%I = imread('img\han.jpg');
%[im] = dip(I,0.3,0.5);
function [im] = dip(I,kr,kc)
[m,n,d] = size(I);                    %得到原图像尺寸
m2 = round(kr * m);
n2 = round(kc * n);                   %得到新图像尺寸: m2 n2
J = zeros(m2,n2,d);                   %初始化新图像矩阵 J
a = 1/kr; b = 1/kc;                   %采样间隔
for i = 1:m2
    for j = 1:n2
        %计算新图像对应原图像的 x-y 坐标
        x1 = round(a * (i - 1) + 1);  %起始行
        x2 = round(a * i);            %结束行
        %检查对应坐标边界条件
        if x2 > m
            x2 = m;
        end
        y1 = round(b * (j - 1) + 1);  %起始行
        y2 = round(b * j);            %结束行
        if y2 > n
            y2 = n;
        end
        F = I(x1:x2,y1:y2,:);
        %彩色图像(对每个颜色通道分别求均值)
        if(d > 1)
            J(i,j,1) = mean(mean(F(:,:,1)));   %mean 函数: 求数组的均值
            J(i,j,2) = mean(mean(F(:,:,2)));
            J(i,j,3) = mean(mean(F(:,:,3)));
        else
            J(i,j,1) = mean(mean(F(:,:,1)));   %灰度图
        end
    end
end
im = uint8(J);
figure,imshow(I);title('原图像');
figure,imshow(im);title('基于像素放大原理放大后的图像');
end
```

(7) 基于双线性插值的图像放大法的 MATLAB 实现代码。

```
%像素放大计算函数 extenRGB()
function Output = extenRGB(A,w,l)

%矩阵 A 分别表示矩阵 R、G、B
[m,n] = size(A);                          %读取 A 的行和列
A = [A;zeros(1,n)];                       %在 A 的最后一行加入两行 0
A = [A zeros(m+1,1)];                     %在 A 的最后一列加入两列 0
ini_u = (m-1)/(w*m-1);
ini_v = (n-1)/(l*n-1);

Output = zeros(w*m,l*n);                  %初始化输出矩阵
for j = 1:l*n;
    z_v = floor((j-1)*ini_v+1);
        v = (j-1)*ini_v+1 - z_v;
    for i = 1:w*m;
        z_u = floor((i-1)*ini_u+1);
            u = (i-1)*ini_u+1 - z_u;
    end
end
```

(8) 图像旋转变换的 MATLAB 实现代码。

```
clc;
I = imread('potted-plantsk.jpg');
figure,imshow(I);
title('srcImage');
I1 = imrotate(I,30);                      %旋转 30°
I2 = imrotate(I,30,'crop');               %旋转 30°,并剪切图像,使得到的图像和原图像大小一致
I3 = imrotate(I,30,'bilinear','crop');    %旋转 30°,双线性插值法,并剪切图像,使得到的图像和原
                                          %图像大小一致
figure,imshow(I1);
title('I1');
figure,imshow(I2);
title('I2');
figure,imshow(I3);
title('I3');
```

(9) 图像镜像变换的 MATLAB 实现代码。

```
clc;
I = rgb2gray(imread('DORMITORY.JPG'));
figure,imshow(I);
title('原图像');
[r,c] = size(I);
dst = zeros(r,c);                         %建立 r×c 的 0 矩阵,用来存储镜像变换后的矩阵
for i = 1:r
    for j = 1:c
        x = i;                            %镜像变换后 x 值
```

```
        y=c-j+1;              %镜像变换后y值
        dst(x,y) = I(i,j);
    end
end
figure,imshow(uint8(dst));
title('镜像变换后的图片');
```

(10) 图像仿射变换的MATLAB实现代码。

```
img_x = "./1.png";
img_y = "./2.png";
x = imread(img_x);                                     %读取图像x
y = imread(img_y);                                     %读取图像y
figure;
subplot(1,2,1); imshow(x);                             %显示图像x
subplot(1,2,2); imshow(y);                             %显示图像y
set(gcf,"outerposition",get(0,"screensize"));          %将图像全屏幕显示
[x0,y0] = ginput(3);                                   %通过鼠标单击3次,取得3个坐标点
[x1,y1] = ginput(3);                                   %通过鼠标单击3次,取得目标图中对应
                                                       %的3个坐标点
close all;                                             %关闭图像显示
in_points = [x0,y0];
out_points = [x1,y1];
tform2 = maketform('affine',in_points,out_points);    %计算变换矩阵
T = affine2d(tform2.tdata.T);                          %将变换矩阵转化为仿射变换矩阵
z = imwarp(x,T,'OutputView',imref2d(size(y)));        %进行仿射变换
img_result = "./3.png";
imwrite(z,img_result);                                 %存储结果
```

(11) 离散傅里叶变换的MATLAB实现代码。

```
close all;
clear all;
clc;
I = imread('pepper.bmp');
J = rgb2gray(I);
K_1 = fft2(J);
L_1 = abs(K_1/256);
K_2 = fftshift(K_1);
L_2 = abs(K_2/256);
figure;
subplot(2,2,1);
imshow(I); title('原图像');
subplot(2,2,2);
imshow(J); title('灰度图像');
subplot(2,2,3);
imshow(uint8(L_1)); title('灰度图像的傅里叶频谱');
subplot(2,2,4);
imshow(uint8(L_2)); title('平移后的频谱');
```

（12）离散余弦变换的 MATLAB 实现代码。

```
close all;
clear all;
clc;
I = imread ('boats.bmp');
J = dct2(I);
figure('Name','离散余弦变换');
subplot(1,2,1);
imshow(I); title('原图像');
subplot(1,2,2);
imshow(log(abs(J))); title('离散余弦变换系数图像');
```

（13）小波变换的 MATLAB 实现代码。

```
close all;
clear all;
clc;
I = imread('lena.jpg');
I = rgb2gray(I);
I = im2double(I);
[ca1,ch1,cv1,cd1] = dwt2(I,'haar');
[ca2,ch2,cv2,cd2] = dwt2(ca1,'haar');
figure(1);
imshow(I);

figure('Name','载体小波分解')
subplot(1,2,1);
imshow([ca1,ch1;cv1,cd1]);
title('一级小波分解');
subplot(1,2,2);
imshow([ca2,ch2;cv2,cd2]);
title('二级小波分解');
%或者
subplot(1,2,1);
imagesc([wcodemat(ca1),wcodemat(ch1);wcodemat(cv1),wcodemat(cd1)]);
title('一级小波分解');
subplot(1,2,2);
imagesc([wcodemat(ca2),wcodemat(ch2);wcodemat(cv2),wcodemat(cd2)]);
```

（14）基于小波变换的图像分解与重构 MATLAB 实现代码。

```
clc;clear all;close all;
fs = 180;
N = 2000;
t = (1:N - 1)/fs;
s = 1.2 * sin(2 * pi * t * 20) + 0.5 * cos(2 * pi * t * 60);        %滤掉 60Hz 的信号
%level = 8; wavename = 'bior2.6';
figure;
subplot(2,1,1); plot(t,s); title('原信号') ; grid on;
```

```
[f,spectrum ] = gan_fft(s,fs,N);
subplot(2,1,2);plot(f,spectrum); title('原信号频谱'); grid on;
[C,L] = wavedec(s,2,'db6');
X = waverec(C,L,'db6');
figure;
subplot(2,1,1);plot(t,X); title('原信号分解后又重构的信号') ; grid on;
[f,spectrum ] = gan_fft(X,fs,N);
subplot(2,1,2);plot(f,spectrum); title('原信号分解后又重构频谱'); grid on;
%均方误差
MSE = sum((X - s).^2)/length(s);
```

(15) 基于离散余弦变换的图像压缩 MATLAB 实现代码。

```
clear all;close all;clc;
f = imread('F:\matlab\MATLAB上机操作\图形\13100210.jpg');
f = rgb2gray(f);
f = im2double(f);
T = dctmtx(8);                                        %产生8*8离散余弦变换矩阵
subplot(1,2,1),imshow(f,[]);
title('原图像');
B = blkproc(f,[8,8],'P1 * x * P2',T,T');              %T和T'是离散余弦变换函数P1*x*P2的参数
mask = [1 1 1 1 0 0 0 0
        1 1 1 0 0 0 0 0
        1 1 0 0 0 0 0 0
        1 0 0 0 0 0 0 0
        0 0 0 0 0 0 0 0
        0 0 0 0 0 0 0 0
        0 0 0 0 0 0 0 0
        0 0 0 0 0 0 0 0];
B2 = blkproc(B,[8 8],'P1. * x',mask);
f1 = blkproc(B2,[8 8],'P1 * x * P2',T',T);
subplot(1,2,2);
imshow(f1,[]);
title('用离散余弦变换压缩过的图像');
```

(16) 小波去噪的 MATLAB 实现代码。

```
clear all;
load facets;
subplot(2,2,1);image(X);
colormap(map);
xlabel('(a)原图像');
axis square;
%产生含噪声图像
init = 2055615866;
randn('seed',init);
x = X + 50 * randn(size(X));
subplot(2,2,2);image(x);
colormap(map);
xlabel('(b)含噪声图像');
```

```
axis square;
% 下面进行图像的去噪处理
% 用小波函数 coif3 对 x 进行 2 层小波分解
[c,s] = wavedec2(x,2,'coif3');
% 提取小波分解中第一层的低频图像,即实现了低通滤波去噪
% 设置尺度向量
n = [1,2];
% 设置阈值向量 p
p = [10.12,23.28];
% 对 3 个方向高频系数进行阈值处理
nc = wthcoef2('h',c,s,n,p,'s');
nc = wthcoef2('v',nc,s,n,p,'s');
nc = wthcoef2('d',nc,s,n,p,'s');
% 对新的小波分解结构[c,s]进行重构
x1 = waverec2(nc,s,'coif3');
subplot(2,2,3);image(x1);
colormap(map);
xlabel('(c)第一次去噪图像');
axis square;
% 对 nc 再次进行滤波去噪
xx = wthcoef2('v',nc,s,n,p,'s');
x2 = waverec2(xx,s,'coif3');
subplot(2,2,4);image(x2);
colormap(map);
xlabel('(d)第二次去噪图像');
```

(17) 基于小波变换的数字水印嵌入与提取的 MATLAB 实现代码。

```
clc;
clear;
close all
% 主函数
I = imread('xuxian.jpg');                                   % 读取载体图像
I = rgb2gray(I);                                            % 转换为灰度图
W = imread('logo.tif');                                     % 读取水印图像
W = W(12:91,17:96);                                         % 剪裁为长宽相等
figure('Name','载体图像')
imshow(I);
title('载体图像')
figure('Name','水印图像')
imshow(W);
title('水印图像')
ntimes = 23;                                                % 密钥 1, Arnold 置乱次数
rngseed = 59433;                                            % 密钥 2,随机数种子
flag = 1;                                                   % 是否显示中间图像
[Iw,psnr] = setdwtwatermark(I,W,ntimes,rngseed,flag);       % 水印嵌入
[Wg,nc] = getdwtwatermark(Iw,W,ntimes,rngseed,flag);        % 水印提取
% 嵌入函数
function [Iw,psnr] = setdwtwatermark(I,W,ntimes,rngseed,flag)    % 小波水印嵌入
type = class(I);                                            % 数据类型
```

```
I = double(I);                                       % 强制类型转换为双精度浮点型数据
W = logical(W);                                      % 强制类型转换为逻辑数据
[mI,nI] = size(I);
[mW,nW] = size(W);
if mW~ = nW                                          % 由于 Arnold 置乱只能对方正图像进行处理
    error('SETDWTWATERMARK:ARNOLD','ARNOLD 置乱要求水印图像长宽必须相等!')
end
% 对载体图像进行小波分解
% 一级哈尔小波分解
% 低频,水平,垂直,对角线
[ca1,ch1,cv1,cd1] = dwt2(I,'haar');
% 二级小波分解
[ca2,ch2,cv2,cd2] = dwt2(ca1,'haar');
if flag
    figure('Name','载体小波分解');
    subplot(1,2,1);
    imagesc([wcodemat(ca1),wcodemat(ch1);wcodemat(cv1),wcodemat(cd1)]);
    title('一级小波分解');
    subplot(1,2,2);
    imagesc([wcodemat(ca2),wcodemat(ch2);wcodemat(cv2),wcodemat(cd2)]);
    title('二级小波分解');
end
% 对水印图像进行预处理
% 初始化置乱数组
Wa = W;
% 对水印进行 Arnold 置乱
H = [1,1;1,2]^ntimes;
for i = 1:nW
    for j = 1:nW
        idx = mod(H * [i - 1;j - 1],nW) + 1;
        Wa(idx(1),idx(2)) = W(i,j);
    end
end

if flag
    figure('Name','水印置乱效果');
    subplot(1,2,1)
    imshow(W);
    title('原水印');
    subplot(1,2,2);
    imshow(Wa);
    title(['置乱水印,变换次数 = ',num2str(ntimes)]);
end
% 小波数字水印的嵌入
% 初始化嵌入水印的 ca2 系数
ca2w = ca2;
% 从 ca2 中随机选择 mW * nW 个系数
rng(rngseed);
% 在执行此程序之前,确保没有生成其他随机数,如果有,可使用 rng('default')或者重新启动 MATLAB
idx = randperm(numel(ca2),numel(Wa));
% 将水印信息嵌入到 ca2 中
```

```
for i = 1:numel(Wa)
    %二级小波系数
    c = ca2(idx(i));
    z = mod(c,nW);
    %添加水印信息
    if Wa(i)                                          %水印对应二进制位 1
        if z < nW/4
            f = c - nW/4 - z;
        else
            f = c + nW * 3/4 - z;
        end
    else                                              %水印对应二进制位 0
        if z < nW * 3/4
            f = c + nW/4 - z;
        else
            f = c + nW * 5/4 - z;
        end
    end
    %嵌入水印后的小波系数
    ca2w(idx(i)) = f;
end
%根据小波系数重构图像
ca1w = idwt2(ca2w,ch2,cv2,cd2,'haar');
Iw = idwt2(ca1w,ch1,cv1,cd1,'haar');
Iw = Iw(1:mI,1:nI);
%计算水印图像峰值信噪比
mn = numel(I);
Imax = max(I(:));
psnr = 10 * log10(mn * Imax^2/sum((I(:) - Iw(:)).^2));

%输出嵌入水印图像最后结果
I = cast(I,type);
Iw = cast(Iw,type);
if flag
    figure('Name','嵌入水印的图像');
    subplot(1,2,1);
    imshow(I);
    title('原图像');
    subplot(1,2,2);
    imshow(Iw);
    title(['添加水印,PSNR = ',num2str(psnr)]);
end
%提取函数
function [Wg,nc] = getdwtwatermark(Iw,W,ntimes,rngseed,flag);          %小波水印提取
[mW,nW] = size(W);
if mW~ = nW
    error('GETDWTWATERMARK:ARNOLD','ARNOLD 要求水印长宽相等!');
end
Iw = double(Iw);
W = logical(W);
ca1w = dwt2(Iw,'haar');
```

```
ca2w = dwt2(ca1w,'haar');
Wa = W;
rng(rngseed);
idx = randperm(numel(ca2w),numel(Wa));
for i = 1:numel(Wa)
    c = ca2w(idx(i));
    z = mod(c,nW);
    if z < nW/2
        Wa(i) = 0;
    else
        Wa(i) = 1;
    end
end
Wg = Wa;
H = [2 -1;-1 1]^ntimes;
for i = 1:nW
    for j = 1:nW
        idx = mod(H * [i-1;j-1],nW) + 1;
        Wg(idx(1),idx(2)) = Wa(i,j);
    end
end
%提取和原水印相关系数的计算
nc = sum(Wg(:).*W(:))/sqrt(sum(Wg(:).^2))/sqrt(sum(W(:).^2));
if flag
    figure('Name','数字水印提取结果');
    subplot(1,2,1);
    imshow(W);
    title('原水印');
    subplot(1,2,2);
    imshow(Wg);
    title(['提取水印,NC = ',num2str(nc)]);
end
```

第4章 图像增强

CHAPTER 4

本章的结构如图 4-1 所示，具体要求如下：

（1）了解图像的点运算。

（2）掌握图像的空域增强方法及其性质。

（3）掌握图像的频域增强方法及其性质。

（4）了解图像的彩色增强方法。

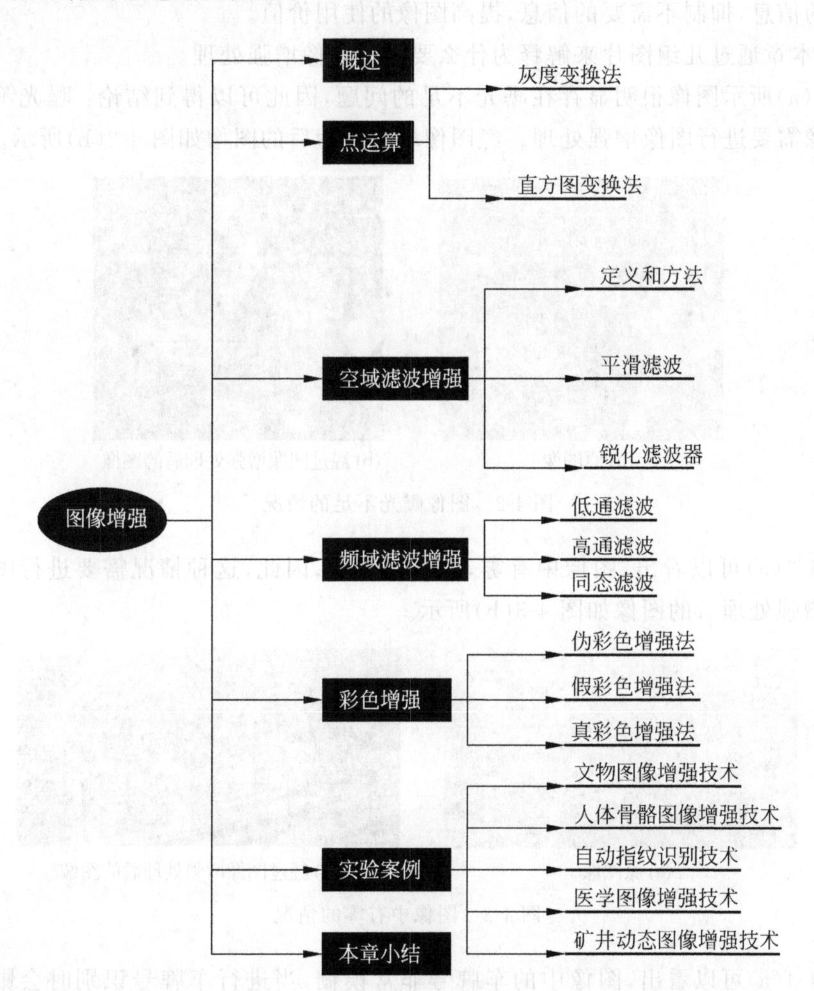

图 4-1　本章结构

4.1 概述

问题：什么是图像增强？为什么要进行图像增强处理？什么时候需要进行图像增强处理？

图像在生成、传输或变换的过程中，受光源、成像系统性能、通道带宽和噪声等因素的影响，往往会出现清晰度下降、对比度偏低、动态范围不足、有噪声等降低图像质量的现象。为了提高图像质量，就需要进行增强处理。图像增强一方面针对图像的应用场合来改善图像的视觉效果，提高清晰度和可辨识度，便于对图像进行进一步分析和处理；另一方面，有目的地强调图像的整体或局部特性，将原来不清晰的图像变得清晰，或者强调某些感兴趣的特征，抑制不感兴趣的特征，扩大图像中不同物体之间的特征差别，能够改善图像质量、丰富信息量，加强图像判读和识别效果，满足某些特殊分析的需要。

图像增强是采用一系列技术来改善图像质量，或者将图像转换成一种更适合进行分析和处理的形式。总体来说，图像增强的目的有两个：①改善图像的视觉效果；②突出图像中感兴趣的信息，抑制不需要的信息，提高图像的使用价值。

下面，本章通过几组图片来解释为什么要进行图像增强处理。

图 4-2(a)所示图像很明显存在曝光不足的问题，因此可以得到结论：曝光不足或曝光过度的图像需要进行图像增强处理。经图像增强处理后的图像如图 4-2(b)所示。

(a) 原图像

(b) 经过图像增强处理后的图像

图 4-2　图像曝光不足的情况

由图 4-3(a)可以看出，图像中有雾，清晰度很低，因此，这种情况需要进行图像增强处理。图像增强处理后的图像如图 4-3(b)所示。

(a) 原图像

(b) 经过图像增强处理后的图像

图 4-3　图像中有雾的情况

由图 4-4(a)可以看出，图像中的车牌号非常模糊，当进行车牌号识别时会影响识别效果，因此，模糊图像需要进行图像增强处理。图像增强处理后的图像如图 4-4(b)所示。

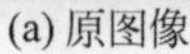

(a) 原图像

(b) 经过图像增强处理后的图像

图 4-4 车牌识别预处理情况

图像增强不仅在以上情况下适用，还适用于更多领域。在遥感领域，经过图像增强处理后的遥感图像可以提取有用信息，对森林、海洋、农业等资源进行研究，以达到预测灾害、监控污染的目的。在生物医学领域，X 光片的分析、染色体分类、超声波诊断等常用医学诊断方式需要进行图像增强，以帮助医生更加准确地判断患者最真实病情。在安防领域，公安部门对模糊指纹、手迹等图像，以及监控视频的雾化或光照不足现象进行图像增强处理。

图像增强的处理方法包括空域法和频域法两种。空域法是直接对图像像素进行处理。频域法是在图像的某个变换域内对图像的变换系数进行运算，然后通过逆变换获得图像增强效果。图像增强处理方法的分类如图 4-5 所示。

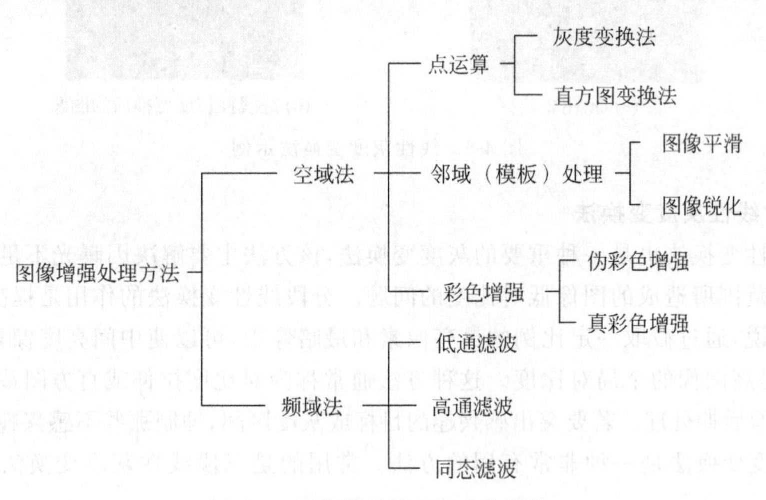

图 4-5 图像增强处理方法的分类

4.2 点运算

4.2.1 灰度变换法

灰度变换法是图像增强的重要方法之一，通过调整图像的灰度区间或对比度进行图像增强，使对比度扩展，图像更加清晰，特征更加明显。灰度变换法是一种在空域内进行图像增强的简单而有效的方法，该方法不改变原图像像素的位置，只逐点改变像素的灰度值。在进行图像增强处理的过程中，待改变像素和周围的其他像素无关。常用的灰度变换法有线性灰度变换法、分段线性灰度变换法、非线性灰度变换法，其中，非线性变换法主要有对数变换法、指数变换法。

1. 线性灰度变换法

图像常出现对比度不够的情况，这可能是因为图像记录装置的动态区间太小，也可能由于摄影过程中曝光不足。增大图像对比度可以通过灰度区间的线性变换来实现。假设原图像的灰度区间是$[a,b]$，经过线性灰度变换后图像的灰度区间扩大为$[m,n]$，那么所采用的线性变换如式(4-1)所示。

$$g(x,y)=\frac{n-m}{b-a}[f(x,y)-a]+m \tag{4-1}$$

其中，$g(x,y)$表示目标像素灰度值，$f(x,y)$表示原像素灰度值。如果图像在生成时存在曝光不足或过度的情况，那么其灰度值可能会局限在一个很小的区间内。对曝光不足的图像采用线性灰度变换法对其每个像素灰度进行线性拉伸，可以有效地改善图像视觉效果。线性灰度变换法示例如图4-6所示。可以看出，经过线性灰度变换后的图像清晰了很多。

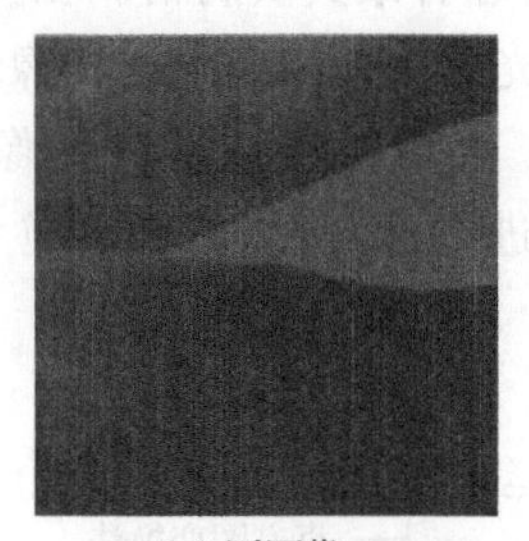

(a) 原图像

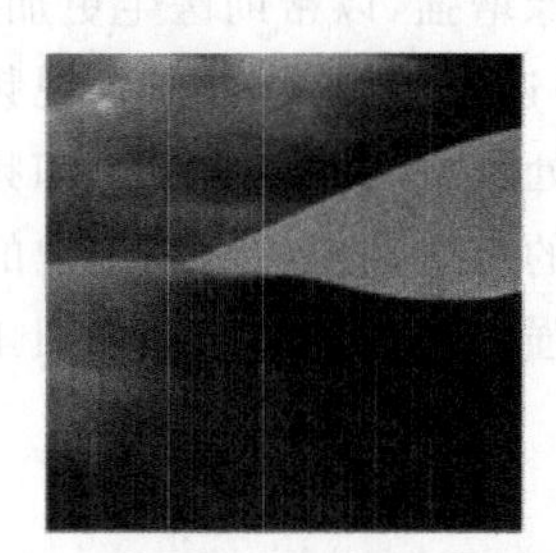

(b) 经线性灰度变换后的图像

图 4-6 线性灰度变换法示例

2. 分段线性灰度变换法

分段线性变换法也是一种重要的灰度变换法，该方法主要解决因曝光不足、曝光过度或传感器动态范围所造成的图像低对比度的问题。分段线性变换法的作用是提高图像灰度区间。通常来说，通过截取一定比例的最亮像素和最暗像素，可以使中间亮度像素占有整个灰度级，从而提高图像的全局对比度。这种方法通常称为对比度拉伸或直方图裁剪，目前被广泛应用于图像后期处理。若要突出感兴趣的目标或灰度区间，抑制那些不感兴趣的灰度区间，分段线性灰度变换法是一种非常有用的方法。常用的是三段线性灰度变换法，其数学表达式为

$$g(x,y)=\begin{cases}\dfrac{g_1}{f_1}f(x,y), & 0\leqslant f(x,y)<f_1\\[2ex] \dfrac{g_2-g_1}{f_2-f_1}[f(x,y)-f_1]+g_1, & f_1\leqslant f(x,y)<f_2\\[2ex] \dfrac{g_M-g_2}{f_M-f_2}[f(x,y)-f_2]+g_2, & f_2\leqslant f(x,y)\leqslant f_M\end{cases} \tag{4-2}$$

其中，$g(x,y)$表示目标像素灰度值，$f(x,y)$表示原像素灰度值，f_1、f_2、f_M 分别表示对比度扩展范围，g_1、g_2、g_M 分别表示新值。

式(4-2)对处于灰度区间$[f_1,f_2]$内的值进行了线性变换，对于灰度区间$[0,f_1]$内和

$[f_2, f_M]$内只进行了压缩。若仔细地调整折线划分点的位置并且控制分段直线的斜率，那么分段线性灰度变换法可以对任意一个灰度区间进行扩展或压缩。分段线性灰度变换法示例如图 4-7 所示。

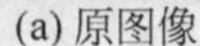

(a) 原图像

(b) 经分段线性灰度变换后的图像

图 4-7 分段线性灰度变换法示例

分段线性灰度变换法和线性灰度变换法相比，前者可以突出感兴趣目标所在的灰度区间，相对抑制那些不感兴趣的灰度区间。由图 4-7(b)可以看出，图像中亮的地方更亮，暗的地方更暗，亮和暗之间的反差就被拉开了。

3. 非线性灰度变换法

非线性灰度变换法并非是对不同的灰度区间选择不同的线性变换函数进行扩展或压缩，而是在整个灰度区间内采用相同的非线性变换函数，实现对灰度区间的扩展与压缩。例如，指数函数、对数函数等都不是传统意义上的线性函数，因此利用这些函数对图像的灰度区间进行扩展与压缩的变换统称为非线性灰度变换。

(1) 对数变换。

从数学角度来看，对数函数曲线随着横坐标的变大会变得趋于平缓。若采用对数函数对图像的灰度值进行变换，那么不难想到，图像中不同像素的灰度值将不断地靠近，因此，可以认为，对数变换在一定程度上可以将图像像素的灰度值降低，从而产生图像压缩的效果。对数变换的数学表达式如式(4-3)所示，其曲线如图 4-8 所示。

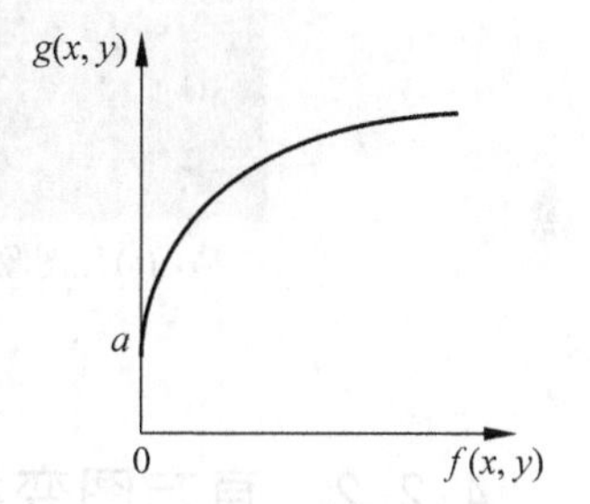

图 4-8 图像的对数变换曲线

$$g(x,y)=a+\frac{\ln[f(x,y)+1]}{b\ln c} \tag{4-3}$$

其中，a，b，c 是为了调整曲线的位置和形状而引入的参数。

对数变换主要用于扩展图像的低灰度值部分，压缩高灰度值部分，使低值灰度的细节更加清晰，以达到强调图像低灰度值部分的目的。对数变换示例如图 4-9 所示。

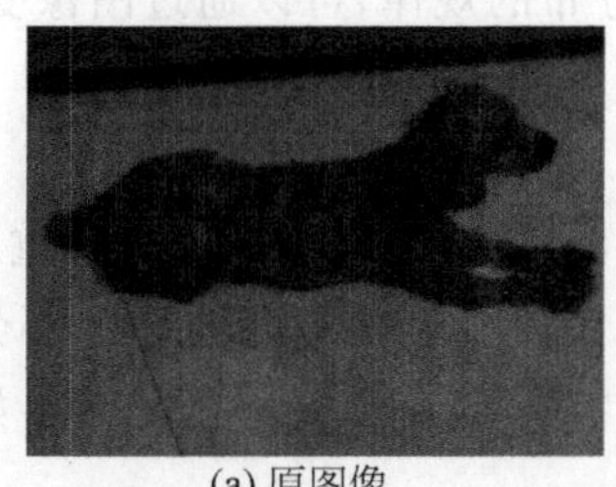

(a) 原图像

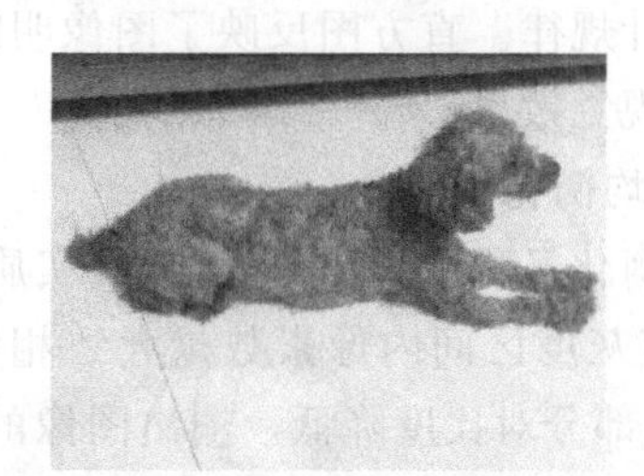

(b) 经对数变换后的图像

图 4-9 对数变换示例

(2) 指数变换。

从数学角度来看,指数函数曲线随着横坐标的变大会变得越来越陡。若采用指数函数对图像的灰度值进行变换,那么,图像中不同像素的灰度值之间的距离会不断地被拉大,因此,指数变换提高了图像的对比度。利用指数函数对高灰度区进行较大拉伸操作,可进一步提高灰度值部分图像细节。指数变换示例如 4-10 所示。

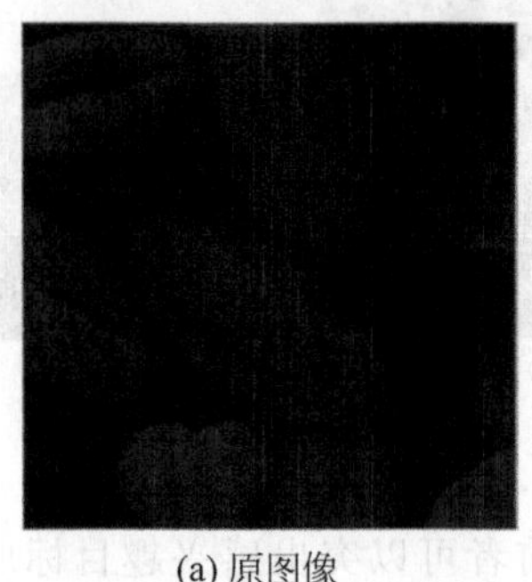
(a) 原图像

(b) 结果图像

图 4-10 指数变换示例

经非线性灰度变换后的效果如图 4-11 所示。

(a) 原图像

(b) 经非线性灰度变换后的图像

图 4-11 非线性灰度变换示例

4.2.2 直方图变换法

1. 直方图简介

什么是灰度级直方图?简单地说,灰度级直方图就是反映图像中灰度级与其出现概率之间的关系的图形。

直方图是基本的图像统计特征,其实就是图像亮度分布概率密度函数,是图像所有像素集合基本的统计规律。直方图反映了图像明暗分布的规律,可以通过图像变换来调整,使图像获得较好的视觉效果。

2. 直方图均衡化

直方图均衡化又称直方图平坦化,其实质是对图像进行非线性拉伸,重新分配图像像素灰度值,使一定灰度区间内像素数量大致相等,使原直方图中间的峰顶部分对比度得到增强,两侧的谷底部分对比度降低。输出图像的直方图是一种较平的分布。如果输出数据的分段值较小,那么会产生粗略分类的视觉效果。

直方图均衡化的中心思想是把原图像的灰度直方图从比较集中的某个灰度区间变换成在全部灰度区间内的均匀分布,以增加灰度值的动态范围,从而达到增强图像整体对比度的效果。直方图均衡化通常用于提高图像的全局对比度。当图像中有用像素的对比度相当接近的时候,直方图均衡化可以使其亮度更好地在直方图上分布。这种方法能够在不影响整体的对比度的同时提高局部的对比度。

对于图像而言,灰度值分布越均衡,图像所包含的信息量越大;相反,只有一种灰度值分布的时候,图像所包含的信息量很少。例如,纯黑图像包含信息量就很少,而其他图像可能包含一些人、物、景等信息。就效果而言,直方图均衡化使图像信息量变大,但不可能会发生较小的灰度值在经过直方图均衡化后变得比原来较大的灰度值更大的情况。这也就意味着,通过直方图均衡化的图像所包含的信息应与原图像一致,只是在颜色层次上更丰富,更加具有辨识度。

直方图均衡化的过程如下。

(1) 列出原图像的灰度级 n_k。

(2) 统计各灰度值的像素数目。

(3) 计算原图像直方图各灰度值的频数。

(4) 计算累计分布函数。

(5) 依据累计分布函数计算灰度映射表。

(6) 用映射关系修改原图像的灰度值,获得直方图近似为均匀分布的输出图像。

直方图均衡化存在的不足如下。

(1) 对待处理的数据不进行选择,可能会增加图片的背景噪声对比度,降低有用信号对比度。

(2) 直方图均衡化后灰度级减少,图像的某些细节消失。

(3) 对于某些图像,如直方图有高峰,经直方图均衡化后的图像对比度呈现出不自然的过分增强效果。

直方图均衡化示例如图 4-12 所示。图 4-12(a)为 8bit 灰度级的原图像,图 4-12(b)为原图像的直方图,图 4-12(c)为经直方图均衡化处理后所得的结果图像,图 4-12(d)为结果图像的直方图。

3. 直方图规定化

虽然直方图均衡化能够自动增强图像的对比度,但其增强效果不易控制,处理的结果总是得到全局均匀化的直方图。在实际应用中,有时需要将直方图变换为特定形状,以有选择地增强某个灰度值区间内的对比度。这时应采用比较灵活的直方图变换法,例如,图像规定化可以满足这个要求,从而获得比直方图均衡化更好的效果。

直方图匹配也叫作直方图规定化,是将图像的灰度分布按照某种特定模式进行变换的操作。举例来说,对于一幅图像,分析其直方图后,发现灰度分布不是想要的。为了得到想要的灰度分布,便采用相关方法进行调整。这一调整过程称为直方图匹配。

直方图规定化的原理如下。对原图像和参考图像的直方图都进行直方图均衡化,变换成相同的归一化均匀直方图,再以此均匀直方图为媒介对原图像做均衡化逆运算。

在遥感图像处理中,直方图规定化适用于以下情况。

(1) 图像镶嵌中图像的灰度调节。通过直方图匹配,使相邻两幅图像的色调和反差趋

(a) 8bit灰度级的原图像

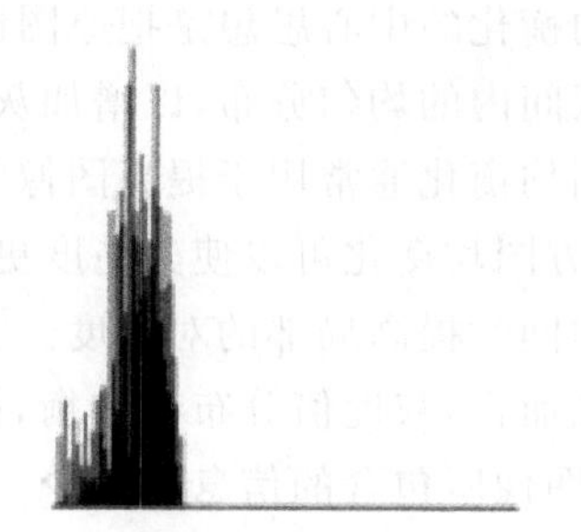
(b) 原图像的直方图

(c) 结果图像

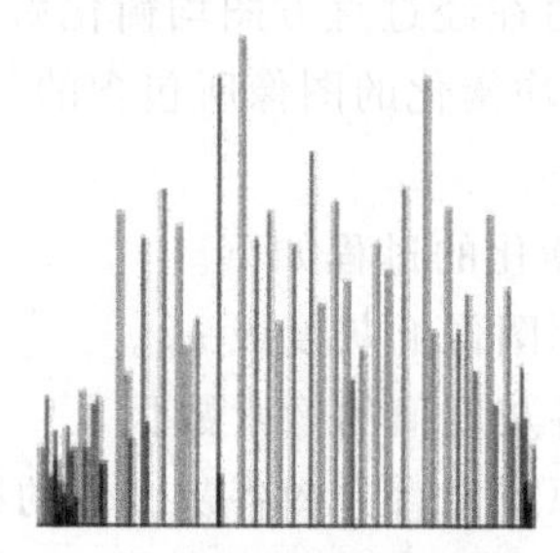
(d) 结果图像的直方图

图 4-12 直方图均衡化示例

于相同，进而进行图像镶嵌。

(2) 在多时相图像处理过程中，以一个时相的图像为标准，利用直方图匹配对另一幅图像的色调与反差进行调节。

(3) 以一幅增强后色调和反差比较满意的图像为标准，对另一幅图像进行处理，期望得到类似的结果。直方图规定化示例如图 4-13 所示。

(a) 原图像

(b) 模板图像

(c) 结果图像

图 4-13 直方图规定化示例

4.3 空域滤波增强

4.3.1 定义和方法

空域滤波是一种基于邻域处理的图像增强方法，该方法能直接在图像所在的二维空间进行处理，即对每个像素的灰度值进行处理。它通过某一模板对每个像素及其邻域的所有像素进行某种数学运算，以得到该像素新的灰度值。新的灰度值不仅与该像素的原灰度值有关，还与其邻域像素的灰度值有关。空域滤波包括模板运算和卷积运算两种方式。

1. 模板运算

模板运算是数字图像处理中常用的一种运算方式，能够进行图像的平滑、锐化、细化、边缘检测等操作。例如，一种常见的平滑算法将原图像中一个像素的灰度值和它周围邻近8个像素的灰度值相加，求得平均值，并将其作为结果图像中该像素的灰度值。模板运算的示例模板如式(4-4)所示。

$$\frac{1}{9}\begin{bmatrix}1 & 1 & 1\\ 1 & 1^{*} & 1\\ 1 & 1 & 1\end{bmatrix} \tag{4-4}$$

其中，带星号(*)的元素表示该模板的中心元素，即待处理的元素。

如果模板运算的模板为

$$\frac{1}{9}\begin{bmatrix}1^{*} & 1 & 1\\ 1 & 1 & 1\\ 1 & 1 & 1\end{bmatrix} \tag{4-5}$$

则式(4-5)所示操作的含义是：将原图像一个像素的灰度值和它右下相邻近的8个像素的灰度值相加，然后将求得的平均值作为结果图像中该像素的灰度值。

2. 卷积运算

在卷积运算中，卷积核就是模板运算的模板，卷积就是加权求和的过程。卷积核中的元素称为加权系数，也称为卷积系数。卷积核系数大小及其排列顺序决定了对图像进行处理的类型。卷积核加权系数的改变，会影响总和的数值与符号，从而影响结果图像中该像素的灰度值。

卷积核可以看作 $n\times n$ 的小图像，其最基本的尺寸为3×3，常用尺寸还有5×5、7×7等。卷积运算的基本步骤如下。

步骤1 将卷积核在原图像漫游，并将卷积核的中心元素与图像的某个像素的位置重合。

步骤2 卷积核的各个像素的灰度值与原图像相对应像素的灰度值进行相乘。

步骤3 将步骤2得到的乘积相加，并将得到的结果赋给图像中卷积核中心位置所对应的像素。

假定邻域大小为3×3，卷积核大小与邻域相同，那么卷积运算过程如下。

$$R_5(\text{中心像素})=\frac{1}{9}(R_1G_1+R_2G_2+R_3G_3+R_4G_4+R_5G_5+R_6G_6+R_7G_7+R_8G_8+R_9G_9)$$

其中，R_i 表示原图像像素灰度值，G_i 表示卷积核各元素的值，$i=1,2,\cdots,9$。

通过模板进行空域滤波，可使原图像转换为增强图像。模板不同，得到的图像增强效果也不同。以处理效果为标准，空域滤波可以分为平滑滤波和锐化滤波。

4.3.2 平滑滤波

平滑滤波，又叫作钝化滤波，其目的在于减少噪声，使图像模糊化，即在提取较大目标前，先去除太小的细节或将目标内的小间断连接起来。图像在传输过程中，由于传输信道、采样系统质量较差，或受其他干扰因素的影响，容易出现图像毛糙现象。此时，受影响的图像就需进行平滑滤波处理。平滑滤波能在不影响低频率分量的前提下，减弱或消除图像中高频分量。因为高频分量对应的是图像区域边缘等灰度值较大且变化较快的部分，所以平滑滤波通过滤除高频分量来减少局部灰度的变化，以使图像变得平滑。换而言之，平滑滤波降低了图像中“尖锐”的变化。

1. 均值滤波器

平滑线性空间滤波器的输出是包含在滤波器模板邻域内的像素灰度值的平均值也就是均值滤波。均值滤波器也是低通滤波器，即把滤波器模板邻域内像素灰度的平均值赋给中心元素。

均值滤波器可以降低图像噪声，其主要应用是去除图像中的不相关细节。不相关细节指与滤波器模板相比，图像中较小的像素区域。均值滤波器使图像中较大的物体得到增强，易于检测；较小的物体将会与背景融合。滤波器模板的大小由那些需要融入背景的物体尺寸决定。

均值滤波器的基本思想是通过对滤波器模板邻域内像素灰度求平均值的方式来去除突变的像素，从而去除图像噪声，其主要优点是算法简单，计算速度快，但是会造成图像一定程度的模糊。均值滤波器的平滑效果与邻域的半径(模板大小)有关，半径越大，图像的平滑效果越好，模糊程度越高。式(4-6)是常用的 3×3 均值滤波器模板。

$$
\boldsymbol{H}=\frac{1}{9}\begin{bmatrix}1 & 1 & 1\\ 1 & 1^{*} & 1\\ 1 & 1 & 1\end{bmatrix} \tag{4-6}
$$

$$
\begin{bmatrix}1 & 2 & 1 & 4 & 3\\ 1 & 2 & 2 & 3 & 4\\ 5 & 7 & 6 & 8 & 9\\ 5 & 7 & 6 & 8 & 8\\ 5 & 6 & 7 & 8 & 9\end{bmatrix} \xrightarrow{\boldsymbol{H}} \begin{bmatrix}1 & 2 & 1 & 4 & 3\\ 1 & 3 & 4 & 4 & 4\\ 5 & 4 & 5 & 6 & 9\\ 5 & 6 & 7 & 8 & 8\\ 5 & 6 & 7 & 8 & 9\end{bmatrix}
$$

原图像灰度值矩阵　　结果图像灰度值矩阵

图 4-14　均值滤波器计算示例

采用 3×3 均值滤波器模板进行均值滤波的计算示例如图 4-14 所示，其中，计算结果按四舍五入进行调整，且对边界像素不进行处理。

在实际应用中，均值滤波器进行修正后，可以得到加权平均滤波器，即对邻域中不同像素灰度值乘以不同的权重后再求平均值。加权平均滤波器对图像的处理方法与均值滤波器相同，只是滤波器模板发生改变而已，均值滤波器示例如图 4-15 所示。

(a) 原图像

(b) 结果图像

图 4-15　均值滤波器示例

2. 中值滤波器

中值滤波器是一种非线性滤波器,常用于消除图像中的椒盐噪声。与低通滤波器不同,中值滤波器有利于保留边缘的尖锐度,但会“洗去”均匀介质区域中的纹理。中值滤波器先将滤波器模内待求的像素及其邻域像素的灰度值排序(升序或降序均可),再确定中位数的值,并将该值赋予待求像素。在一定条件下,中值滤波器可以克服线性滤波器处理图像时细节模糊化的问题,且对滤除脉冲干扰和图像扫描噪声非常有效。但是,对于点、线、尖顶等细节较多的图像,中值滤波器会引起这些细节信息的丢失。中值滤波器先被应用于一维信号的处理中,后来被引入图像的处理中。

中值滤波器有以下特点:①在去除图像噪声的同时,可以较好地保留图像的锐度和细节信息;②能够有效去除脉冲噪声(叠加在图像上的黑白点)。

中值滤波器的具体步骤如下。

步骤 1 令滤波器模板在图像中漫游,将其中心元素与图像中某个像素的位置重合。

步骤 2 读取滤波器模板邻域中各像素的灰度值。

步骤 3 将这些灰度值按从小到大的顺序进行排序。

步骤 4 得到中位数的值后,将其赋给滤波器模板中心元素所对应的像素。

可以看出,中值滤波器对孤立的噪声,如椒盐噪声、脉冲噪声等具有良好的去除效果。由于并不是简单地取灰度平均值,所以,中值滤波器产生的模糊程度也就相对较轻。

中值滤波器的窗口形状和尺寸对滤波效果的影响较大,而不同的图像内容和应用往往采用不同的窗口形状和尺寸。常用的中值滤波窗口形状有线形、方形、圆形、十字形、圆环形等。中值滤波器窗口的尺寸一般先采用 3×3,然后为 5×5,最后逐渐增大,直到获得满意的滤波效果为止。根据一般经验,对于有缓变的较长轮廓线物体的图像,中值滤波器宜采用方形或圆形窗口。对于含有尖顶物体的图像,中值滤波器宜用十字形窗口,且窗口大小不超过最小有效物体的尺寸。如果图像中点、线、尖角等细节较多,中值滤波器则不适合进行滤波。

常用的中值滤波器窗口形状如图 4-16 所示。

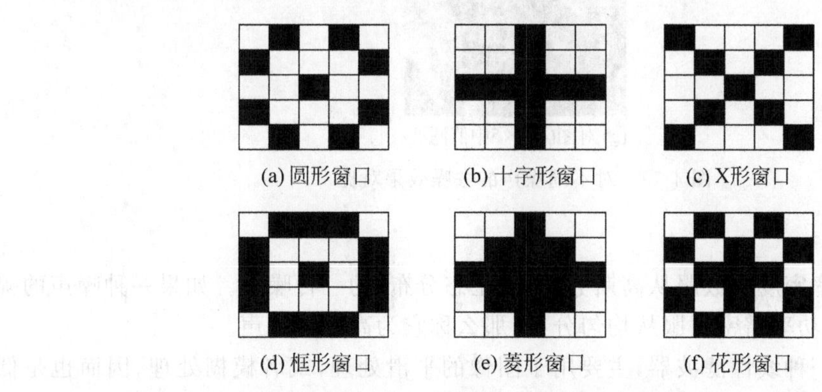

图 4-16 中值滤波器窗口形状

图 4-17 显示了均值滤波器与中值滤波器去噪效果的对比情况,其中,两种滤波器模板的大小均为 3×3。图 4-18 显示了针对高斯噪声图像和椒盐噪声图像,由两种滤波器的去噪效果的对比可知,中值滤波器对图像的增强效果好于均值滤波器。

(a) 原图像

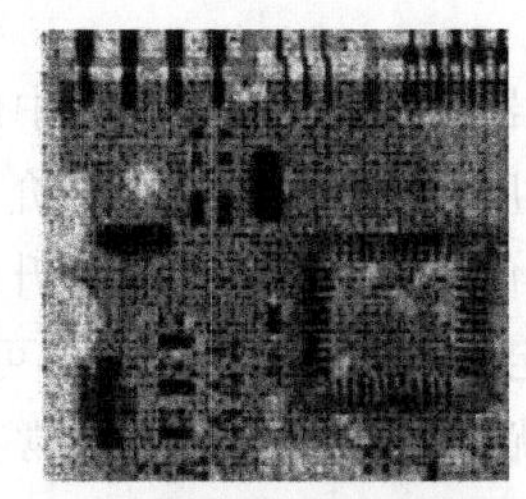
(b) 均值滤波器结果图

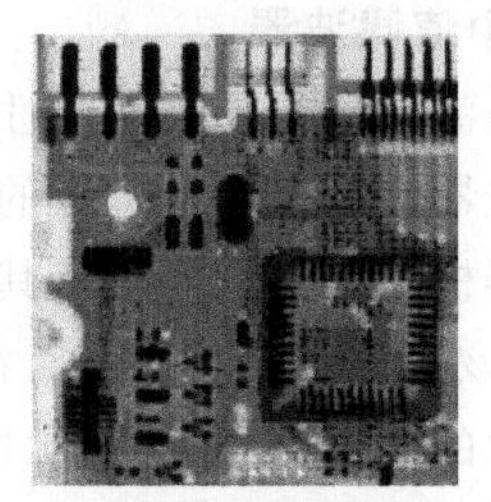
(c) 中值滤波器结果图

图 4-17　去噪效果对比(滤波器模板大小为 3×3)

(a) 原图像

(b) 高斯噪声

(c) 椒盐噪声

(d) 对图(b)均值滤波

(e) 对图(c)均值滤波

(f) 对图(b)5×5中值滤波

(g) 对图(c)5×5中值滤波

图 4-18　对不同噪声的去噪效果对比

3. 高斯滤波器

高斯噪声指概率密度函数服从高斯分布(即正态分布)的一种噪声。如果一种噪声的幅度服从高斯分布,其功率谱密度服从均匀分布,那么称它为高斯白噪声。

高斯滤波器是一种线性滤波器,主要用于图像的平滑处理,或者模糊处理,因而也是低通滤波器。高斯滤波器广泛应用在图像降噪中,尤其是被高斯噪声所污染的图像上。

高斯滤波器的基本思想是:图像的每个像素的灰度值由其本身和邻域内其他像素的灰度值经过加权平均后得到。其具体操作是:用高斯核(又称卷积核、掩模、矩阵)扫描图像的每个像素,将邻域内各个像素值与高斯核相应位置的权值相乘,并对积进行求和。从数学的角度来看,高斯滤波器是图像与高斯核进行卷积运算。

实际上，高斯滤波器的原理和均值滤波器类似，都是将滤波器模板邻域内的像素的灰度平均值作为输出，但是滤波器模板的系数和均值滤波器不同。均值滤波器模板系数是相同的，都为1，而高斯滤波器模板系数越靠近中心位置，系数越小，因此，高斯滤波器比均值滤波器对造成图像的模糊程度小。

高斯滤波器是根据高斯分布函数的形状来选择权值的线性滤波器，本章接下来介绍高斯分布函数和高斯核的相关知识。

(1) 高斯分布函数。

一维高斯分布函数如式(4-7)所示。

$$G(x)=\frac{1}{\sqrt{2\pi}\sigma}\mathrm{e}^{-\frac{x^2}{2\sigma^2}} \tag{4-7}$$

二维高斯分布函数如式(4-8)所示。

$$G(x,y)=\frac{1}{2\pi\sigma^2}\mathrm{e}^{-\frac{x^2+y^2}{2\sigma^2}} \tag{4-8}$$

其中，σ 表示标准差，其大小决定了高斯分布函数的宽度。

(2) 高斯核。

理论上，高斯分布在所有定义域上有非负值，这就需要一个无限大的卷积核。实际上，高斯核仅需要取均值周围3倍标准差内的值即可。高斯滤波器重要的两个步骤是先找到高斯核，然后进行卷积。那么，高斯核是怎么来的？又该怎么用？

假设高斯核中心元素的坐标是(0,0)，那么取它最近距离的8个元素。为了便于计算，设 $\sigma=1.5$，则模糊半径为1的高斯核的计算过程如图4-19所示。

由高斯核的特性可知，高斯核中9个元素的值的和应为1，但图4-19中，这9个元素值的和等于0.478 714 7，因此，每个元素值均除以0.478 714 7，以得到最终的高斯核，如图4-20所示。

(-1, 1)	(0, 1)	(1, 1)
(-1, 0)	(0, 0)	(1, 0)
(-1, -1)	(0, -1)	(1, -1)

⇩

0.045 354 2	0.056 640 6	0.045 354 2
0.056 640 6	0.070 735 5	0.056 640 6
0.045 354 2	0.056 640 6	0.045 354 2

图 4-19　高斯核的计算过程

0.094 741 6	0.118 318 1	0.094 741 6
0.118 318 1	0.147 761 1	0.118 318 1
0.094 741 6	0.118 318 1	0.094 741 6

图 4-20　最终的高斯核

有了高斯核，那么高斯滤波器便可以进行图像处理了，具体步骤如下。

步骤1　移动高斯核的中心元素，使其与图像待处理像素位置相对应。

步骤2　求图像像素的灰度值和高斯核相关系数的乘积。

步骤 3　对步骤 2 的乘积进行求和，并作为像素的灰度值。

4.3.3　锐化滤波器

前面介绍的几种滤波器都属于平滑滤波器，是用来平滑图像和抑制噪声的。而锐化滤波器恰恰相反，主要用来增强图像的突变信息、细节和边缘信息。平滑滤波器主要使用邻域内像素灰度平均值（中值）来代替滤波器模板中心位置的像素灰度值，削弱了邻域内像素间的差别，以达到平滑图像和抑制噪声的目的。相反，锐化滤波器使用邻域的微分算子，增大邻域内像素之间的差别，使图像的突变部分变得更加明显。

锐化滤波器能减弱或消除图像的低频分量，但不影响高频分量，这是因为低频分量对应的是图像中灰度值变化缓慢的区域，与对比度、平均灰度值等图像特征有关。锐化滤波器能使图像像素的反差增大，使边缘明显，因此，可用于增强图像模糊的细节或物像边缘。

锐化滤波器的主要目的有两个，具体如下。

（1）增强图像中物像边缘，使图像的模糊细节变得清晰，颜色变得鲜明，改善图像质量，让图像更适合观察和识别。

（2）通过锐化处理后，目标物像的边缘清晰，便于提取物像、进行图像分割、识别目标区域、提取区域形状等，为进一步图像理解与分析奠定基础。

锐化滤波器的主要用途有：

（1）印刷中的细微层次强调，弥补扫描等操作对图像的钝化；

（2）用于改善超声探测中分辨率低、边缘模糊的图像质量；

（3）用于图像识别中的边缘提取；

（4）用于处理过度钝化、曝光不足的图像；

（5）用于处理只有边界信息的特殊图像；

（6）尖端武器的目标识别、定位。

1. 梯度锐化

锐化滤波器最常用的方法是梯度锐化。图像 $g(x,y)$ 在像素 (x,y) 的梯度是一个矢量，其定义为

$$\mathbf{grad}(x,y)=\begin{bmatrix} f'_x \\ f'_y \end{bmatrix}=\begin{bmatrix} \dfrac{\partial f(x,y)}{\partial x} \\ \dfrac{\partial f(x,y)}{\partial y} \end{bmatrix} \tag{4-9}$$

其中，$f(x,y)$ 表示像素 (x,y) 的灰度值。

梯度的幅度为

$$|\mathbf{grad}(x,y)|=\sqrt{f'^2_x+f'^2_y}=\sqrt{\left(\frac{\partial f(x,y)}{\partial x}\right)^2+\left(\frac{\partial f(x,y)}{\partial y}\right)^2} \tag{4-10}$$

考虑一幅大小为 3×3 的图像，一阶偏微分采用离散函数的差分近似表示，那么有

$$\begin{cases} \dfrac{\partial f(x,y)}{\partial x}=f(x+1,y)-f(x,y) \\ \dfrac{\partial f(x,y)}{\partial y}=f(x,y+1)-f(x,y) \end{cases}$$

$$\Rightarrow |\mathbf{grad}(x,y)|=\sqrt{[f(x+1,y)-f(x,y)]^2+[f(x,y+1)-f(x,y)]^2} \tag{4-11}$$

平方和平方根用绝对值来替换，即采用向量模值的近似计算，那么有

$$|\mathbf{grad}(x,y)| = |f(x+1,y)-f(x,y)| + |f(x,y+1)-f(x,y)| \tag{4-12}$$

梯度锐化示例如图 4-21 所示。对于图 4-21(a)所示的二值图像中突出的边缘区域，其梯度值较大；对于平滑区域，梯度值较小；对于灰度值为常数的区域，其梯度值为 0。

(a) 二值图像　　(b) 结果图像

图 4-21　梯度锐化示例

2. 拉普拉斯锐化

由于二阶微分在图像像素灰度值高的部分为负值，灰度值低的部分为正值，常数部分为 0。那么可以用于确定图像中边的准确位置，以及像素所属区域。

拉普拉斯锐化是利用拉普拉斯算子对图像中边缘信息进行增强的一种方法。拉普拉斯锐化的基本思想是：当邻域内中心像素的灰度值低于邻域内其他像素的灰度平均值时，中心像素的灰度值应被进一步降低；反之中心像素的灰度值应被进一步提高，从而实现图像锐化处理。虽然拉普拉斯锐化可以增强图像细节，找到图像的边缘信息，但是也会使噪声被增强。那么，在进行图像锐化前，图像可以先进行平滑处理。

拉普拉斯锐化使用二阶微分进行图像锐化，那么，本章先介绍连续函数及离散函数中微分与图像像素之间的关系。

连续函数的微分表达式为 $f'(x)=\lim\limits_{h\to 0}\frac{f(x+h)-f(x)}{h}$ 或 $f'(x)=\lim\limits_{h\to 0}\frac{f(x+h)-f(x-h)}{2h}$。

对于离散函数(图像)而言，其导数必须用差分方差来近似，有式(4-13)所示的前向差分和式(4-14)所示的中心差分两种。

$$I_x = \frac{I(x)-I(x-h)}{h} \tag{4-13}$$

$$I_x = \frac{I(x+h)-I(x-h)}{2h} \tag{4-14}$$

其中，$f(x)$、$I(x)$均表示函数。

那么，拉普拉斯锐化可表示为

$$g(x)=\begin{cases} f(x,y)-\nabla^2 f(x,y), & \text{如果拉普拉斯模板中心系数为负} \\ f(x,y)+\nabla^2 f(x,y), & \text{如果拉普拉斯模板中心系数为正} \end{cases} \tag{4-15}$$

拉普拉斯锐化模板不是唯一的，图 4-22 是拉普拉斯锐化常用的四邻域模板。

除了 3×3 的四邻域模板外，拉普拉斯锐化还可以扩大邻域模板。拉普拉斯锐化模板的对角线也可以这样组成：两条对角线方向系数为 1，如图 4-23 所示的拉普拉斯锐化八邻域模板。

0	1	0
1	-4	1
0	1	0

图 4-22 拉普拉斯锐化四邻域模板

1	1	1
1	-8	1
1	1	1

图 4-23 拉普拉斯锐化八邻域模板

中心系数为正的拉普拉斯锐化八邻域模板的表达式为

$$\nabla^2 f = 8f(x,y) - f(x-1,y-1) - f(x-1,y) - f(x-1,y+1) - f(x,y-1) - f(x,y+1) - f(x+1,y-1) - f(x+1,y) - f(x+1,y+1) \tag{4-16}$$

分别使用四邻域模板和八邻域模板进行拉普拉斯锐化的效果如图 4-24 所示。可以看出,拉普拉斯锐化让图像中人眼不易察觉的细节变得明显。

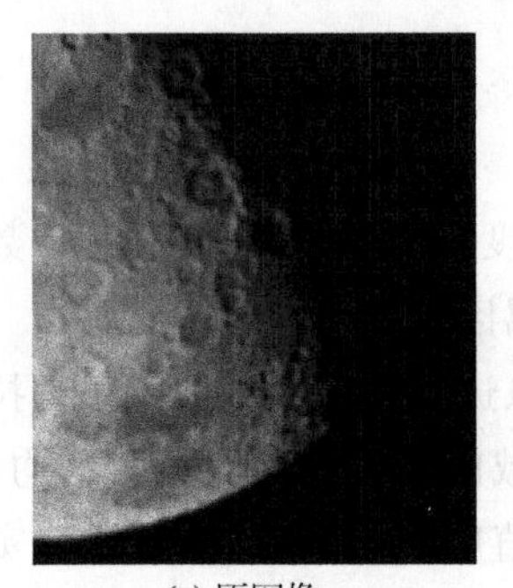
(a) 原图像

(b) 四邻域模板结果图像

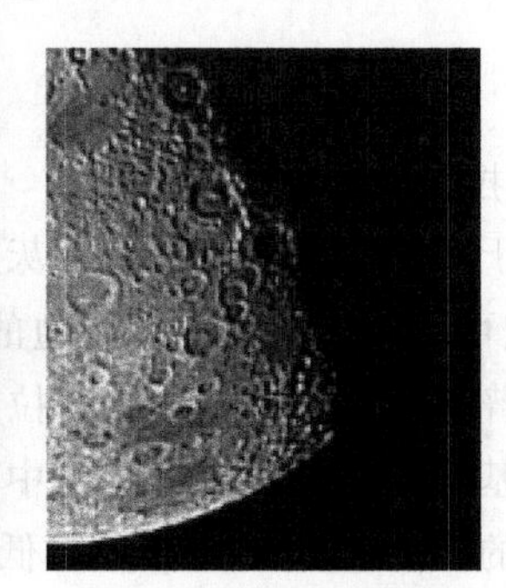
(c) 八邻域模板结果图像

图 4-24 不同模板的拉普拉斯锐化示例

4.4 频域滤波增强

首先提出问题:为什么要在频域研究图像增强?这是因为频域滤波增强有以下优点。

(1) 频率成分和图像之间的对应关系使一些在空域难以解决的图像增强在频域中变得容易。

(2) 滤波在频域更为直观,可以解释空域滤波的某些性质。

(3) 利用任一滤波器进行图像处理时,在频域进行图像增强可以迅速且全面地控制滤波器参数。

(4) 一旦找到一个特殊应用的滤波器,通常在空域采用硬件实现它。

频域滤波增强是利用图像变换法将原图像空间中的图像以某种形式转换到其他空间中,然后利用该空间特有的性质进行图像处理,最后再转换到原图像空间中,从而得到处理后的图像。

4.4.1 低通滤波

在图像传输过程中,噪声主要集中在图像高频部分。为了去除噪声以改善图像质量,滤波器采用低通滤波器来抑制高频分量,通过低频分量,然后再进行逆傅里叶变换,获得滤波图像,达到去噪的目的。在频域中,变换系数能反映图像的某些特征,如频谱的直流分量对应图像的平均亮度,噪声集中于频率较高的区域,图像集中于频率较低的区域等,因此,频域常被用于图像增强。

由卷积定理可知，低通滤波的表达式为

$$G(u,v)=F(u,v)H(u,v) \tag{4-17}$$

其中，$F(u,v)$为含噪声原图像的傅里叶变换，$H(u,v)$为低通滤波器，$G(u,v)$为结果图像的傅里叶变换。假设噪声和图像在频率上可分离，且噪声表现为高频分量、图像表现为低频分量，那么经过式(4-17)所示的低通滤波滤掉了高频分量，使低频分量基本无损地通过，达到图像增强的效果。

低通滤波器对频域低通滤波效果关系重大。常用的低通滤波器有两种：理想低通滤波器和巴特沃斯低通滤波器。

1. 理想低通滤波器

理想低通滤波器指小于或等于截断频率的频率分量可以完全不受影响地通过滤波器，大于截断频率的频率分量则不能通过滤波器。理想低通滤波器表达式如式(4-18)所示。

$$H(u,v)=\begin{cases}1, & D(u,v)\leqslant D_0\\ 0, & D(u,v)>D_0\end{cases} \tag{4-18}$$

其中，D_0为截断频率(非负整数)，表示截止频率点到原点的距离；$D(u,v)=\sqrt{u^2+v^2}$，表示点(u,v)到原点的距离。当$D_0=80$时，理想低通滤波器频谱如图4-25所示。

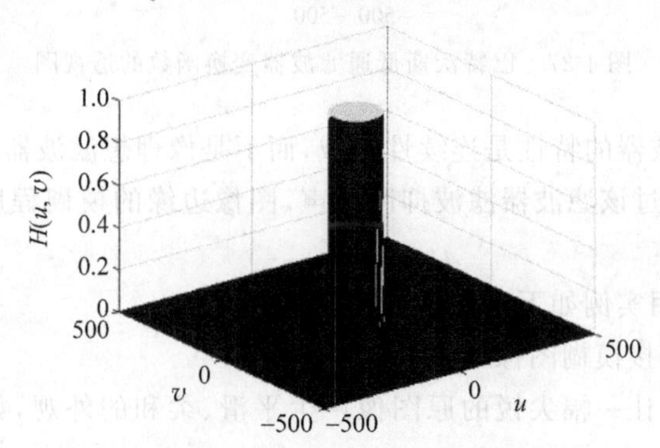

图4-25 理想低通滤波器变换函数的透视图

理想低通滤波器示例如图4-26所示。

(a) 原图像

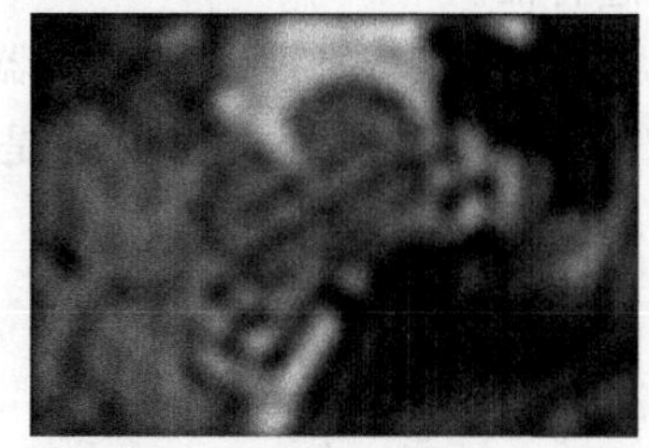

(b) 结果图像

图4-26 理想低通滤波器示例

从图4-26(b)中可以看出，结果图像和原图像相比变得模糊了，并且有明显的振铃现象。振铃现象指输出图像在灰度剧烈变化处产生的振荡，就好像钟被敲击后产生的空气振荡。

2. 巴特沃斯低通滤波器

理想低通滤波器在数学上定义得很清楚，在计算机模拟中也可实现。但是，在截断频率处直上和直下的理想低通滤波器不能用物理的电子器件实现。物理上可实现的是巴特沃斯低通滤波器，其转移函数如式(4-19)所示。

$$H(u,v)=\frac{1}{1+\left(\frac{D(u,v)}{D_0}\right)^{2n}} \tag{4-19}$$

其中，$H(u,v)$表示传递函数，$D(u,v)=\sqrt{(u^2+v^2)}$表示点(u,v)到原点的距离，D_0表示截止频率点到原点的距离，n为阶数。当$n=4$，$D_0=80$时，其图像如图4-27所示。

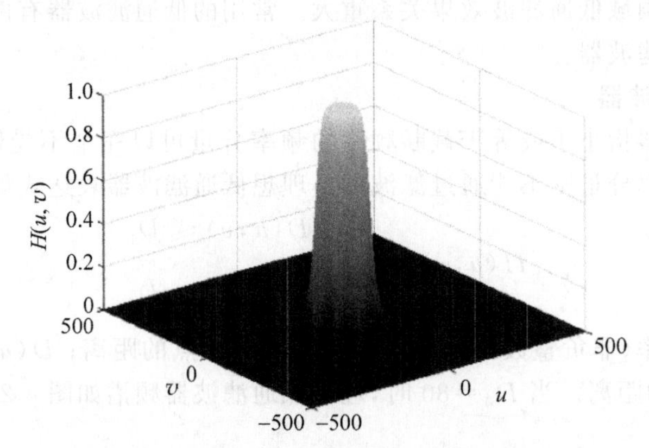

图4-27　巴特沃斯低通滤波器变换函数的透视图

巴特沃斯低通滤波器的特性是连续性衰减，而不是像理想滤波器那样陡峭变化，即明显的不连续性。因此，通过该滤波器滤波抑制噪声，图像边缘的模糊程度大大减小，没有产生振铃效应。

低通滤波器的应用实例如下。

(1) 字符识别：桥接模糊图像中断裂的字符。

(2) 印刷和出版：让一幅尖锐的原图像产生平滑、柔和的外观，如人脸，减少皮肤细纹的锐化程度和小斑点。

(3) 卫星和航空图像：尽可能模糊细节，而保留大的可识别特征，通过消除不重要的特征来优化感兴趣特征。

本章以字符识别为例，来说明低通滤波器的应用。可以明显看出，图4-28(b)和图4-28(a)相比，图4-28(b)虽然变得模糊了一些，但是更容易被人眼所识别，这是因为把断裂的字符

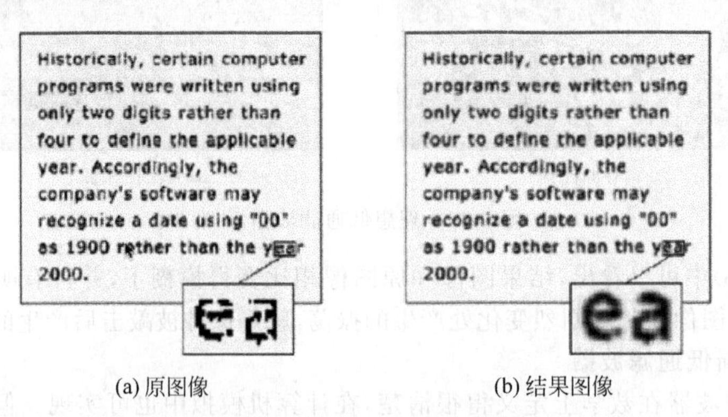

(a) 原图像　　(b) 结果图像

图4-28　低通滤波器应用于字符识别

连接上了。

4.4.2 高通滤波

高通滤波与低通滤波的作用相反，高通滤波使高频分量顺利通过，同时削弱低频。图像的边缘和细节主要属于高频分量，而图像的模糊是因为高频分量比较弱。因此，高通滤波可以对图像进行锐化处理，消除模糊，突出边缘。高通滤波的步骤是让高频分量通过，削弱低频分量，再经逆傅里叶变换得到边缘锐化的图像。

1. 理想高通滤波器

理想高通滤波器频谱形状与低通滤波器正好相反，二维理想高通滤波器的传递函数为

$$H(u,v)=\begin{cases}0, & D(u,v)\leqslant D_0\\ 1, & D(u,v)>D_0\end{cases} \tag{4-20}$$

其中，$H(u,v)$表示传递函数，D_0 表示截止频率点到原点的距离，$D(u,v)=\sqrt{(u^2+v^2)}$表示点(u,v)到原点的距离。当 $D_0=80$ 时，理想高通滤滤器如图 4-29 所示。

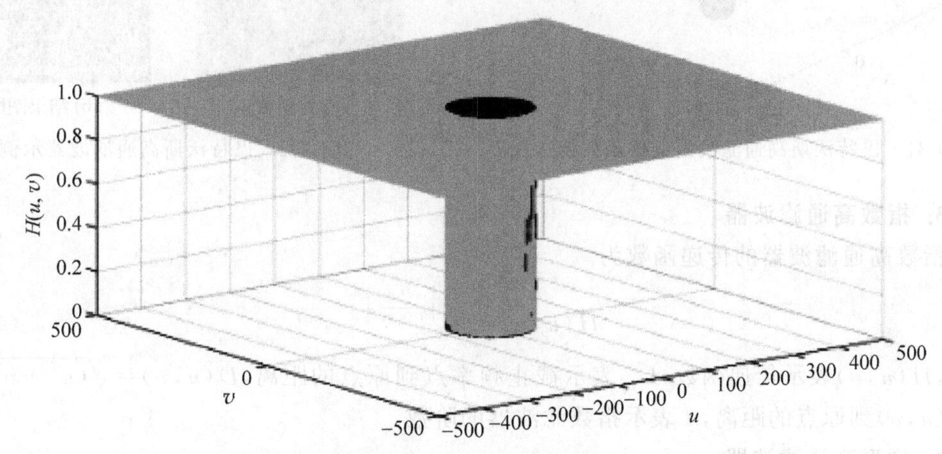

图 4-29 理想高通滤波器变换函数的透视图

理想高通滤波器示例如图 4-30 所示。

(a) 原图像

(b) 结果图像

图 4-30 理想高通滤波器示例

2. 巴特沃斯高通滤波器

巴特沃斯高通滤波器的频谱形状与巴特沃斯低通滤波器正好相反。n 阶巴特沃斯高通

滤波器的传递函数为

$$H(u,v)=\frac{1}{1+\left(\frac{D_0}{D(u,v)}\right)^{2n}} \tag{4-21}$$

其中，$H(u,v)$表示传递函数，D_0 表示截止频率点到原点的距离，$D(u,v)=\sqrt{(u^2+v^2)}$ 表示点(u,v)到原点的距离，n 表示高通滤波器阶数。当 $n=4$，$D_0=80$ 时，巴特沃斯高通滤波器变换函数的透视图如图 4-31 所示。

巴特沃斯高通滤波器示例如图 4-32 所示。

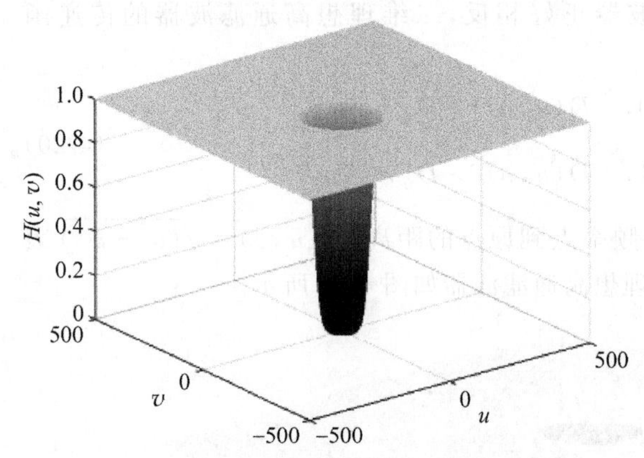

图 4-31 巴特沃斯高通滤波器变换函数的透视图

(a) 原图像

(b) 结果图像

图 4-32 巴特沃斯高通滤波器示例

3. 指数高通滤波器

指数高通滤波器的传递函数为

$$H(u,v)=e^{-\left|\frac{D_0}{D(u,v)}\right|^n} \tag{4-22}$$

其中，$H(u,v)$表示传递函数，D_0 表示截止频率点到原点的距离，$D(u,v)=\sqrt{(u^2+v^2)}$ 表示点(u,v)到原点的距离，n 表示指数滤波器的阶数。

4. 梯形高通滤波器

梯形高通滤波器的传递函数为

$$H(u,v)=\begin{cases}0, & D(u,v)<D_1 \\ \frac{D(u,v)-D_1}{D_0-D_1}, & D_1\leqslant D(u,v)\leqslant D_0 \\ 1, & D(u,v)>D_0\end{cases} \tag{4-23}$$

其中，$H(u,v)$表示传递函数，D_0、D_1 表示截止频率点到原点的距离，$D(u,v)=\sqrt{(u^2+v^2)}$表示点(u,v)到原点的距离。

4.4.3 同态滤波

生活中会有这样的图像：它的动态范围很大，而我们感兴趣的画面却很暗。这时，图像细节没有办法辨认，采用一般的灰度级线性变换法是不行的。图像的同态滤波属于图像频域处理范畴，其作用是对图像灰度范围进行调整，消除图像照明不均的问题，增强暗区的图像细节，同时又不损失亮区的图像细节。人眼能识别的图像灰度不仅仅是由光照函数（照射分量）决定，还与反射函数（反射分量）有关。反射函数反映图像的具体内容。光照强度一般具有一致性，在空间上通常会缓慢变化，在傅里叶变换下表现为低频分量。然而不同材料的反射率差别较大，不同材料的反射光会急剧变化，从而使图像的灰度值发生变化，这种变化与高低频分量有关。为了消除不均匀照度的影响，增强图像的高频部分的细节，同态滤波可以对光照不足或者有光照变化的图像进行处理，可以尽量避免因光照不足而引起的图像质量下降，并对感兴趣的景物进行有效增强，从而在很大程度上实现了原图像的图像增强。

同态滤波是一种在频域中进行的图像对比度增强和缩小图像亮度范围的图像处理方法，能够减少低频分量，增加高频分量，从而减少光照变化，并锐化边缘和图像细节。非线性滤波器能够在很好地保护细节的同时，去除图像中的噪声，同态滤波器就是一种非线性滤波器。

(a) 原图像

(b) 结果图像

图 4-33 同态滤波器增强图像效果示例

同态滤波器增强图像效果示例如图 4-33 所示。

4.5 彩色增强

彩色增强是从可视性角度实现图像增强的有效方法之一。对于灰度图像，人眼能分辨的灰度级只有十几到二十。而对不同亮度和色调的彩色图像，人眼能分辨的灰度值则能达到几百甚至上千。例如，当彩色显示器从彩色显示模式调到黑白显示模式时，原来能看到的一些画面细节就看不出来了。依据人类视觉系统的这一特性，将灰度图像变成彩色图像，或者改变彩色图像已有的彩色分布，可以达到改善图像可视性的目的。彩色增强将颜色信息用于图像增强，提高了图像的可分辨性。一般采用的彩色增强法可分为伪彩色增强、假彩色增强和真彩色增强。下面对这几种方法展开详细介绍。

4.5.1 伪彩色增强法

伪彩色处理指将灰度图像转化为彩色图像，或者将单色图像变换成某种彩色分布的图像。伪彩色处理的原理是把灰度图像的灰度值按照一种线性或非线性函数关系映射成相应的彩色值，将灰度图像或者单色图像的各个灰度级映射到彩色空间的一点，从而将单色图像转换成彩色图像。

伪彩色增强法不仅适用于航空摄影图像和遥感图像，还适用于医学 X 射线图像及遥感云图的分析。伪彩色增强过程可以用软件完成，也可用硬件设备来实现。伪彩色增强法虽然能将灰度图像转化为彩色图像，但彩色图像的颜色并不是原图像的真实颜色，而仅是一种便于识别的伪彩色。伪彩色增强法主要有强度分层法和灰度到彩色变换法。

1. 强度分层法

设灰度图像灰度级为 $f(x,y)$，在某一个灰度级（如 $f(x,y)=L_1$）上设置一个平行于 x-y 轴平面的切割平面，将灰度级小于 L_1 的像素分配一种颜色（如蓝色），灰度级大于 L_1 的像素分配给另一种颜色（如红色）。强度分层法的三维示意如图 4-34 所示。

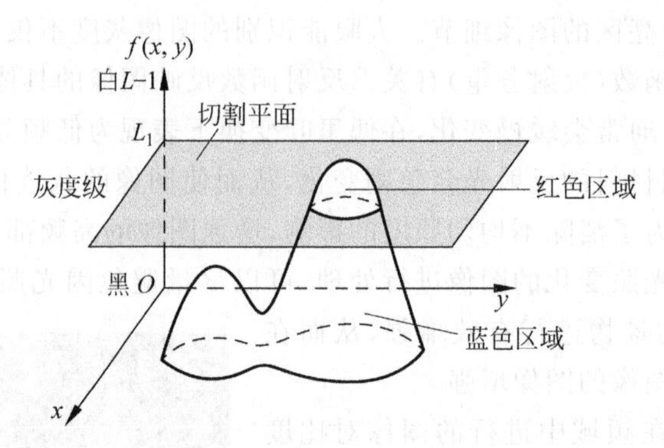

图 4-34　强度分层法三维示意

若将灰度图像的灰度级用 M 个切割平面进行切割，那么就会得到 $M+1$ 个不同灰度级的区域 $S_1, S_2, \cdots, S_M, S_{M+1}$。这 $M+1$ 个区域人为地分配给 $M+1$ 种不同颜色，便可以得到具有 $M+1$ 种颜色的伪彩色图像。下面通过两个例子进行说明。

(1) 灰度图像的强度分层。

灰度图像的强度分层效果如图 4-35 所示，其中，图 4-35(b)是原灰度图像灰度级分为 8 层进行伪彩色增强的伪彩色图像，图 4-35(c)是分为 64 层进行伪彩色增强的伪彩色图像。

(a) 原灰度图像

(b) 灰度级分为8层的结果图像

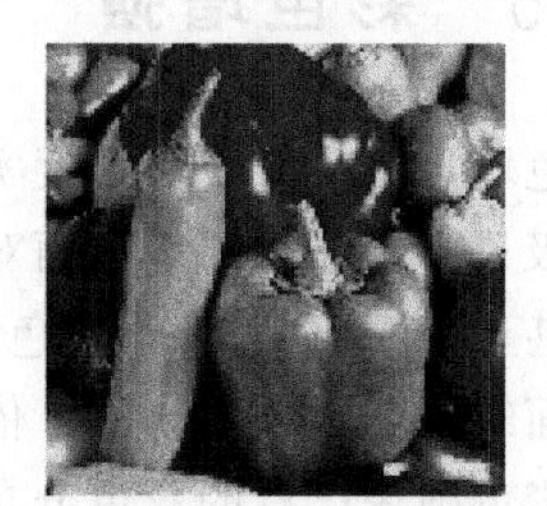
(c) 灰度级分为64层的结果图像

图 4-35　灰度图像的强度分层伪彩色增强效果

单色图像的强度分层效果如图 4-36 所示，其中，图 4-36(a)为单色图像，图 4-36(b)为灰度级分为 8 层进行伪彩色增强的伪彩色图像。

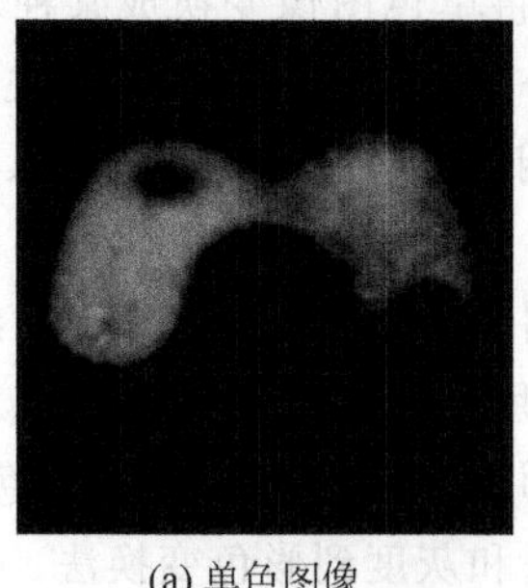
(a) 单色图像

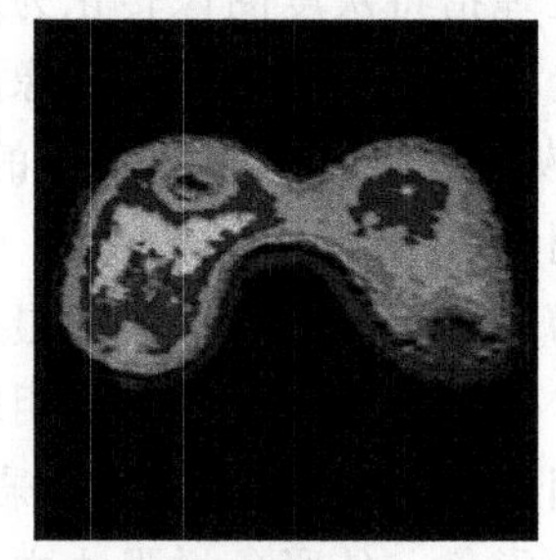
(b) 结果图像

图 4-36　单层图像的强度分层伪彩色增强效果

(2) 伪彩色增强的灰度分层。

经伪彩色增强法处理后的灰度分层效果如图 4-37 所示。

(a) 原图像

(b) 结果图像

图 4-37 伪彩色增强处理的灰度分层效果

2. 灰度到彩色变换法

对输入像素灰度值执行 3 个独立变换，然后将 3 个变换结果分别送到彩色电视监视器的红、绿、蓝通道。这种方法产生一幅合成图像，其彩色内容受变换函数特性调制。彩色转换的应用有以下几种。

(1) 安检扫描。安检扫描使用的 X 光透视图像都是灰度图，靠人眼去识别包裹中的物品。伪彩色处理技术能够更好地发现包裹中的物品，减少安全隐患。

(2) 医学检查。伪彩色处理可以突出病变部位，使医生对患者的病情做出更好的判断和治疗。

3. 两种方法对比

两种方法的比较如下。

(1) 强度分层法：该方法具有简单易行、便于软件和硬件实现的优点，但存在颜色数量有限的缺点，主要用于遥感图像和医学图像的处理。

(2) 灰度到彩色变换法：虽然比强度分层法复杂，但可以得到具有多种颜色渐变且连续的彩色图像。

4.5.2 假彩色增强法

假彩色增强法是将一幅彩色图像通过映射函数映射为另一幅彩色图像，从而达到增强色彩对比，使某些图像更加醒目的目的。假彩色增强法一般用于真实的自然彩色图像或遥感多光谱图像的处理。

主要用途如下。

(1) 将图像中的景物映射成奇异的彩色，使本色更引人注目。

(2) 适应人眼对颜色的灵敏度，提高鉴别能力。如人眼对绿色亮度响应最灵敏，可把细小物体映射成绿色。人眼对蓝光的强弱对比灵敏度最大，可把细节丰富的物体映射成深浅与亮度不一的蓝色。

(3) 遥感多光谱图像处理成假彩色，以获得更多信息。

图 4-38 假彩色增强后的图像

图 4-38 是一幅经假彩色增强后的图像。由于人眼

对绿色亮度响应最灵敏,因此将飞机的关键部位映射成绿色,使其在人眼视觉中拥有更加醒目的效果。

4.5.3 真彩色增强法

物体的自然彩色叫作真彩色。真彩色增强法的目的是在保持色彩不变的前提下,使图像亮度有所增强。在屏幕上显示彩色图一般要借用 RGB 颜色模型,但 HSI 颜色模型在许多图像处理中有其独特的优点。在 HSI 颜色模型中,亮度分量与色度分量是分开的,这与人的视觉效果是紧密联系的,

一种简便常用的真彩色增强法的基本过程如下。

(1) 将 R、G、B 分量转化为 H、S、I 分量,此时亮度分量就和色度分量分开了。

(2) 利用对灰度图增强的方法来增强 I 分量。

(3) 将结果转换为用 R、G、B 分量来显示。

既然真彩色增强法只是在彩色不变的前提下,对亮度进行增强,那么直接对 R、G、B 直接处理不可以吗?答案肯定是不行的。在这里需要指出,如果真彩色增强法对 R、G、B 分量直接使用对灰度图的增强方法,虽然增加了图中可视细节的亮度,但得到的增强图中的色调有可能完全没有意义。因为 R、G、B 这 3 个分量既包含了亮度信息,也包含了色彩信息,当在增强图中同一像素的这 3 个分量都发生了变化,它们的相对数值也与原来不同了,反而会导致原图颜色发生较大改变。

4.6 实验案例

4.6.1 文物图像增强技术

X 射线图像作为一种传统的检测技术,能够揭示文物的内部结构、制作工艺、保存状况、修复记录等信息,被广泛应用于金属器、陶瓷器、泥塑、石刻、漆木器等文物的检测分析。特别是随着数字成像技术的发展,X 射线图像检测变得方便易行,所得到的数字图像易于存储、传输、编辑和使用。

由于文物材质多样、器型多变、结构复杂,若要充分获得每件文物的结构信息,就需要 X 射线获得的图像具有清晰的细节和较高的质量。但是由于受材质和保存情况的限制,通过 X 射线获得的文物图像质量一般较差,简单地调整图像的亮度和对比度很难满足研究要求。

考虑文物的复杂性,选用的图像增强算法不仅应具有良好的增强效果,而且应具有较强的适应能力,一般单一的图像增强算法很难满足要求。

4.6.2 人体骨骼图像增强技术

骨发育成熟度(骨龄)自动评判技术的出现得益于现代图像处理技术和模式识别技术的发展。骨龄指标在预防医学、临床医学、体育科学等领域得到广泛的应用,并且日益受到关注。骨龄识别大致可以分为 4 个阶段:手骨图像的预处理、图像的增强、图像特征的提取和图像特征匹配。

原图像是人体骨骼的扫描图像,图像增强的目的是通过图像锐化突出骨骼的更多细节。由于扫描图像灰度的动态范围很窄且有很高的噪声,很难进行图像增强。因此,首先用拉普

拉斯算子突出图像的细节,以及用梯度法突出其边缘。经过平滑处理的梯度图像将掩蔽拉普拉斯图像中的噪声,然后,用灰度变换来增强图像的灰度动态范围,实现对人体骨骼图像的增强。

4.6.3 自动指纹识别技术

指纹识别作为一种重要的生物识别技术,近几年得到了飞速的发展。自动指纹识别系统主要靠细节特征匹配来实现指纹识别,因此,细节特征的准确性和精度将直接影响指纹识别结果的准确性。而影响细节特征提取的关键因素是指纹图像的质量,由于指纹通常模糊不清,不易进行特征提取,这就要求对采集的原始指纹进行预处理,增强指纹图像的有效信息,消除干扰噪声,提高图像质量。

通过对采集的指纹图像进行小波变换,得到低频图像;然后对低频图像求取脊线方向,构造一组方向滤波器,对低频指纹图像进行方向滤波实现指纹图像的增强。

4.6.4 医学图像增强技术

随着人民的生活水平不断提高,人们越来越关注自身健康,提早、准确地发现疾病并予以及时治疗,不但可以挽回病人的生命、减轻病人痛苦,还可以减轻病人的经济负担。医学影像技术以高效、经济、无创等优点在医疗活动中得到广泛应用。医学图像已经成为现代医学不可或缺的一部分,它的质量直接关系到医生诊断和治疗的准确性。然而,有时获得的医学图像并不是很理想,不能很好地突出病灶部位的信息,这就容易造成医生的误诊或漏诊。因此,对医学图像进行适当的增强处理,使其更能清晰、准确地反映病灶部位是非常必要的。

例如,在核磁共振图像中常见的图像模糊是因为存在符合高斯分布的噪声,因此,可以采用空域滤波技术中平滑滤波的方法——中值滤波对其进行处理。又如,核磁共振图像是灰度图像,其病灶部分难以用肉眼分辨清楚,因此,可以进行伪彩色处理,以得到病灶部分清晰的影像。

4.6.5 矿井动态图像增强技术

目前无线视频技术已应用于井下电机车、采煤机、掘进机等移动设备的视频跟踪监控。由于井下环境恶劣,粉尘较多,图像输入/输出设备的灵敏度较低,监控图像常出现较为严重"雪花"噪声。另外,井下光线相对较弱,导致图像灰度值较低,图像的细节灰度差别较小,增加了图像的分析和判断的困难程度,因此有必要对图像进行增强处理,以改善图像质量,提高后期识别准确度。

矿井动态图像增强技术首先采用直方图均匀化方法,对图像对比度进行调整,使图像的灰度级得到拉伸,以增强图像的边缘及一些细节特征,同时滤除一部分低频分量,提高图像对比度;然后进行照度估计,对得到的光照度图像进行归一化修正,同时采用非线性动态增益对反射光图像进行修正,实现图像增强。

4.7 本章小结

本章重点介绍了图像增强的一些方法。图像增强是指按特定的需要突出图像的某些信息,同时削弱或去除一些不需要的信息,从而提高图像质量。图像增强的目的是使图像的某些特性方面更加鲜明、突出，使处理后的图像更适合人眼视觉特性或机器分析，以便实现对图像的更高级的处理和分析。图像增强的过程往往也是一个矛盾的过程：图像增强既希望去除噪声又希望增强边缘。但是，增强边缘的同时也会增强噪声，而滤除噪声又会使边缘在一定程度上模糊。因此，在图像增强的时候，往往是将这两部分进行权衡，找到一个最优代价函数，以达到增强目的。

课后作业

(1) $f(x,y)$可以用来表示(　　)

A 一幅二维数字图像

B 一个在三维空间中的客观景物的投影

C 二维空间 x-y 坐标系中一个点的位置

D 在坐标点(x,y)的某种性质 F 的数值

(2) 对于图像中虚假轮廓的出现，就其本质而言，这是因为(　　)

A 图像的灰度级数不够多造成的　　B 图像的空间分辨率不够高造成的

C 图像的灰度级数过多造成的　　D 图像的空间分辨率过高造成的

(3) 高频增强滤波器由于相对削弱了低频成分，导致滤波所得的图像往往偏暗，对比度低，因此常常需要在滤波后进行(　　)

A 直方图均衡化　　B 低频加强　　C 图像均匀加亮　　D 中值滤波

(4) 运用中值滤波器时，要将(　　)

A 模板的平均值赋予对应中心的像素

B 模板各值排序后的中间值赋予对应中心的像素

C 模板几何中心值赋予对应中心的像素

D 将模板中按顺序排在 50%处的值赋予对应中心的像素

(5) 图像增强的目的是什么？包含哪些内容？

(6) 分析并说明为什么对数字图像进行直方图均衡化后，通常并不能产生完全平坦的直方图。

(7) 什么是图像平滑？试述均值滤波的基本原理。

(8) 在 MATLAB 中实现图像的增亮、变暗处理。

(9) 什么是中值滤波？中值滤波有什么特点？

(10) 同态滤波的特点是什么？适用于什么情况？

(11) 已知一幅图像为 $f=\begin{bmatrix} 1 & 5 & 255 & 225 & 100 & 200 & 255 & 200 \\ 1 & 7 & 254 & 255 & 100 & 10 & 10 & 9 \\ 3 & 7 & 10 & 100 & 100 & 2 & 9 & 6 \\ 3 & 6 & 10 & 10 & 9 & 2 & 8 & 2 \\ 2 & 1 & 8 & 8 & 9 & 3 & 4 & 2 \\ 1 & 0 & 7 & 8 & 8 & 3 & 2 & 1 \\ 1 & 1 & 8 & 8 & 7 & 2 & 2 & 1 \\ 2 & 3 & 9 & 8 & 7 & 2 & 2 & 0 \end{bmatrix}$，对其进行灰度直

方图均衡化处理。

(12) 已知一幅图像为 $\boldsymbol{f}=\begin{bmatrix}10 & 9 & 2 & 8 & 2\\8 & 9 & 3 & 4 & 2\\8 & 8 & 3 & 2 & 1\\7 & 7 & 2 & 2 & 1\\9 & 7 & 2 & 2 & 0\end{bmatrix}$，对其进行线性动态范围调整处理，其中灰度值变化区域$[a,b]=[2,9]$。

附录　MATLAB 实现代码

(1) 线性变换的 MATLAB 实现代码 1。

```
close all;clear all;clc;
I = imread('name.tif');
figure:imshow(I);title('原图像')
% 线性变换,整体变亮.函数 y = 2 * x + 3
g1 = a. * I + 3;
figure;
subplot(2,2,1);imshow(I);title('原图像');
subplot(2,2,2);imhist(I);title('原图像的灰度直方图');
subplot(2,2,3);imshow(g1,[]);title('线性变换后的变亮图像');
subplot(2,2,4);imhist(g1);title('线性变换后变亮图像的灰度直方图');
% 线性变化,整体变暗,函数 y = x - 50
g2 = I - 50;
figure;
subplot(2,2,1);imshow(I);title('原图像');
subplot(2,2,2);imhist(I);title('原图像的灰度直方图');
subplot(2,2,3);imshow(g2,[]);title('线性变换后的变暗图像');
subplot(2,2,4);imhist(g2);title('线性变换后变暗图像的灰度直方图');
[m,n] = size(I);
J = ones(m,n);
for i = 1:m
     for j = 1:n
          if I(i,j)< 50
              J(i,j) = 0;
          elseif I(i,j)> 150
              J(i,j) = 255;
          else
              J(i,j) = I(i,j) + 50;
          end
     end
end
J = uint8(J);
figure;
subplot(2,2,1);imshow(I);title('原图像');
subplot(2,2,2);imhist(I);title('原图像的灰度直方图');
subplot(2,2,3);imshow(J);title('分段函数变换后的图像');
subplot(2,2,4);imhist(J);title('分段变换后图像的灰度直方图');
```

(2) 线性变换 MATLAB 实现代码 2。

```
close all;clear all;clc;
I = imread('name.tif');
% 指数型 y = 30 * (log(x + 1))
J = im2double(I); % 由于 I 属于单精度浮点型数据,在进行对数或指数运算时,需变换成双精度浮点
                  % 型数据
K = 30 * (log(J + 1));
K = uint8(K);
```

```
subplot(2,2,1);imshow(I);title('原图像');
subplot(2,2,2);imhist(I);title('原图像的灰度直方图');
subplot(2,2,3);imshow(K,[]);title('对数运算后的图像');
subplot(2,2,4);imhist(K);title('对数运算后图像的灰度直方图');
%曲线型 y = x + x * (255 - x)/255
K1 = I + I. * (255 - I)./255;
figure;
subplot(2,2,1);imshow(I);title('原图像');
subplot(2,2,2);imhist(I);title('原图像的灰度直方图');
subplot(2,2,3);imshow(K1,[]);title('曲线型变换后的图像');
subplot(2,2,4);imhist(K1);title('曲线型变换后图像的灰度直方图');
%指数型 y = e^( - 0.5 * x + 3)
K2 = exp( - 0.5. * J + 3);
K2 = uint8(K2);
figure;
subplot(2,2,1);imshow(I);title('原图像');
subplot(2,2,2);imhist(I);title('原图像的灰度直方图');
subplot(2,2,3);imshow(K2,[]);title('曲线型变换后的图像');
subplot(2,2,4);imhist(K2);title('曲线型变换后图像的灰度直方图');
```

（3）理想低通滤波器的 MATLAB 实现代码。

```
close all;clear all;clc;
u = - 500:500;
v = - 500:500;
[U,V] = meshgrid(u,v);
D = sqrt((U).^2 + (V).^2);
D0 = 80;
H = double(D < = D0);
figure;
mesh(U,V,H);title('理想低通滤波器');
```

（4）巴特沃斯低通滤波器的 MATLAB 实现代码。

```
close all;clear all;clc;
u = - 500:500;
v = - 500:500;
[U,V] = meshgrid(u,v);
D = sqrt((U).^2 + (V).^2);
D0 = 80;
n = 4;
H = 1./(1 + (D/D0).^(2 * n));
figure;
mesh(U,V,H);title('巴特沃斯低通滤波器');
```

（5）灰度图像的强度分层法 MATLAB 实现代码。

```
I = imread('name.bmp');
GS8 = grayslice(I,8);
GS64 = grayslice(I,64);
```

```
subplot(1,3,1);imshow(I);title('原灰度图像');
subplot(1,3,2);subimage(GS8,hot(8));title('灰度级分为8层的结果图像');
subplot(1,3,3);subimage(GS64,hot(64));title('灰度级分为64层的结果图像');
```

（6）伪彩色处理的灰度分层法 MATLAB 实现代码。

```
I = imread('moon.tif');
imshow(I);
x = grayslice(I,16);
figure;
imshow(x,hot(16));
```

第 5 章 图像复原

CHAPTER 5

本章结构如图 5-1 所示，具体要求如下：

（1）掌握图像的退化/复原模型。

（2）掌握均值滤波器、统计排序滤波器的图像复原方法。

（3）掌握带阻滤波器、带通滤波器的图像复原方法。

（4）了解自适应滤波器、陷波滤波器的图像复原方法。

（5）了解因退化函数 H 而退化的图像复原方法。

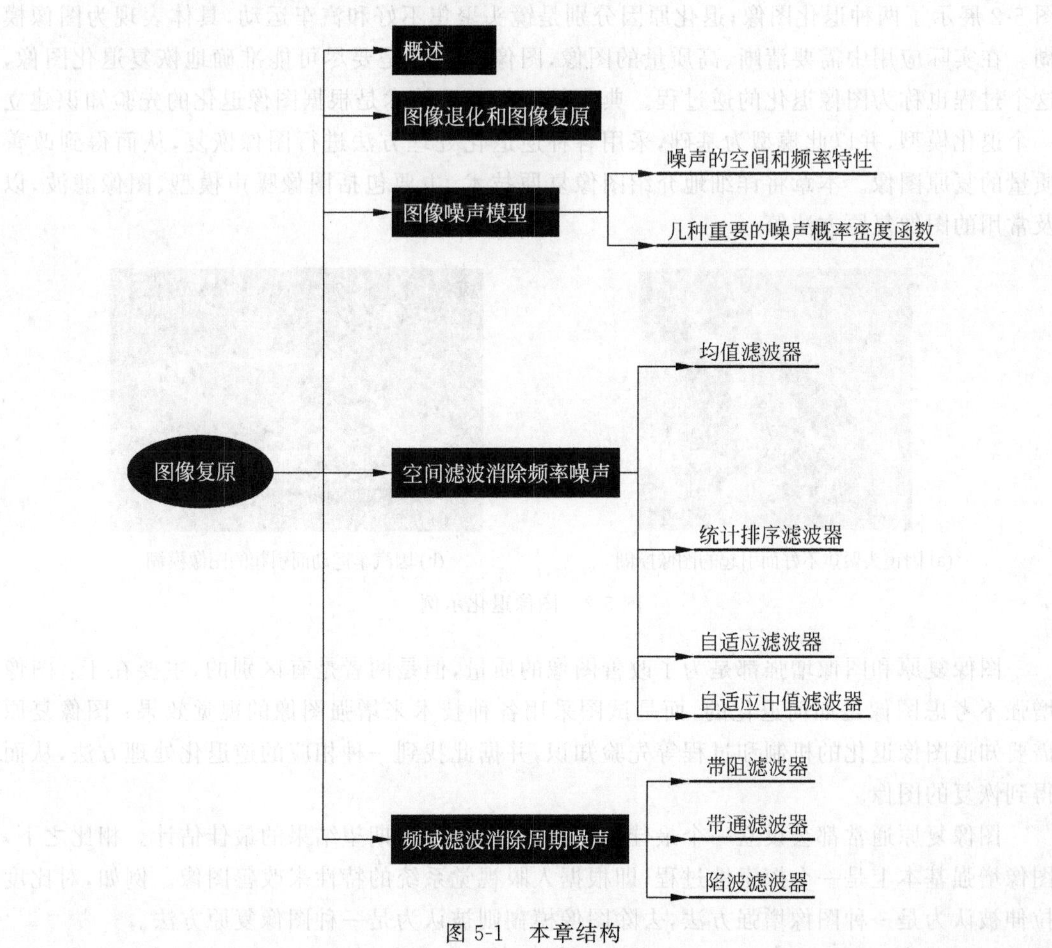

图 5-1　本章结构

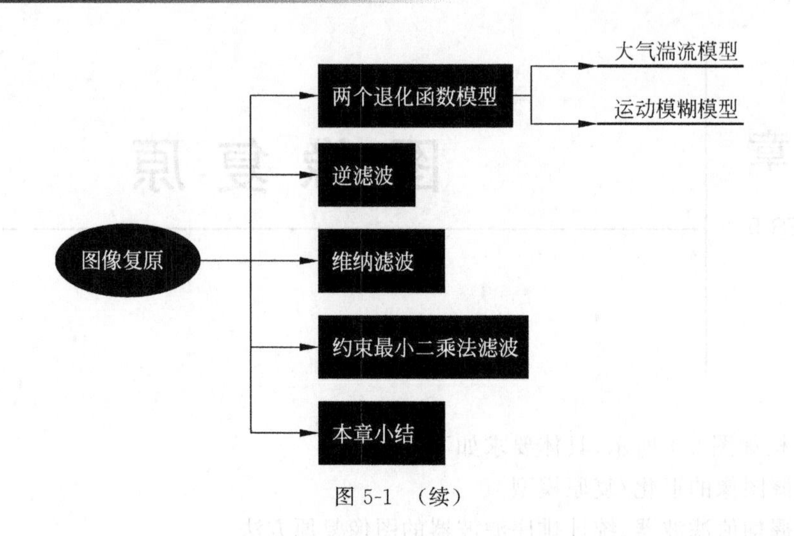

图 5-1 （续）

5.1 概述

图像在采集、传输和转换过程中，会产生一些噪声，表现为图像模糊、失真和有噪点等。图 5-2 展示了两种退化图像，退化原因分别是镜头聚焦不好和汽车运动，具体表现为图像模糊。在实际应用中需要清晰、高质量的图像，图像复原就是要尽可能准确地恢复退化图像，这个过程也称为图像退化的逆过程。典型的图像复原技术是根据图像退化的先验知识建立一个退化模型，并以此模型为基础，采用各种逆退化处理方法进行图像恢复，从而得到改善质量的复原图像。本章将详细地介绍图像复原技术，主要包括图像噪声模型、图像滤波，以及常用的图像复原方法等。

(a) 因镜头聚焦不好而引起的图像模糊

(b) 因汽车运动而引起的图像模糊

图 5-2 图像退化示例

图像复原和图像增强都是为了改善图像的质量，但是两者是有区别的，主要在于：图像增强不考虑图像是如何退化的，而是试图采用各种技术来增强图像的视觉效果；图像复原需要知道图像退化的机制和过程等先验知识，并据此找到一种相应的逆退化处理方法，从而得到恢复的图像。

图像复原通常都会设立一个最佳准则，该准则将产生期望结果的最佳估计。相比之下，图像增强基本上是一个探索性过程，即根据人眼视觉系统的特性来改善图像。例如，对比度拉伸被认为是一种图像增强方法，去除图像模糊则被认为是一种图像复原方法。

一些图像复原方法适用于空域，如逆谐波均值滤波器适用于处理脉冲噪声。一些图像复原方法则更适用于频域，如当退化仅仅是加性噪声时，空域处理就非常合适；但如果图像模糊这样的退化，在空域处理就很困难，而频域处理却很容易。基于不同优化准则的频域滤波是可选择的方法。

图像复原的目的是使质量降低或失真的图像恢复其原质量或内容。在图像的成像过程中，由于成像系统各种因素的影响，使图像质量降低，这种现象称为图像退化。图像复原可以看作是图像退化的逆过程，是对图像退化的过程进行估计，建立退化过程数学模型，并补偿退化过程所造成的图像失真。图像复原试图利用退化过程的某种先验知识来复原退化的图像，因而，图像复原方法是面向图像退化模型的。

引起图像退化的原因有以下几种。

(1) 成像系统的带宽有限、畸变、像差等造成图像失真。

(2) 扫描非线性及成像器件拍摄姿势造成图像几何失真。

(3) 事物与成像传感器之间存在相对运动，造成图像模糊。

(4) 由于成像传感器和光学系统的不均匀特性，使物体亮度相同而成像灰度不同，造成图像失真。

(5) 在场景能量传输通道中的大气成分变化和湍流效应等介质特性使得图像出现辐射失真。

(6) 在图像的采集、数字化、成像及进行图像处理时被噪声污染。

5.2 图像退化和图像复原

图像复原在图像处理中有非常重要的研究意义。图像复原最基本的任务是在去除图像噪声的同时，不丢失图像的细节信息。然而去除噪声和保持细节往往是矛盾的，也是图像处理中至今尚未得到很好解决的一个问题。

图像退化和复原模型如图 5-3 所示，图像退化过程被建模为一个退化函数 H 和一个加性噪声 $\eta(x,y)$，其中，$f(x,y)$为原图像，$g(x,y)$为退化图像，$\hat{f}(x,y)$为复原图像。给定 $g(x,y)$、退化函数 H 和加性噪声项 $\eta(x,y)$后，图像复原的目的就是获得原图像 $f(x,y)$的一个估计子(x,y)。通常，我们希望这一估计尽可能地接近原图像，并且 H 和 η 的信息知道得越多，复原图像 $\hat{f}(x,y)$就会越接近原图像 $f(x,y)$。本章复原方法都是以不同类型的图像复原滤波器为基础。

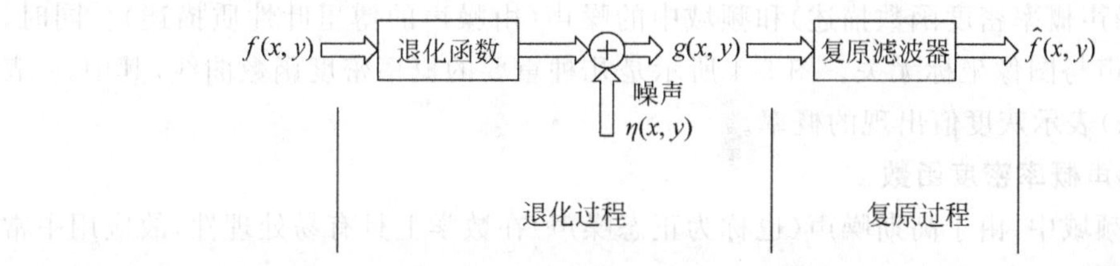

图 5-3 图像退化和复原模型

如果 H 是一个线性的、位置不变的过程，那么空域中的退化图像可由式(5-1)给出。

$$g(x,y)=f(x,y)\otimes h(x,y)+\eta(x,y) \tag{5-1}$$

其中，$h(x,y)$表示空域的退化函数，“$\otimes$”表示卷积运算。由于空域中的卷积运算等同于频域中的乘法运算,因此式(5-1)在频域的等价表示如式(5-2)所示。

$$G(u,v)=H(u,v)F(u,v)+N(u,v) \tag{5-2}$$

其中,$G(u,v)$表示频域的退化图像,$H(u,v)$表示频域的退化函数,$N(u,v)$表示频域的噪声。

图像复原是在已知$g(x,y)$、$h(x,y)$、$\eta(x,y)$等先验知识的条件下,来求解$f(x,y)$的过程。

图像复原是根据图像退化的原因,从退化的图像中提取所需要的信息,建立相应的数学模型,对图像进行逆退化处理,以恢复图像的过程。图像复原是设计一个复原滤波器,从退化图像$g(x,y)$中计算得到真实图像的估计值$\hat{f}(x,y)$,最大程度地接近原图像$f(x,y)$。

5.3 图像噪声模型

数字图像的噪声主要来自图像的获取和传输过程。成像传感器的性能可能受各种因素的影响,如图像获取时的环境条件和传感元器件质量,使图像在获取时受到干扰。图像在传输中被污染的主要原因是传输信道中的干扰,例如,通过无线网络传输的图像会因为光照或其他大气因素而受到污染。有的噪声具有一定的规律,有的噪声是随机的。这些噪声可以通过概率密度函数来表示。

5.3.1 噪声的空间和频率特性

在图像复原中,需要定义噪声空间特性参数,以及噪声与图像的相关性。噪声的频率特性是指傅里叶域中噪声的频率内容(即相对于电磁波谱的频率)。例如,当噪声的傅里叶谱是常量时,噪声通常称为白噪声。这个术语是从白光的物理特性派生出来的。白光以相等的比例包含可见光谱中的所有频率。

本章假设噪声独立于空间坐标,并且噪声与图像不相关,即像素值与噪声分量的值不相关。虽然这种假设在某些应用中(例如X射线成像和核医学成像)是无效的,但这超出了本章的范围,故不进行讨论。

5.3.2 几种重要的噪声概率密度函数

对噪声特性和影响进行模拟是图像复原的核心。本章介绍两种基本的噪声模型:空域中的噪声(由噪声概率密度函数描述)和频域中的噪声(由噪声的傅里叶性质描述)。同时,本章中假设噪声与图像坐标无关。图5-4所示是几种重要的概率密度函数曲线,其中,z表示灰度值,$P(z)$表示灰度值出现的概率。

1. 高斯噪声概率密度函数

在空域和频域中,由于高斯噪声(也称为正态噪声)在数学上具有易处理性,故应用中常用这种噪声模型。

高斯噪声随机变量z的概率密度函数由式(5-3)给出。

$$P(z)=\frac{1}{\sqrt{2\pi}\sigma}\mathrm{e}^{-(z-\mu)^2/2\sigma^2} \tag{5-3}$$

其中,μ表示均值,σ表示标准差。

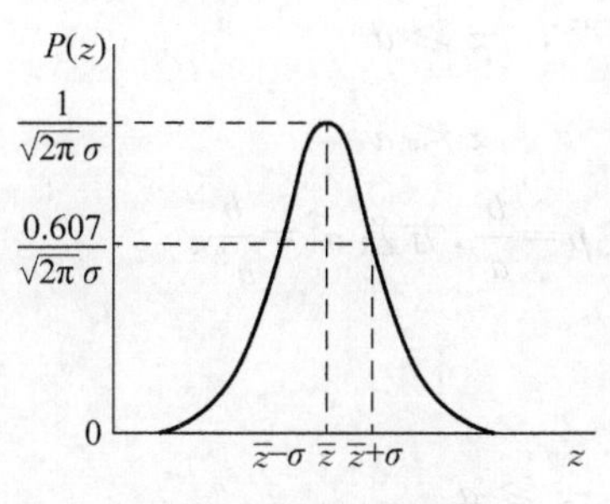

(a) 高斯噪声概率密度函数

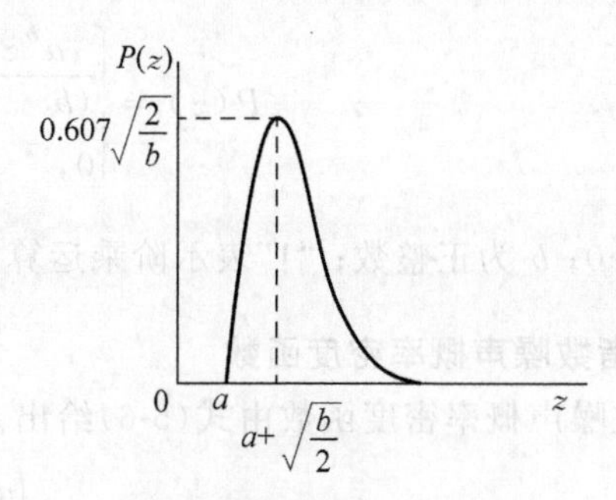

(b) 瑞利噪声概率密度函数

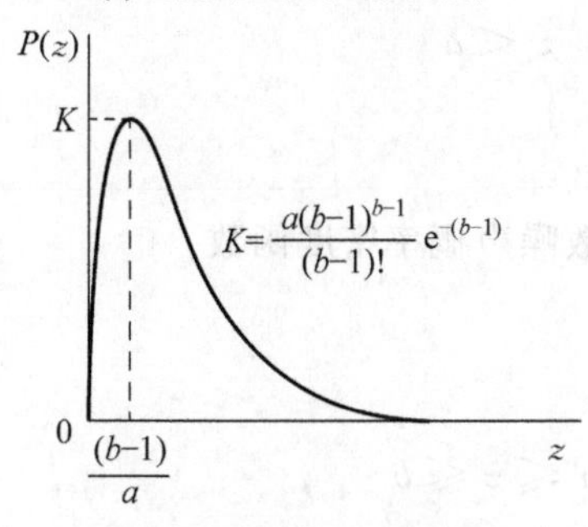

(c) 伽马噪声概率密度函数

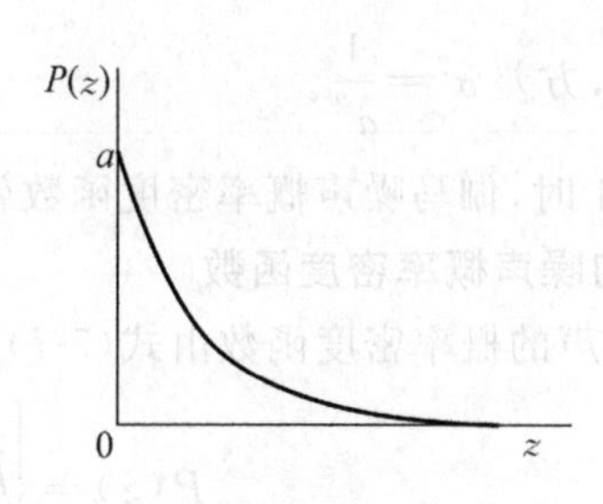

(d) 指数噪声概率密度函数

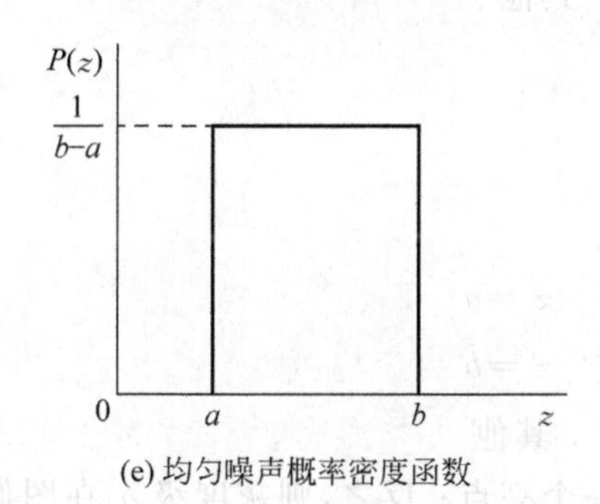

(e) 均匀噪声概率密度函数

(f) 脉冲噪声概率密度函数

图 5-4　几种重要的噪声概率密度函数曲线

在式(5-3)中，z 值有 70%的概率落在区间$[(\mu-\sigma),(\mu+\sigma)]$，有 95%的概率落在区间$[(\mu-2\sigma),(\mu+2\sigma)]$。

2. 瑞利噪声概率密度函数

瑞利噪声概率密度函数由式(5-4)给出。

$$P(z)=\begin{cases}\dfrac{2}{b}(z-a)\mathrm{e}^{-(z-a)^2/b}, & z\geqslant a\\ 0, & z<a\end{cases} \tag{5-4}$$

均值 $\mu=a+\sqrt{\pi b/4}$，方差 $\sigma^2=\dfrac{b(4-\mu)}{4}$。

注意：由图 5-4(b)可以看出，距离原点的位移 a 和函数曲线的基本形状向右变形。瑞利噪声概率密度函数十分适用于近似歪斜的直方图。

3. 伽马噪声概率密度函数

伽马噪声概率密度函数由式(5-5)给出。

$$P(z)=\begin{cases}\dfrac{a^b z^{b-1}}{(b-1)!}\mathrm{e}^{-az}, & z \geqslant a \\ 0, & z < a\end{cases} \tag{5-5}$$

其中，$a>0$；b 为正整数；“!”表示阶乘运算。均值 $\mu=\dfrac{b}{a}$，方差 $\sigma^2=\dfrac{b}{a^2}$。

4. 指数噪声概率密度函数

指数噪声概率密度函数由式(5-6)给出。

$$P(z)=\begin{cases}a\mathrm{e}^{-az}, & z \geqslant a \\ 0, & z < a\end{cases} \tag{5-6}$$

均值 $\mu=\dfrac{1}{a}$，方差 $\sigma^2=\dfrac{1}{a^2}$。

当 $b=1$ 时，伽马噪声概率密度函数就成为指数噪声概率密度函数。

5. 均匀噪声概率密度函数

均匀噪声的概率密度函数由式(5-7)给出。

$$P(z)=\begin{cases}\dfrac{1}{b-a}, & a \leqslant z \leqslant b \\ 0, & \text{其他}\end{cases} \tag{5-7}$$

均值 $\mu=\dfrac{a+b}{2}$，方差 $\sigma^2=\dfrac{(b-a)^2}{12}$。

6. 脉冲噪声概率密度函数

双极脉冲噪声概率密度函数由式(5-8)给出。

$$P(z)=\begin{cases}P_a, & z=a \\ P_b, & z=b \\ 0, & \text{其他}\end{cases} \tag{5-8}$$

如果 $b>a$，则灰度级 b 在图像中将显示为一个亮点；反之，则灰度级 a 在图像中将显示为一个暗点。若 P_a 或 P_b 为 0，则双极脉冲噪声概率密度函数变为单极脉冲噪声概率密度函数。如果 P_a 和 P_b 均不为 0，尤其是近似相等时，则脉冲噪声将类似于图像上随机分布的胡椒和盐粉微粒。由于这个原因，双极脉冲噪声又称为椒盐噪声、散粒噪声或尖峰噪声。本章将使用脉冲噪声和椒盐噪声这两个术语。

脉冲噪声可以为正(正脉冲)也可以为负。与图像信号的强度相比，脉冲污染通常较大，在图像中，脉冲噪声通常被数字化为最小值(或最大值)。因此，假设 a 和 b 是饱和值，从某种意义上看，在数字化图像中，它们等于所允许的最大值和最小值。基于这一假设，负脉冲以黑点(胡椒点)出现在图像中，正脉冲以白点(盐粒点)出现在图像中。对于一幅 8bit 图像而言，可以看到 $a=0$(黑点)和 $b=255$(白点)。

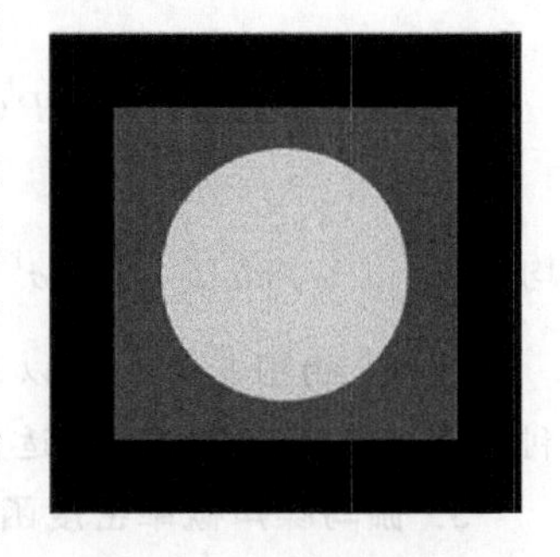

图 5-5　测试图像

图 5-5 显示了一幅非常适合于说明上述几种噪声概率密度函数的测试图案(不含噪声)。这幅图案由简单的、恒定的区域组成，且从纯黑到接近纯白仅仅有 3 个灰度级。这方便对图

像的各种噪声进行分析。

叠加了噪声的测试图像及其直方图如图 5-6 所示。每种情况选择合适的噪声参数，使测试图案的 3 种灰度级的直方图便于观察。

由图 5-6(l)可以看出，椒盐噪声的直方图为双极脉冲。不同于其他噪声，椒盐噪声分量为纯黑或纯白。图 5-6(a)～图 5-6(e)除了少许亮度不同外，并没有太大不同，即使它们的直方图有明显的区别。因此，椒盐噪声是唯一一种使图像退化、视觉上可区分的噪声类型。

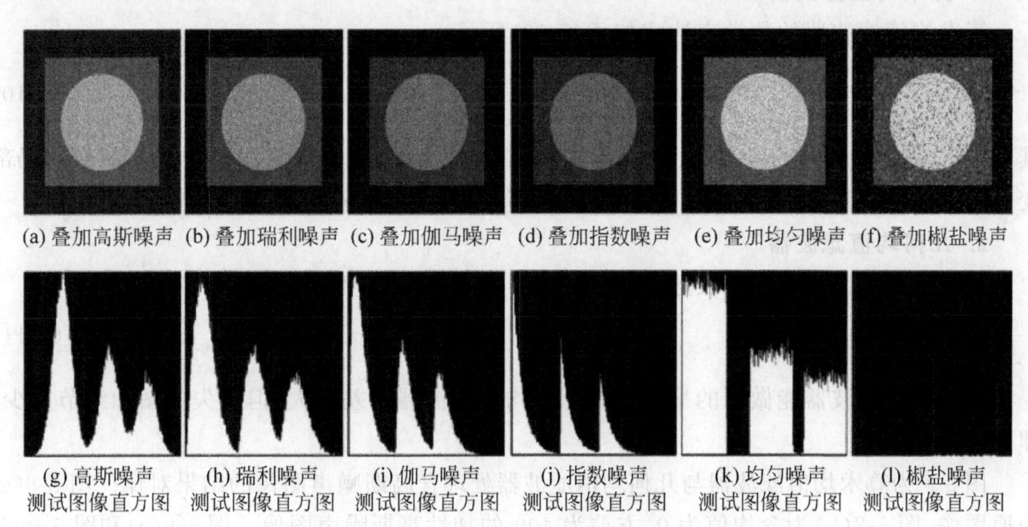

(a) 叠加高斯噪声 (b) 叠加瑞利噪声 (c) 叠加伽马噪声 (d) 叠加指数噪声 (e) 叠加均匀噪声 (f) 叠加椒盐噪声

(g) 高斯噪声测试图像直方图 (h) 瑞利噪声测试图像直方图 (i) 伽马噪声测试图像直方图 (j) 指数噪声测试图像直方图 (k) 均匀噪声测试图像直方图 (l) 椒盐噪声测试图像直方图

图 5-6 叠加噪声的测试图像及其直方图

7. 周期噪声

周期噪声是图像在获取过程中受电力或机电干扰所产生的空间相关噪声，可以通过频域滤波来减少。周期噪声更趋向于产生频率尖峰。被周期噪声污染的图像如图 5-7 所示。

(a) 原图像

(b) 含周期噪声图像

图 5-7 被周期噪声污染的图像

5.4 空间滤波消除频率噪声

当图像中唯一导致图像退化的因素是噪声时，式(5-1)变为式(5-9)的形式。

$$g(x,y)=f(x,y)+\eta(x,y) \tag{5-9}$$

噪声项是未知的，故从 $g(x,y)$ 中减去噪声项不是一个现实的选择。在仅存在加性噪声的情况下，可以选择空间滤波的方法来去除噪声。

5.4.1 均值滤波器

均值滤波器包括算术均值滤波器、几何均值滤波器、谐波均值滤波器和逆谐波均值滤波器。

1. 算术均值滤波器

算术均值滤波器的数学表达式如式(5-10)所示。

$$\hat{f}(x,y)=\frac{1}{mn}\sum_{(s,t)\in S_{xy}} g(s,t) \tag{5-10}$$

其中，S_{xy} 表示中心在(x,y)，尺寸为 $m\times n$ 的矩形窗口。算术均值滤波器能使图像的局部变化更平滑，在减少噪声的同时也会产生模糊效果，适用于高斯噪声和均匀噪声。

2. 几何均值滤波器

几何均值滤波器的数学表达式如式(5-11)所示。

$$\hat{f}(x,y)=\prod_{(s,t)\in S_{xy}} g(s,t) \tag{5-11}$$

几何均值滤波器能做到的平滑度和算术均值滤波器相差不大，但丢失的图像细节更少，即相对锐化。

图 5-8 为算术均值滤波器与几何均值滤波器处理含高斯噪声图像的结果对比。图 5-8(a)为原图像，图 5-8(b)为含均值为 0、方差为 400 的加性高斯噪声图像。图 5-8(c)和图 5-8(d)分别为大小为 3×3 的算术均值滤波器和同样大小的几何均值滤波器滤除噪声后的结果。可以看出，这两种噪声滤波器都起到了减少噪声的作用，但几何均值滤波器的处理结果图中，文字边缘更加锐化，猫的身体边缘更加清晰，即几何均值滤波器并未像算术均值滤波器那样，使图像变得模糊。

(a) 原图像

(b) 含高斯噪声图像

(c) 算术均值滤波器处理结果图像

(d) 几何均值滤波器处理结果图像

图 5-8 算术均值滤波器与几何均值滤波器处理结果对比

3. **谐波均值滤波器**

谐波均值滤波器数学表达式如式(5-12)所示。

$$\hat{f}(x,y)=\frac{mn}{\sum_{(s,t)\in S_{xy}}\frac{1}{g(s,t)}} \tag{5-12}$$

谐波均值滤波器对于盐粒噪声效果好且善于处理高斯噪声,但不适用于胡椒噪声。

4. **逆谐波均值滤波器**

逆谐波均值滤波器数学表达式如式(5-13)所示。

$$\hat{f}(x,y)=\frac{\sum_{(s,t)\in S_{xy}} g(s,t)^{Q+1}}{\sum_{(s,t)\in S_{xy}} g(s,t)^{Q}} \tag{5-13}$$

其中,Q 表示滤波器的阶数。逆谐波均值滤波器适合减少或消除椒盐噪声。当 Q 符号为正时,该滤波器可以消除胡椒噪声;当 Q 符号为负时,该滤波器可以消除盐粒噪声。但是,逆谐波均值滤波器不能同时消除这两种噪声。当 $Q=0$ 时,逆谐波均值滤波器变为算术均值滤波器;当 $Q=-1$ 时,则为谐波均值滤波器。图 5-9 为 Q 为不同符号时,逆谐波均值滤波器分别对含胡椒噪声和盐粒噪声的图像进行处理的结果对比。

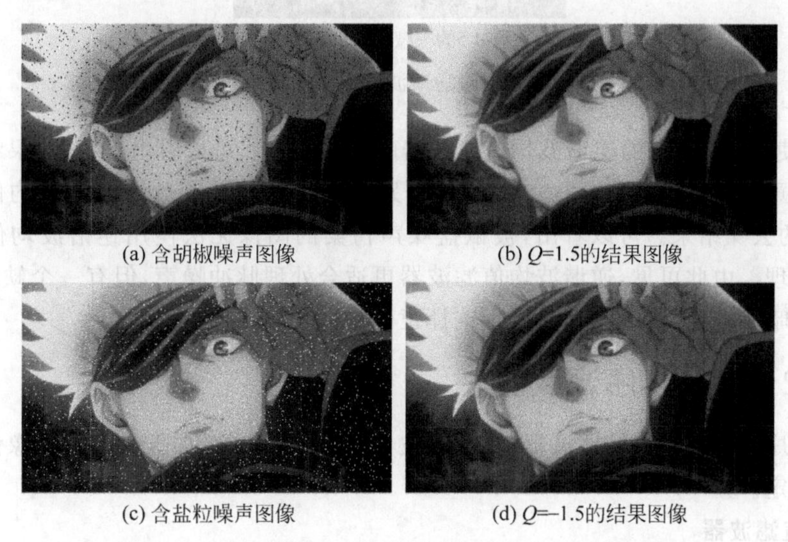

(a) 含胡椒噪声图像　(b) Q=1.5的结果图像　(c) 含盐粒噪声图像　(d) Q=−1.5的结果图像

图 5-9　Q 为不同符号时逆谐波均值滤波器处理结果对比

图 5-9(a)为含概率为 0.1 的胡椒噪声图像,图 5-9(c)为含相同概率的盐粒噪声图像。图 5-9(b)为 $Q=1.5$ 的逆谐波均值滤波器胡椒噪声的去噪结果。图 5-9(d)为 $Q=-1.5$ 的逆谐波均值滤波器对盐粒噪声的去噪结果。可以看出,两种阶数的逆谐波均值滤波器都有很好的去除噪声效果,其中,正阶数逆谐波均值滤波器除了使暗区变得稍微有些淡化和模糊外,还使背景变得更为清晰;而负阶数逆谐波均值滤波器的作用正好相反。

图 5-10 为当 Q 符号错误时,逆谐波均值滤波器的处理结果。可以看出,这种情况下的逆谐波均值滤波器不仅没有去除噪声的作用,反而使噪声更加明显。

图 5-10(d)为图 5-10(a)使用 $Q=-1.5$ 的逆谐波均值滤波器的去噪结果,图 5-10(e)为

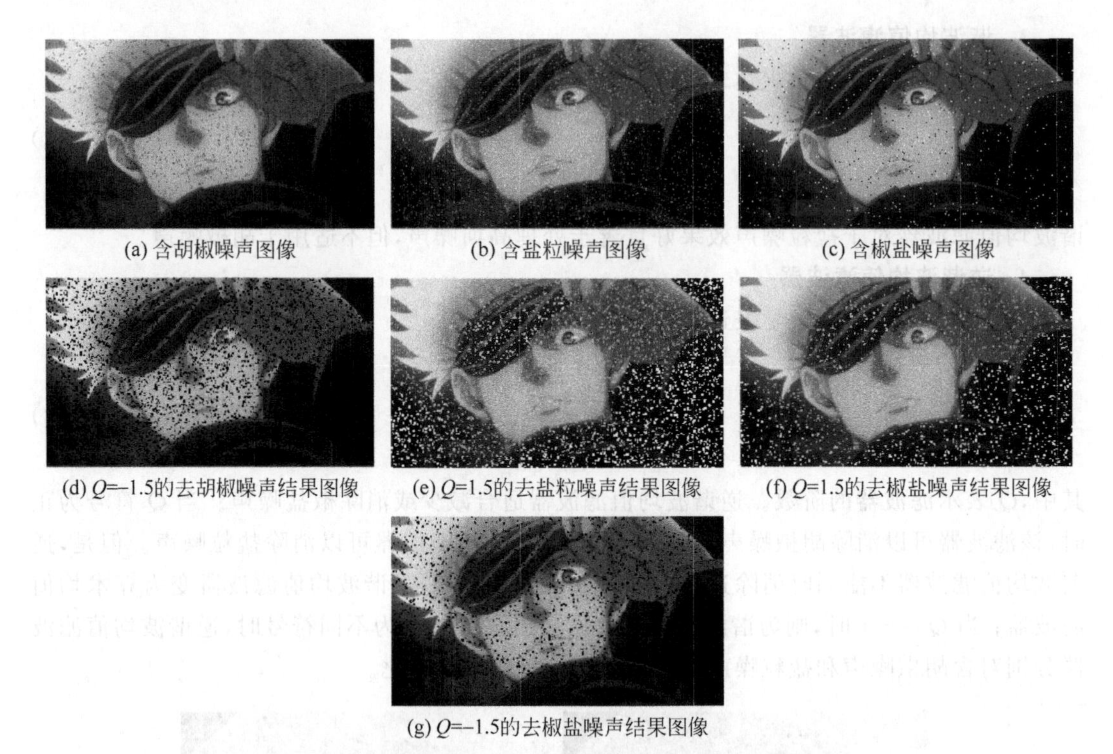

(a) 含胡椒噪声图像　(b) 含盐粒噪声图像　(c) 含椒盐噪声图像

(d) Q=−1.5的去胡椒噪声结果图像　(e) Q=1.5的去盐粒噪声结果图像　(f) Q=1.5的去椒盐噪声结果图像

(g) Q=−1.5的去椒盐噪声结果图像

图 5-10　Q 符号错误时逆谐波均值滤波器的处理结果对比

图 5-10(b)使用 $Q=1.5$ 的逆谐波均值滤波器的去噪结果。可以看出，两个结果都是噪声污染变得更严重。图 5-10(f)和图 5-10(g)为分别使用上述两种阶数的逆谐波均值滤波器对图 5-10(c)的去噪结果。可以看出，被椒盐噪声污染的图像无法使用逆谐波均值滤波器来进行去噪处理。由此可见，逆谐波均值滤波器更适合处理脉冲噪声，但有一个缺点：即必须知道噪声是暗噪声还是亮噪声，以便于选择正确 Q 符号。

5.4.2　统计排序滤波器

统计排序滤波器是空域滤波器，空域滤波器的响应由该滤波器范围内图像像素值的排序结果来决定。

1. 中值滤波器

中值滤波器使用一个像素邻域中的像素灰度值的中值来作为该像素的值，即

$$\hat{f}(x,y)=\underset{(s,t)\in S_{xy}}{\text{median}}\{g(s,t)\} \tag{5-14}$$

中值滤波器的应用非常普遍，这是因为对于某些类型的随机噪声，它们可提供良好的去噪能力，且比相同尺寸的线性平滑滤波器造成的图像模糊更少。在存在单极或双极脉冲噪声的情况下，中值滤波器尤其有效。

中值滤波器对含椒盐噪声图像处理 3 次的结果如图 5-11 所示。

图 5-11(a)为含概率为 $P_a=P_b=0.1$ 的椒盐噪声图像。图 5-11(b)为用大小为 3×3 的中值滤波器第一次滤波的结果。可以看出，本次滤波对图 5-11(a)的改进是显而易见的，但还有一些噪声点仍然可见。图 5-11(c)为使用中值滤波器对图 5-11(b)进行第二次滤波

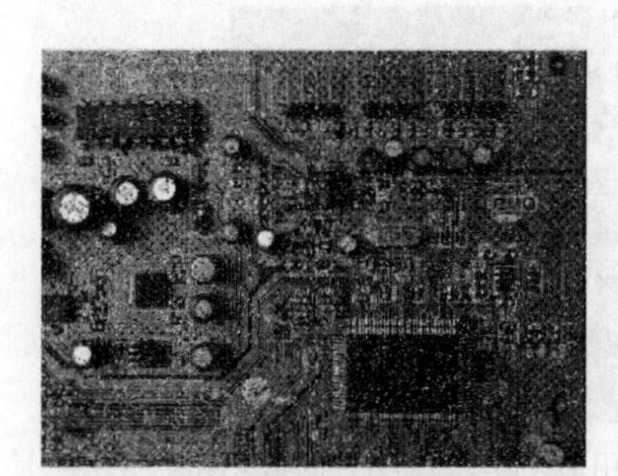

(a) 含椒盐噪声图像

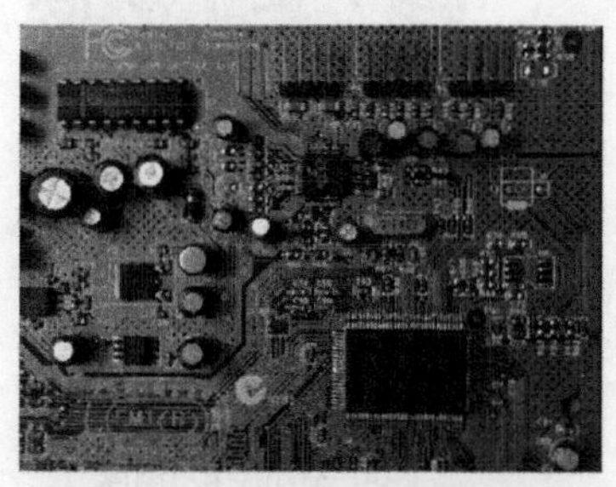

(b) 第一次中值滤波结果图像

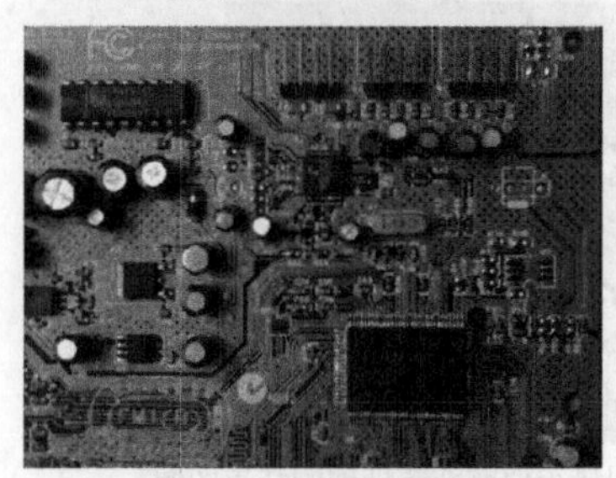

(c) 第二次中值滤波结果图像

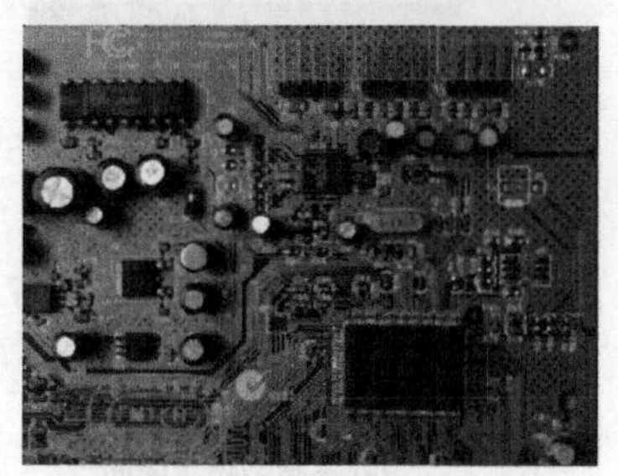

(d) 第三次中值滤波结果图像

图 5-11 中值滤波器对含椒盐噪声图像的 3 次处理结果

处理结果。可以发现,第二次滤波去掉了大部分噪声点,仅剩下非常少的可见噪声点。这些噪声点在经过第三次中值滤波处理后全部消除了,如图 5-11(d)所示。这些结果说明中值滤波器具有很好的脉冲噪声处理能力。但是,可以看出,图 5-11(d)的锐化程度明显低于图 5-11(b),图中右下角的引脚部分明显变得模糊不清。这是因为中值滤波器虽然能够减少噪声,但同时会使图像变得模糊,因此,应该控制其使用次数。

2. 最大值和最小值滤波器

中值相当于由小到大排列的数组中间的那个数,统计学认为也可以使用序列中的最后一个数值,这便得到了最大值滤波器,由式(5-15)给出。

$$\hat{f}(x,y)=\max_{(s,t)\in S_{xy}}\{g(s,t)\} \tag{5-15}$$

最大值滤波器对发现图像中的最亮点非常有用。同样,因为“胡椒”噪声的亮度很低,所以,可以使用最大值滤波器进行处理。

同理,使用起始值的滤波器称为最小值滤波器,由式(5-16)给出。

$$\hat{f}(x,y)=\min_{(s,t)\in S_{xy}}\{g(s,t)\} \tag{5-16}$$

最小值滤波器对发现图像中的最暗点非常有用。同样,最小值滤波器可以去除盐粒噪声。最大值和最小值滤波器对噪声的处理结果如图 5-12 所示。

图 5-12(b)为最大值滤波器处理“胡椒”噪声的结果图像。可以看出,这种滤波器对去除图像中的“胡椒”噪声的确很合适,但同时也从黑色物体的边缘去除了一些黑色像素(将这些像素设置为亮灰度级)。图 5-12(d)为最小值滤波器处理“盐粒”噪声的结果图像。可以发现,最小值滤波器的确比最大值滤波器能更好地处理“盐粒”噪声,但同时也从明亮物体的边缘去除了一些白色像素,从而使亮物体变小,使暗物体变大,这是因为围绕这些亮物体的白点被设置成了暗灰度级。

(a) 含胡椒噪声图像

(b) 使用最大值滤波器处理的结果图像

(c) 含盐粒噪声图像

(d) 使用最小值滤波器处理的结果图像

图 5-12　最大值和最小值滤波器对噪声的处理结果

3. 中点滤波器

中点滤波器为简单地计算滤波器区域中像素灰度值的最大值和最小值之间的均值，即

$$\hat{f}(x,y)=\frac{1}{2}\left[\max_{(s,t)\in S_{xy}}\{g(s,t)\}+\min_{(s,t)\in S_{xy}}\{g(s,t)\}\right] \tag{5-17}$$

它对于去除随机分布噪声的效果最好，如高斯噪声或均匀分布噪声。

4. 修正的阿尔法均值滤波器

假设在 S_{xy} 邻域内，将灰度值按从小到大的顺序进行排序，并去掉前 $d/2$ 和后 $d/2$ 的数据。令 $g_r(s,t)$ 表示剩下的 $d=mn-1$ 个像素。由这些剩余像素平均值形成的滤波器称为修正的阿尔法均值滤波器，如式(5-18)所示。

$$\hat{f}(x,y)=\frac{1}{mn-d}\sum_{(s,t)\in S_{xy}}g_r(s,t) \tag{5-18}$$

其中，d 的取值范围为 0～$(mn-1)$。当 $d=0$ 时，修正的阿尔法均值滤波器为算术均值滤波器。当 $d=mn-1$ 时，则修正的阿尔法均值滤波器为中值滤波器。当 d 取其他值时，修正的阿尔法均值滤波器适用于多种混合噪声，例如高斯噪声和椒盐噪声的混合噪声。几种滤波器对由高斯噪声和椒盐噪声组成的混合噪声的处理结果如图 5-13 所示。

图 5-13(a)为含均值为 0、方差为 800 的高斯噪声图像。图 5-13(a)又叠加了 $P_a=P_b=0.1$ 的椒盐噪声，使图像质量进一步退化了，如图 5-13(b)所示。图 5-13(c)～图 5-13(f)依次显示了使用大小为 5×5 的算术均值滤波器、几何均值滤波器、中值滤波器和修正的阿尔法均值滤波器($d=5$)处理后的图像。由于椒盐噪声的存在，算术均值滤波器和几何均值滤波器(尤其是后者)并没有产生良好的去噪效果，而中值滤波器和修正的阿尔法均值滤波器的去噪则好得多。由此可见，在降噪方面修正的阿尔法均值滤波器的效果更好一些。d 越高，修正的阿尔法均值滤波器越接近中值滤波器的性能，但仍然保留了一些平滑能力。

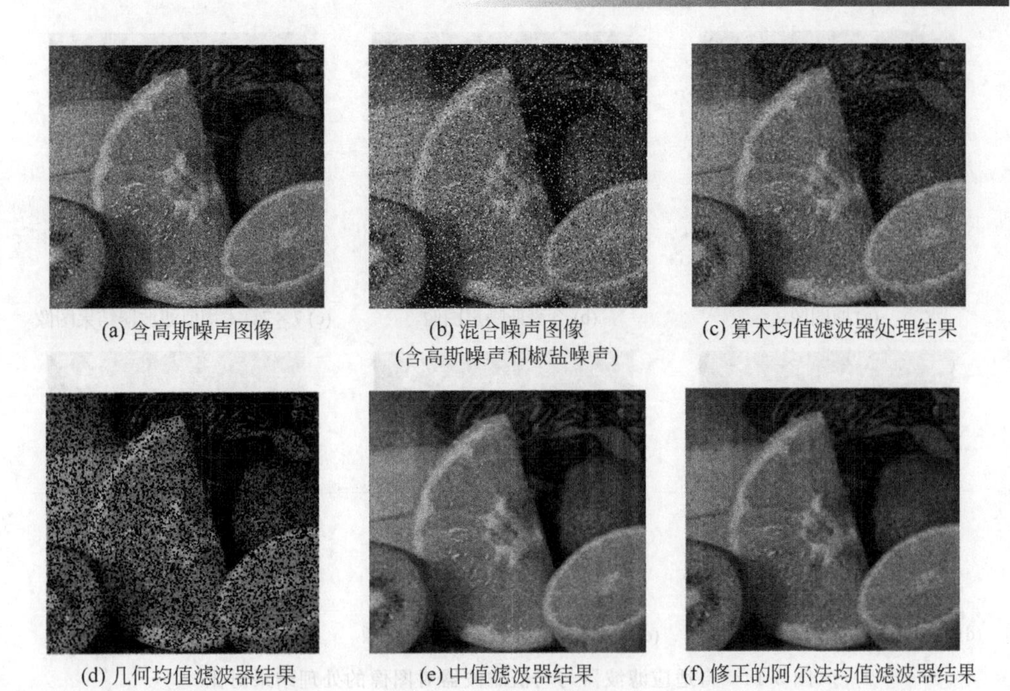

(a) 含高斯噪声图像　(b) 混合噪声图像（含高斯噪声和椒盐噪声）　(c) 算术均值滤波器处理结果

(d) 几何均值滤波器结果　(e) 中值滤波器结果　(f) 修正的阿尔法均值滤波器结果

图 5-13　几种滤波器对混合噪声的处理结果

5.4.3 自适应滤波器

前面几种滤波器在应用时，并未考虑图像的不同位置会具有不同特性。有些图像应用可以通过使用能够根据被滤波区域的图像特性而自适应的滤波器来改进处理结果，但是，目前讨论的用于图像处理的滤波器并没有考虑图像中的一点对于其他点的特征变化。本节将考虑两个简单的自适应滤波器，它们的特性变化以大小为 $m \times n$ 的矩形窗口 S_{xy} 所定义的滤波器区域内的图像统计特性为基础。自适应滤波器的性能要优于本书已讨论的所有滤波器的性能，当然，改善滤波器性能的代价是滤波器的复杂度变高了。

对于随机变量而言，最简单的统计度量是均值和方差。这些参数也是自适应滤波器的基础，因为它们与图像质量紧密相关。均值给出了计算区域中平均灰度的度量，方差则给出了该区域的对比度的度量。

自适应滤波器行为变化基于矩形窗口 S_{xy} 所定义图像区域内的统计特性，其响应基于以下 4 个参数，具体计算式如式(5-19)所示。

(1) $g(x,y)$：表示噪声图像在点(x,y)的灰度值。

(2) σ_η^2：表示 $g(x,y)$的噪声灰度值方差。

(3) m_L：表示在 S_{xy} 内像素的灰度值均值。

(4) σ_η^2：表示在 S_{xy} 内像素的灰度值方差。

$$\hat{f}(x,y)=g(x,y)-\frac{\sigma_\eta^2}{\sigma_L^2}[g(x,y)-m_L] \tag{5-19}$$

在式(5-19)中，唯一未知的是方差 σ_η^2，其他参数通过计算(x,y)处 S_{xy} 中的像素获得，其中，(x,y)是滤波器窗口的中心。图像模型的噪声是加性和位置独立的。

自适应滤波器与均值滤波器对图像的处理结果对比如图 5-14 所示。

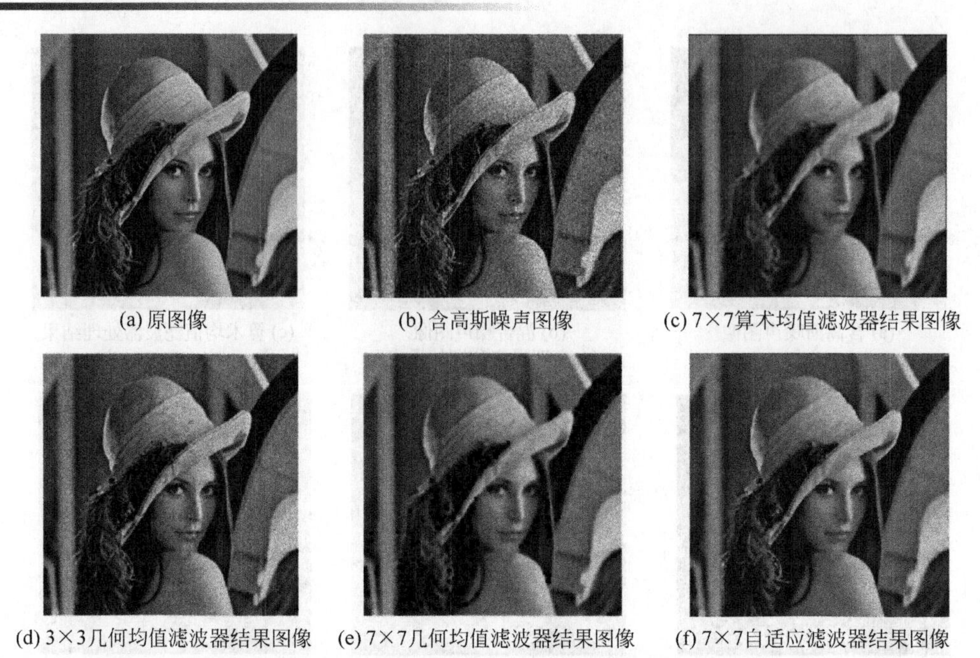

(a) 原图像　(b) 含高斯噪声图像　(c) 7×7算术均值滤波器结果图像

(d) 3×3几何均值滤波器结果图像　(e) 7×7几何均值滤波器结果图像　(f) 7×7自适应滤波器结果图像

图 5-14　自适应滤波器与均值滤波器对图像的处理结果对比

图 5-14(a)为原图像,图 5-14(b)为被均值为 0、方差为 1000 的加性高斯噪声污染的图像,其噪声污染比较严重。图 5-14(c)为使用大小为 7×7 的算术均值滤波器处理噪声后的结果图像。可以看出,图 5-14(c)的噪声被平滑掉了,但其代价是图像变得模糊了。图 5-14(e)与图 5-14(c)类似,它为使用大小为 7×7 的几何均值滤波器处理噪声后的结果图像。可以发现,图 5-14(e)所示图像出现了一些黑点,这是因为滤波器窗口过大,使像素灰度值为 0 的点被放大。当如图 5-14(d)选择较小的窗口如 3×3 时,黑点明显减少,但此时图像噪声依然明显。

图 5-14(f)为使用自适应滤波器处理噪声的结果图像,其中,$\sigma_\eta^2=1000$。与图 5-14(c)和图 5-14(e)相比,可以看出,图 5-14(f)的改进是很大的。从噪声减少的情况来看,自适应滤波器所达到的效果与算术均值滤波器和几何均值滤波器相似。但是,自适应滤波器滤波处理后的图像更清晰,例如,在图 5-14(f)中,帽子的边缘部分更清晰。这是自适应滤波器处理图像的典型结果。

在图 5-14(f)中,自适应滤波器的方差 $\sigma_\eta^2=1000$,该值准确地与噪声方差相匹配。若该值未知,且使用的估计值太小,自适应滤波器则会因校正量比应有的小,返回与原图像质量非常接近的结果图像。若估计值太高,则会造成方差的比例在 1.0 处被削平,并且自适应滤波器会比正确校正量下更频繁地从图像中减去平均值。如果允许灰度值为负值,且允许图像在处理后被重新标定,则如前所述,自适应滤波器处理后的结果图像将损失动态范围。

5.4.4 自适应中值滤波器

对于中值滤波器而言,只要脉冲噪声的空间密度不大,其性能就会很好(P_a 和 P_b 小于 0.2)。而自适应中值滤波可以处理具有更大概率的脉冲噪声,并且在处理平滑非脉冲噪声时能够保留更多的图像细节。而后者是传统中值滤波器所做不到的。自适应中值滤波器也工作于矩形窗口 S_{xy} 内,然而,与传统滤波器不同的是在进行滤波处理时会根据某些条件

来改变 S_{xy} 的尺寸。

自适应滤波器的输出是一个单值,该值用于代替(x,y)处的像素值,其中,(x,y)是 S_{xy} 的中心。自适应中值滤波器考虑的参数如下。

(1) Z_{min}:表示 S_{xy} 中最小灰度值。

(2) Z_{max}:表示 S_{xy} 中最大灰度值。

(3) Z_{med}:表示 S_{xy} 中灰度值的中值。

(4) Z_{xy}:表示(x,y)处的灰度值。

(5) S_{max}:表示 S_{xy} 允许的最大矩形窗口尺寸。

自适应中值滤波器工作进程包括两部分,具体如下。

进程 A:

步骤 1 $A_1=Z_{med}-Z_{min}$;

步骤 2 $A_2=Z_{med}-Z_{max}$;

步骤 3 如果 $A_1>0$ 且 $A_2<0$,转到进程 B 的步骤 1,否则增大矩形窗口尺寸;

步骤 4 如果矩形窗口尺寸$\leqslant S_{max}$,转到进程 A 的步骤 1,否则输出 Z_{xy}。

进程 B:

步骤 1 $B_1=Z_{xy}-Z_{min}$;

步骤 2 $B_2=Z_{xy}-Z_{max}$;

步骤 3 如果 $B_1>0$ 且 $B_2<0$,输出 Z_{xy},否则输出 Z_{med}。

理解自适应滤波器原理的关键在于记住它有 3 个主要目的:去除椒盐噪声、平滑非脉冲噪声、减少失真(如物体边界细化或粗化等)。Z_{min} 和 Z_{max} 在统计上被认为是类脉冲噪声分量,即使它们在图像中可能并不是最低和最高的像素灰度值。自适应滤波器每输出一个值,S_{xy} 就被移到图像中的下一个位置。然后,自适应滤波器重新初始化并应用到新位置的像素。

自适应滤波器仅使用新像素就可以反复更新 S_{xy} 内的像素灰度值中值,因而减少了计算开销。自适应中值滤波器和传统中值滤波器对图像的处理结果对比如图 5-15 所示。

(a) 原图像

(b) 含椒盐噪声图像

(c) 传统中值滤波器结果图像

(d) 自适应中值滤波器结果图像

图 5-15 自适应中值滤波器与传统中值滤波器对图像的处理结果对比

图 5-15(b)为被概率为 $P_a = P_b = 0.25$ 的椒盐噪声污染的图像，图中的噪声污染非常严重，以致模糊了图像的大部分细节。作为比较，图 5-15(b)首先使用最小中值滤波器进行滤波，消除大部分可见的椒盐噪声。该滤波器的大小为 7×7，其处理结果如图 5-15(c)所示。可以看出，虽然图 5-15(c)的噪声被有效地消除了，但图像细节受到了损失。自适应滤波器处理噪声的结果图像如图 5-15(d)所示。

5.5 频域滤波消除周期噪声

频域滤波技术可以有效地分析并去除周期噪声，其基本原理是在傅里叶变换中，周期噪声在对应于周期干扰的频率处，以集中的能量脉冲形式出现，通过选择性滤波器来分离噪声。周期噪声的表现类似于冲激响应脉冲，这在傅里叶频谱中很常见，其去除噪声的主要滤波器是陷波带阻滤波器。

5.5.1 带阻滤波器

带阻滤波器能够阻止一定频率范围内的信号通过，允许其他频率范围内的信号通过，消除或衰减傅里叶变换原点处的频段。带阻滤波器一般有 3 种：理想带阻滤波器、巴特沃斯带阻滤波器和高斯带阻滤波器。图 5-16 为 3 种滤波器的透视图。

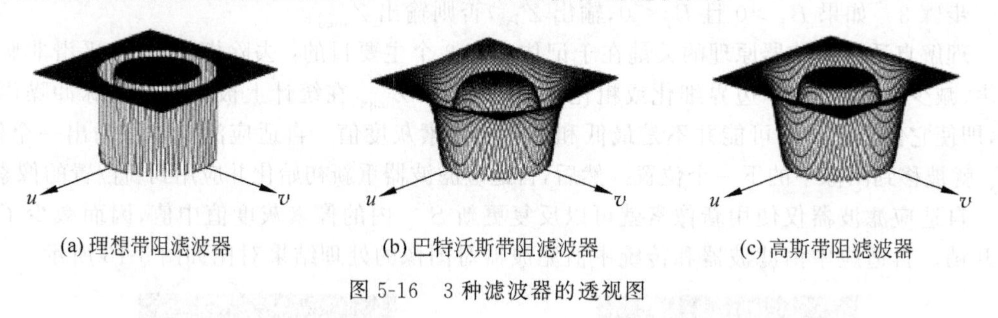

(a) 理想带阻滤波器　(b) 巴特沃斯带阻滤波器　(c) 高斯带阻滤波器

图 5-16　3 种滤波器的透视图

(1) 理想带阻滤波器的表达式如式(5-20)所示。

$$H(u,v)=\begin{cases}1, & D(u,v)<D_0-\dfrac{W}{2}\\ 0, & D_0-\dfrac{W}{2}\leqslant D(u,v)\leqslant D_0\\ 1, & D(u,v)>D_0+\dfrac{W}{2}\end{cases} \tag{5-20}$$

$$H(u,v)=\left[\left(u-\frac{M}{2}\right)^2+\left(v-\frac{N}{2}\right)^2\right]^{\frac{1}{2}}$$

其中，W 是频带的宽度，D_0 是频带的中心半径。

(2) n 阶巴特沃思带阻滤波器的表达式如式(5-21)所示。

$$H(u,v)=\frac{1}{1+\left[\dfrac{D(u,v)W}{D^2(u,v)-D_0^2}\right]^{2n}} \tag{5-21}$$

(3) 高斯带阻滤波器的表达式如式(5-22)所示。

$$H(u,v)=1-\mathrm{e}^{-\frac{1}{2}\left[\frac{D^2(u,v)-D_0^2}{D(u,v)W}\right]^2} \tag{5-22}$$

带阻滤波器的主要应用之一是在频域噪声分量的一般位置近似已知的应用中消除噪声。一个典型的例子就是一幅被加性周期噪声污染的图像,其噪声可近似为二维正弦函数,如图 5-17 所示。不难看出,一个正弦波的傅里叶变换由两个脉冲组成,它们是关于变换域坐标原点互为镜像。

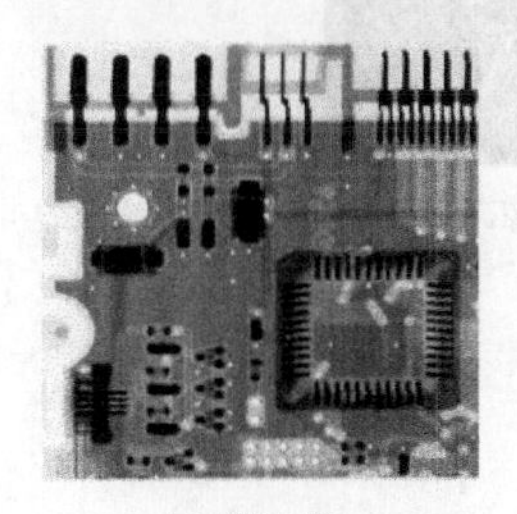
(a) 原图像

(b) 原图像的傅里叶频谱

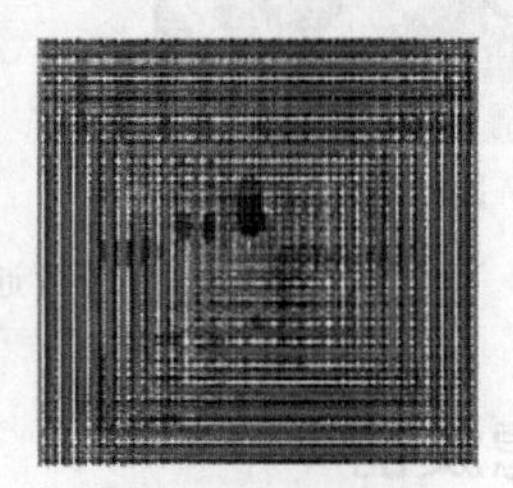
(c) 被不同周期噪声污染的图像

(d) 被噪声污染图像的傅里叶频谱

(e) 巴特沃斯带阻滤波器

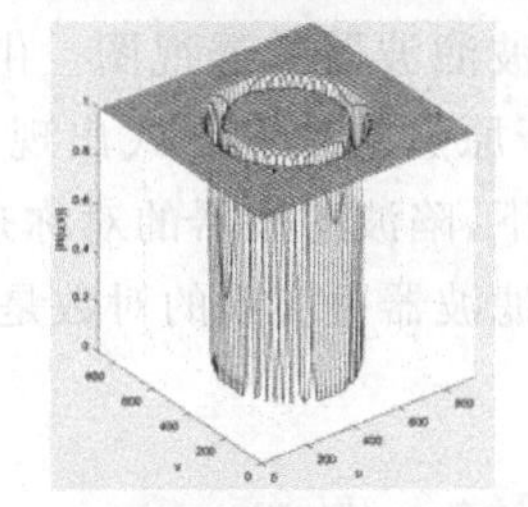
(f) 巴特沃斯带阻滤波器透视图

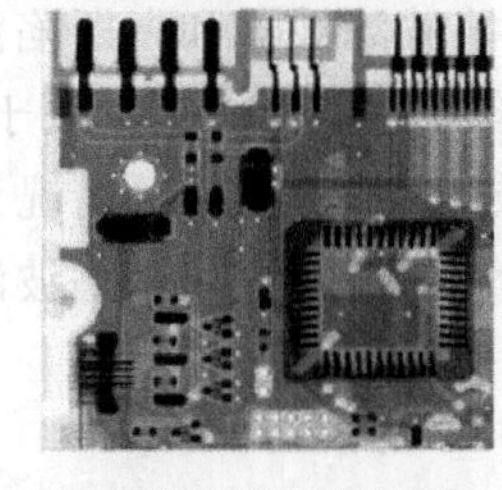
(g) 带阻滤波器结果图像

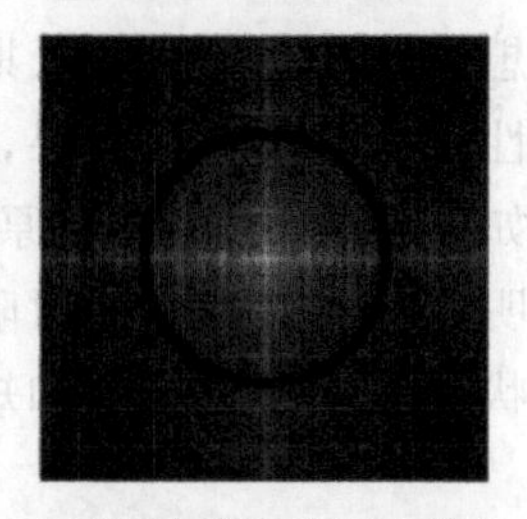
(h) 结果图像的傅里叶频谱

图 5-17 带阻滤波器的使用

由图 5-17(c)可以看出,噪声分量很容易被看成图 5-17(d)显示的傅里叶频谱中对称的亮点对。在本例中,噪声分量位于关于变换原点的近似圆上,因此使用圆对称带阻滤波器进行去噪是一个正确的选择。图 5-17(e)和图 5-17(f)为巴特沃斯带阻滤波器,它设置了适当的半径和宽度,完全包围了噪声脉冲。由于在变换中要尽可能小地损失细节,带阻滤波器通常为尖锐的窄带滤波器。图 5-17(g)和图 5-17(h)为带阻滤波器去噪后的结果图像及其傅里叶频谱。可以看出,图 5-17(c)所示的图像质量的改进是非常明显的,即使细小的纹理也被有效地修复了。

5.5.2 带通滤波器

带通滤波器能够允许一定频率范围内的信号通过,阻止其他频率范围内的信号通过。其表达式如式(5-23)所示。

$$H_{bp}(u,v)=1-H_{br}(u,v) \tag{5-23}$$

其中,$H_{bp}(u,v)$表示带通滤波器,$H_{br}(u,v)$表示相应的带阻滤波器。

一幅图像通常不会直接进行带通滤波,因为这样会消除太多的图像细节。但是,带通滤波器在一幅图像中屏蔽选中频段导致的效果时非常有用(帮助提取了噪声模式,简化了噪声分析,而且与图像内容无关)。如图 5-18 为使用带通滤波器提取原图像中衣服边缘的示例。

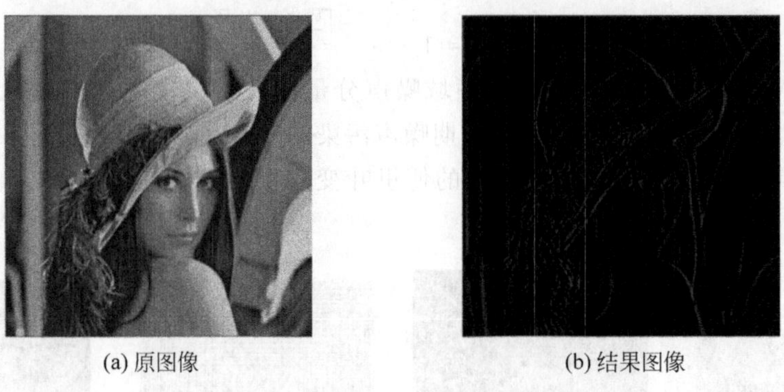
(a) 原图像　　(b) 结果图像

图 5-18　使用带通滤波器提取边缘

5.5.3　陷波滤波器

陷波滤波器阻止(或通过)事先定义的中心频率邻域内的频率。图 5-19 分别显示了理想陷波滤波器、巴特沃斯陷波滤波器和高斯陷波滤波器的透视图。由于傅里叶变换的对称性,要获得有效的结果,陷波滤波器必须以关于原点对称的形式出现。这个原则的特例是:如果陷波滤波器位于原点处,那么在这种情况下,陷波滤波器的对称是其本身。为了便于说明,本章只列举了一对陷波滤波器,但是,陷波滤波器可实现的对数是任意的,陷波区域的形状也可以是任意的(如矩形)。

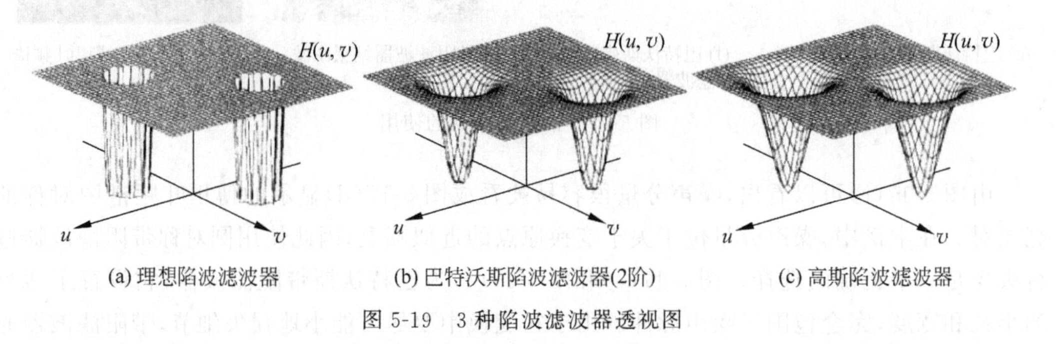

(a) 理想陷波滤波器　　(b) 巴特沃斯陷波滤波器(2阶)　　(c) 高斯陷波滤波器

图 5-19　3 种陷波滤波器透视图

(1) 理想陷波滤波器,其表达式如式(5-24)所示。

$$
\begin{cases}
H_{bp}(u,v)=\begin{cases}0, & D_1(u,v)\leqslant D_0 \text{ 或 } D_2(u,v)\leqslant D_0\\ 1, & \text{其他}\end{cases}\\
D_1(u,v)=\left[\left(u-\dfrac{M}{2}-u_0\right)^2+\left(v-\dfrac{M}{2}-v_0\right)^2\right]^{\frac{1}{2}}\\
D_2(u,v)=\left[\left(u-\dfrac{M}{2}+u_0\right)^2+\left(v-\dfrac{M}{2}+v_0\right)^2\right]^{\frac{1}{2}}
\end{cases}
\tag{5-24}
$$

其中,中心在(u_0,v_0)且与$(-u_0,-v_0)$对称。

(2) 巴特沃斯陷波滤波器,其表达式如式(5-25)所示。

$$H(u,v)=\frac{1}{1+\left[\frac{D_0^2}{D_1(u,v)D_2(u,v)}\right]^n} \tag{5-25}$$

(3) 高斯陷波滤波器,其表达式如式(5-26)所示。

$$H(u,v)=1-\mathrm{e}^{-\left(\frac{1}{2}\right)\left[\frac{D_1(u,v)D_2(u,v)}{D_0^2}\right]} \tag{5-26}$$

当 $u_0=v_0=0$ 时,上述 3 个滤波器变为高通滤波器。

陷波滤波器也可以用于去除周期噪声。虽然带阻滤波器也可以用于去除周期噪声,但是也会使噪声以外的成分衰减。而陷波滤波器主要对某个点进行衰减,对其余的成分则无影响。

陷波滤波器对图像的处理结果如图 5-20 所示。

(a) 含周期噪声的图像

(b) 含噪图像的傅里叶频谱

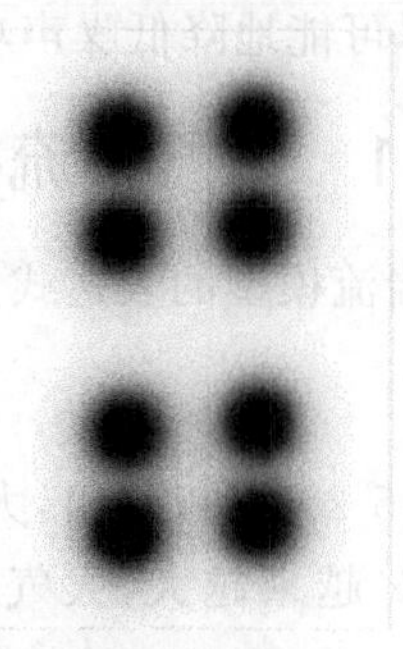
(c) 陷波滤波器

(d) 结果图像

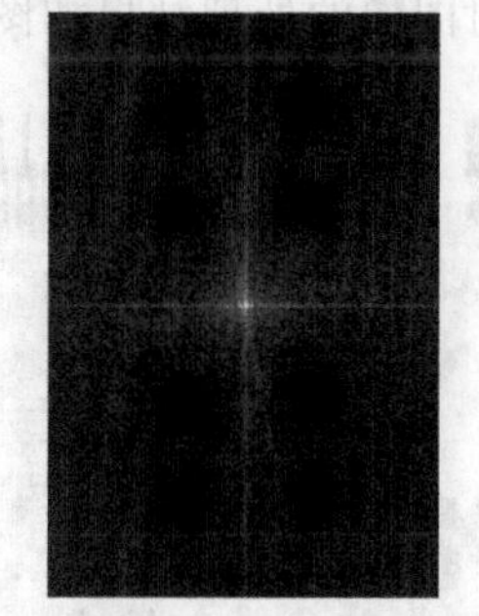
(e) 结果图像的傅里叶频谱

图 5-20 陷波滤波器对图像的处理

5.6 两个退化函数模型

假设有一幅退化图像,但没有关于退化函数 H 的任何知识。基于图像被线性、位置不变的过程退化的假设,一种估计 H 的方法就是从图像本身收集信息。例如,如果图像已被模糊,那么可以观察图像中包含样本结构的一个小矩形区域,如某一物体和背景的一部分。

空域内的卷积即频域内的乘积,如式(5-27)所示。那么,频域内的逆滤波运算其实就是除法。

$$G(u,v)=H(u,v)F(u,v)+N(u,v) \tag{5-27}$$

由式(5-27)可知,该表达式没有卷积运算,是很简单的四则运算。那么,所谓的去卷积或者逆滤波,就是去除退化函数 $H(u,v)$ 的过程。因此,式(5-27)直接做除法运算就可以了,如式(5-28)所示。

$$\hat{F}(u,v)=\frac{G(u,v)}{H(u,v)}=F(u,v)+\frac{N(u,v)}{H(u,v)} \tag{5-28}$$

对于式(5-28)而言,在值为0或非常小的点上,$F(u,v)$ 将变得无穷大或非常大。而 $H(u,v)$ 有许多零点,即奇异条件下求解。当 $H(u,v)\neq 0$ 但非常小时,$N(u,v)/H(u,v)$ 将变得很大,从而影响恢复的数据结果,即所谓的病态条件。

上述问题的解决要点是限制滤波频率,使其接近原点。

综上所述,逆滤波要解决的问题有两个:

(1) 退化函数 $H(u,v)$ 的推测;

(2) 尽可能地降低噪声项 $N(u,v)$ 对图像质量的影响。

5.6.1 大气湍流模型

大气湍流模型的表达式如式(5-29)所示。

$$H(u,v)=\mathrm{e}^{-k(u^2+v^2)^{\frac{5}{6}}} \tag{5-29}$$

由(式5-29)可以看出,大气湍流模型没有0值。与高斯低通滤波器相似,阻带的值都极小。随着 k 越来越大,大气湍流模型得到的图像越来越模糊,这会使图像的直接逆滤波失败。

大气湍流模型对图像的处理结果如图5-21所示。

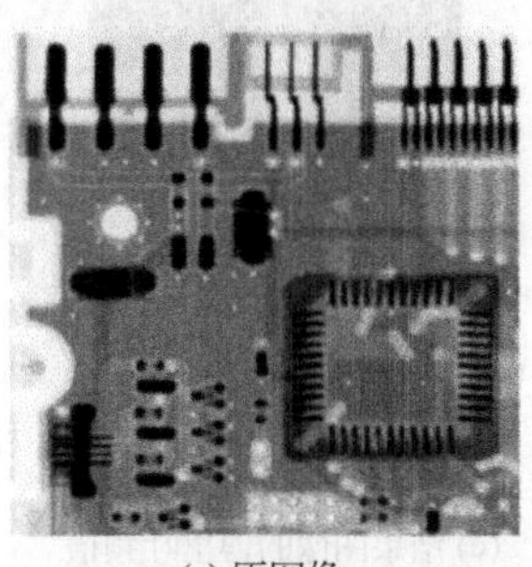

(a) 原图像

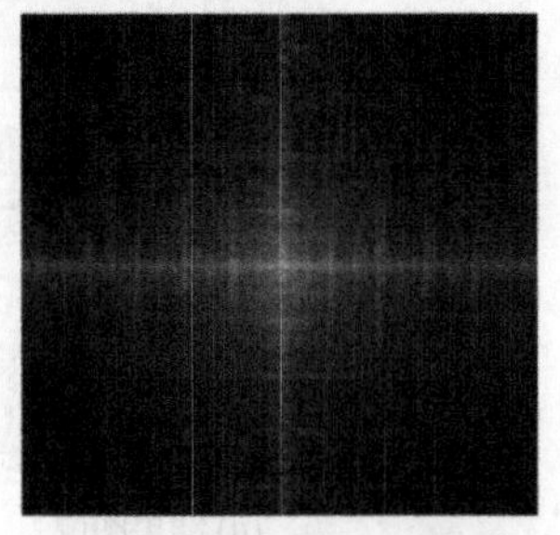

(b) 原图像的傅里叶频谱

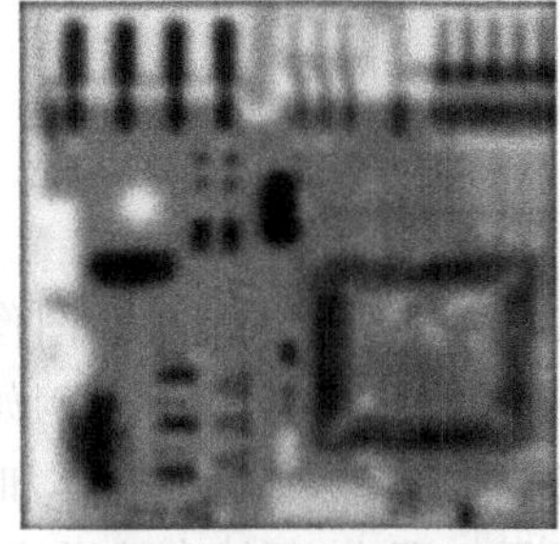

(c) 大气湍流模型结果图像

(d) 结果图像的傅里叶频谱

图5-21 大气湍流模型对图像的处理结果

5.6.2 运动模糊模型

$$H(u,v)=\frac{T\sin[\pi(ua+vb)]}{\pi(ua+vb)}\mathrm{e}^{-\mathrm{j}\pi(ua+vb)} \tag{5-30}$$

其中，T 表示曝光时间，a 与 b 分别表示水平移动量与垂直移动量。

运动模糊图像的尺寸会变化。这时，如果截取操作还是按照原图像进行，会造成图像成分的损失，使复原图像时效果不太好。此外，导致复原效果不好的原因不好确定，到底是因为成分的缺失，还是因为噪声的干扰。因此，运动模糊模型适当地扩展了图像的尺寸，以保留图像的所有成分，其对图像的处理结果如图 5-22 所示。

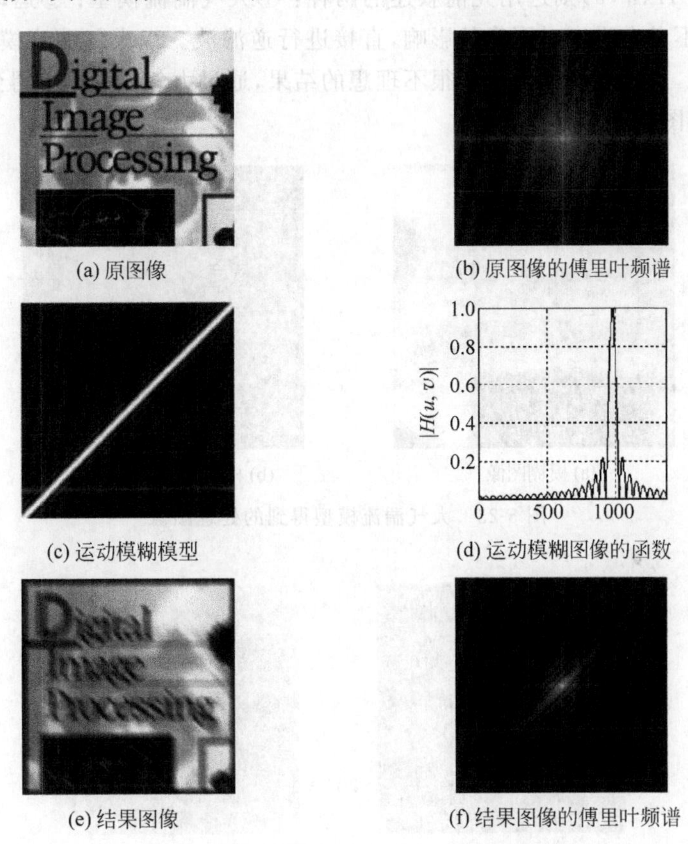

(a) 原图像　(b) 原图像的傅里叶频谱

(c) 运动模糊模型　(d) 运动模糊图像的函数

(e) 结果图像　(f) 结果图像的傅里叶频谱

图 5-22　运动模糊模型对图像的处理结果

5.7 逆滤波

逆滤波是研究退化函数 H 以进行图像复原的方法。最简单的复原方法是对图像直接进行逆滤波，即用退化函数除退化图像的傅里叶变换 $G(u,v)$，获得原图像傅里叶变换的估计值 $\hat{F}(x,y)$，即

$$\hat{F}(u,v)=\frac{G(u,v)}{H(u,v)} \tag{5-31}$$

将式(5-2)代入式(5-31),可以得到式(5-28)。由于式(5-28)的 $N(u,v)$ 未知,即使知道退化函数 $H(u,v)$,也不能准确地复原未退化的图像。如果退化函数 $H(u,v)$ 是 0 或非常小的值,则 $N(u,v)/H(u,v)$ 很容易找到估计值 $\hat{F}(u,v)$。解决退化函数 $H(u,v)$ 为 0 或为非常小的值的一种方法是限制滤波的频率,使其接近原点。在频域中,由于 $H(0,0)$ 通常是 $H(u,v)$ 的最高值,因此,通过将频率限制在原点附近分析,能够降低退化函数 $H(u,v)$ 值为 0 的概率。

逆滤波对图像的处理实验如图 5-23 和图 5-24 所示。实验使用退化函数 $H(u,v)$ 来处理原图像,再加上均值为 0、方差为 0.08 的高斯噪声 $N(u,v)$,并以该含噪图像进行逆滤波实验。退化函数 $H(u,v)$ 则选用先前叙述的两种:①大气湍流模型;②运动模糊。所谓直接逆滤波,就是不考虑噪声对图像的影响,直接进行逆滤波。以大气湍流模型为例,对于大气湍流模型而言,直接逆滤波会得到很不理想的结果,通过大气湍流模型得到的模糊图像及其傅里叶频谱如图 5-23 所示。

(a) 模糊图像

(b) 模糊图像的傅里叶频谱

图 5-23 大气湍流模型得到的处理图像

(a) 模糊图像直接逆滤波结果图像

(b) 结果图像的傅里叶频谱

图 5-24 对大气湍流模型模糊图像的直接逆滤波处理结果

由图 5-24 可知,直接逆滤波处理结果没有任何价值。观察其频谱发现,频谱的 4 个角很亮,而原频谱最亮的直流分量却看不到了。因此,这里做一个限制处理,也就是说,仅仅处理靠近直流分量的部分,其他的则不做处理。然后处理结果通过一个 10 阶巴特沃斯低通滤波器进行滤波,得到如图 5-25 所示的结果。

由上可知,只需要调整限制半径,便可以得到一个较好的结果。但是对于运动模糊的图像来说,这种方法的处理结果并不理想。

(a) 只处理靠近直流分量部分的结果图像 (b) 结果图像的傅里叶频谱

图 5-25 进行限制处理后得到的结果

5.8 维纳滤波器

维纳滤波由 Wiener 首先提出，并应用于一维信号，取得了很好的效果。后来维纳滤波又被引入二维信号处理中，也取得相当满意的效果。尤其是在图像复原领域，由于维纳滤波器的复原效果好，计算量较低，并且抗噪性能优，因而得到了广泛应用。逆滤波并没有清楚地说明如何处理噪声，因而本节将讨论一种综合了退化函数和噪声统计特征的图像复原处理方法。该方法建立在图像和噪声都是随机变量的基础上，其目标是找到未污染图像 f 的一个估计子 $\hat{f}$，使它们之间的均方误差最小。这种误差度量如式(5-32)所示。

$$e^2 = E\{(f-\hat{f})^2\} \tag{5-32}$$

许多高效的图像复原算法都是以维纳滤波为基础。维纳滤波的表达式如式(5-33)所示。

$$\hat{F}(u,v) = \left[\frac{1}{H(u,v)}\frac{|H(u,v)|^2}{|H(u,v)|^2+K}\right]G(u,v) \tag{5-33}$$

其中，K 为常数。对于合适的常数 K，有如下结论。

(1) 对于退化函数很小的点，相对而言常数 K 的值很大，其倒数 $\frac{1}{H(u,v)}$ 不会太大。

(2) 对于退化函数很小的点，相对而言常数 K 的值很小，其倒数 $\frac{1}{H(u,v)}$ 基本保持不变。

维纳滤波对两个退化函数模型图像的处理结果如图 5-26 所示。

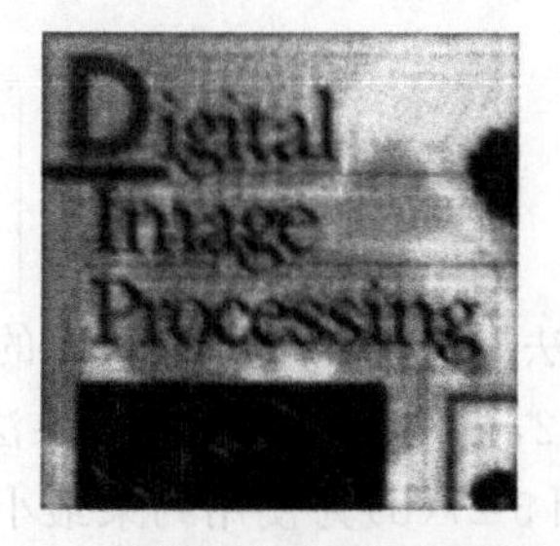

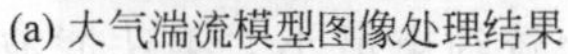
(a) 大气湍流模型图像处理结果 (b) 运动模糊模型图像处理结果

图 5-26 维纳滤波对两个退化函数模型图像模型图像的处理结果

维纳滤波是一种基于最小均方误差准则，适用于平稳过程的最优估计器。这种滤波器的输出与期望输出之间的均方误差为最小，因此，是一个最佳滤波系统，可用于提取被平稳噪声所污染的信号。但维纳滤波的使用前提是知道信号和噪声的功率谱，但这在实际应用中较难得到，因而只能根据先验知识进行估计。

5.9 约束最小二乘法滤波

对于维纳滤波来说，未退化图像和噪声的功率谱必须是已知的。然而，功率谱比的常数估计并不总是合适的值。

本节讨论的约束最小二乘法滤波仅要求噪声方差和均值的相关知识。这些参数通常可从一幅给定的退化图像得到，因而这是一个很重要的优点。另外，维纳滤波建立在最小化统计准则的基础之上，因此在平均意义上是最优的。约束最小二乘法滤波对其所应用的每一幅图像都能产生最优结果，而这些理论上满足的最优准则与动态的视觉感知并没有关系，因此算法的选择往往由结果图像的视觉感知质量决定。约束最小二乘法滤波将图像的能量作为评价图像平滑程度的度量，并尽可能地使其平滑。设噪声的能量是一个定值，使用拉普拉斯未定系数法，将其进行迭代，然后求解。

根据卷积的定义，式(5-1)可以写成如式(5-34)所示的向量-矩阵的形式。

$$\boldsymbol{g}=\boldsymbol{H}\boldsymbol{f}+\boldsymbol{\eta} \tag{5-34}$$

假设 $\boldsymbol{g}$ 的大小为 $M\times N$ 维，结果向量的大小将为 $MN\times 1$ 维。$\boldsymbol{f}$ 和$\boldsymbol{\eta}$ 的维数也是 $MN\times 1$ 维，那么，矩阵 $\boldsymbol{H}$ 的大小为 $MN\times MN$ 维。约束最小二乘法滤波期望找到标准函数 C 的最小值，C 定义如式(5-35)所示。

$$C=\sum_{x=0}^{M-1}\sum_{y=0}^{N-1}[\nabla^2 f(x,y)]^2 \tag{5-35}$$

其约束为

$$\|\boldsymbol{g}-\boldsymbol{H}\hat{\boldsymbol{f}}\|^2=\|\boldsymbol{\eta}\|^2 \tag{5-36}$$

使用约束最小二乘法滤波的目的是减少噪声对于逆滤波的影响。约束最小二乘法滤波最优化问题在频域的解决表达式为

$$\hat{F}(u,v)=\left[\frac{1}{H(u,v)}\frac{|H(u,v)|^2}{|H(u,v)|^2+\gamma|P(u,v)|^2}\right]G(u,v) \tag{5-37}$$

其中，γ 表示参数，满足式(5-36)，若不满足，进行调整以满足；$P(u,v)$表示式(5-38)的傅里叶变换。

$$P(x,y)=\begin{bmatrix}0 & -1 & 0\\ -1 & 4 & -1\\ 0 & -1 & 0\end{bmatrix} \tag{5-38}$$

约束最小二乘法滤波可以消除很严重的噪声，得到复原图像。将上一节实验图像的噪声的方差提高为 0.2，再使用约束最小二乘法滤波进行滤波，结果如图 5-27 所示。

图 5-27(c)和图 5-27(d)为使用约束最小二乘法滤波对实验图像的处理结果，其中，为了产生最好的视觉效果，γ 的值是手工选择的。比较约束最小二乘法滤波和维纳滤波的处理结果可以发现，前者对于高等噪声和中等噪声的情况的处理结果要稍好一些。当手工选择

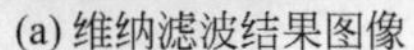

(a) 维纳滤波结果图像　(b) 维纳滤波结果图像的傅里叶频谱

(c) 约束最小二乘方滤波结果图像　(d) 约束最小二乘方滤波结果图像的傅里叶频谱

图 5-27　不同滤波器处理结果比较

参数 γ，以取得更好的视觉效果时，约束最小二乘法滤波的处理结果可能比维纳滤波的结果更好。式(5-37)的参数 γ 是一个标量；而式(5-33)的参数 K 是两个未知频域函数的近似比，其值很少是常数，因此，手工选择 γ 将得到未退化图像的更准确估计。

5.10　本章小结

本章中的复原结果基于这样一个假设：图像退化可建模为一个线性的、位置不变的过程，以及与图像灰度值不相关的加性噪声。本章推导的某些复原技术基于各种最佳准则。“最佳”一词的使用涉及严格的数学概念，而不是指人类视觉感知系统的最佳响应。事实上，视觉感知知识的缺乏妨碍了图像复原问题的一般表达，而图像复原问题要考虑观察者的偏好与能力。在这些限制条件下，本章所介绍图像复原相关概念的优势是基本方法的推导，使读者具有合理的预测能力和坚实的基础知识。一定的复原任务，譬如降低随机噪声，是在空域中使用卷积模板来执行的。频域对于降低周期性噪声和某些重要的退化建模是很理想的，如在图像获取期间因为运动导致的模糊。对于表达复原滤波器而言，频域也是很有用的工具，如维纳滤波器和约束最小二乘法滤波器。频域为实验提供了直观且可靠的基础。一旦对于给定的应用找到了令人满意的一种方法(滤波器)，其实现通常是通过数字滤波器的设计在频域近似解决来做到的。

课后作业

(1) 人为地在图 5-28(或自行采集的图像)中加入均值为 0、方差为 800 的高斯噪声，再添加 $P_a=P_b=0.25$ 的脉冲噪声，并显示添加噪声后的图像。然后，分别利用以下几种方法进行图像复原，人为调整参数(窗口大小等)，并比较不同滤波器的处理效果，以及解释其原因。

① 算术均值滤波器。

② 逆谐波均值滤波器。

③ 中值滤波器。

④ 最大值和最小值滤波器。

⑤ 修正的阿尔法均值滤波器。

⑥ (可选)自适应中值滤波器。

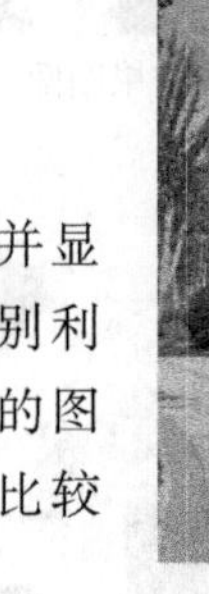

(2) 人为地在图 5-28 中加入正弦周期噪声，并显示添加噪声后的图像及其傅里叶频谱。然后分别利用①～③这 3 种方法进行图像复原，显示处理后的图像及其傅里叶频谱。手动调整参数(阶数等)并比较处理结果。

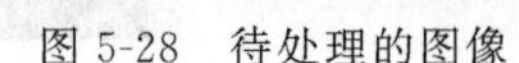

图 5-28 待处理的图像

① 带阻滤波器。

② 带通滤波器。

③ 陷波滤波器。

④ (可选)最佳陷波滤波器可以很好地处理一个及以上的干扰分量或者多个周期性的噪声。相比于其他的滤波器，最佳陷波滤波可以最小化复原估计值 $\hat{f}(x,y)$ 的局部方差。

最佳陷波滤波可以分为两步：屏蔽干扰分量的主要成分；从被污染的图像中减去该模式一个可变的加权部分。具体如下。

首先提取干扰分量中的主频率分量。空域中噪声的相对模式可由式(5-39)获得。

$$N(u,v)=H_{\mathrm{NP}}(u,v)G(u,v) \tag{5-39}$$

$$\eta(x,y)=F^{-1}\{H_{\mathrm{NP}}(u,v)G(u,v)\} \tag{5-40}$$

$H_{\mathrm{NP}}(u,v)$的形式需要进行多方面判断，以确定哪些是干扰分量的主要成分。

然后，从被污染的图像中减去该模式的一个可变的加权部分，其表达式为

$$\hat{f}(x,y)=g(x,y)-w(x,y)\eta(x,y) \tag{5-41}$$

其中，$w(x,y)$为最佳陷波滤波的权重函数，由式(5-42)得到。

$$w(x,y)=\frac{\overline{g(x,y)\eta(x,y)}-\bar{g}(x,y)\bar{\eta}(x,y)}{\overline{\eta^2}(x,y)-\bar{\eta}^2(x,y)} \tag{5-42}$$

图 5-29 “水手 6 号”飞船拍摄的火星地形图像

最佳陷波滤波器的实现步骤为：①读取图像；②进行快速傅里叶变换；③将频域图像居中显示；④通过观察频域图像，确定需要去除的频率成分，制作最佳陷波带通滤波器；⑤对滤波后图像进行傅里叶反变换，在空域显示噪声干扰模式；⑥受污染图像减去噪声干扰模式的加权部分，得到结果图像，并保存。

图 5-29 为“水手 6 号”飞船拍摄的火星地形图像，请编写代码显示该图像的傅里叶频谱，再使用最佳陷波

滤波器，选择 $a=b=15$ 的邻域进行处理，获得 $N(u,v)$ 傅里叶频谱和相应的噪声干扰模式 $\eta(x,y)$，最后显示处理后的图像。

(3) 盲解卷积复原是利用模糊图像，以某种方式提取退化信息，获得清晰图像的一种图像复原方法。盲解卷积复原有一个很好的优点：在对失真(噪声和模糊)毫无先验知识的情况下，仍然能够实现对模糊图像的复原。基于露西-理查德森算法的盲解卷积算法属于图像复原中的非线性算法，与维纳滤波这种较为直接的算法不同，该算法使用非线性迭代技术，在计算量和性能方面都有了一定提升。露西-理查德森算法由贝叶斯公式推导出，因为使用了条件概率(即算法考虑了信号的固有波动)，因此具有复原噪声图像的能力。贝叶斯公式如式(5-43)所示。

$$P(x \mid y)=\frac{P(y \mid x)P(x)}{\int P(y \mid x)P(x)\mathrm{d}x} \tag{5-43}$$

结合图像退化/复原模型，可以得到迭代函数，如式(5-44)所示。

$$f_{i+1}(x)=\int \frac{g(y,x)c(y)\mathrm{d}y}{\int g(y,z)f_i(z)\mathrm{d}z}f_i(x) \tag{5-44}$$

其中，f_i 表示第 i 轮迭代复原图像，对应贝叶斯公式的 $P(x)$；g 表示退化函数，对应贝叶斯公式的 $p(y|x)$；c 表示退化图像($c(y)\mathrm{d}y$ 意为在退化图像上积分)。如果满足图像各区域的模糊函数相同的条件，则式(5-44)所示的迭代函数可简化为

$$f_{i+1}(x)=\left\{\left[\frac{c(x)}{f_i(x)\otimes g(x)}\right]\otimes g(-x)\right\}f_i(x) \tag{5-45}$$

这就是露西-理查德森迭代公式，其中 c 表示退化图像，g 表示退化函数，f 表示第 k 轮复原图像。如果系统的退化函数 g 已知，只要有一个初始估计 f 就可以进行迭代求解了。在开始迭代后，由于算法的形式，估计值与真实值的差距会迅速减小，从而后续迭代过程 f 的更新速度会逐渐变慢，直至收敛。露西-理查德森算法的另一优点就是初始值 $f>0$，后续迭代值均保持非负性，并且能量不会发散。

在第 k 轮迭代，假设原图像已知，即 $k-1$ 轮得到的 f_{k-1}，通过露西-理查德森公式求解 g_k；然后，用 g_k 求解 f_k，如此反复迭代，最后求得 f 和 g。因此，求解最初需要同时假设一个复原图像 f_0 和一个退化函数 g_0。迭代式为

$$g_{i+1}^k(x)=\left\{\left[\frac{c(x)}{g_i^k(x)\otimes f^{k-1}(x)}\right]\otimes f^{k-1}(-x)\right\}g_i^k(x) \tag{5-46}$$

$$f_{i+1}^k(x)=\left\{\left[\frac{c(x)}{f_i^k(x)\otimes g^k(x)}\right]\otimes g^k(-x)\right\}f_i^k(x) \tag{5-47}$$

将一幅原图像进行模糊处理(模拟大气湍流)，分别使用维纳滤波和盲解卷积复原、进行图像复原，并对比结果图像。

(4) 随着经济的发展，人们生活水平得到提高，视频监控在日常生活中的应用越来越普遍。尤其是交通管理中用到了大量监控视频，如超速车辆抓拍。但有时由于车辆的运动会导致照片中产生运动模糊而使细节不够清晰。请采用本章图像复原方法，对产生运动模糊的图像进行复原，以便能看清车辆细节(如车牌号码)，并使用 MATLAB 完成该实验。

（5）如今遥感技术变得越来越重要。但由于传感器的因素，一些获取的遥感图像会出现周期性的噪声，因此必须对其进行消除或减弱，以进行使用。

① 去除周期性噪声和尖锐性噪声。周期性噪声一般重叠在图像上，周期性地干扰图形。这些噪声具有不同的幅度、频率、和相位，形成一系列的尖峰或者亮斑，代表在某些空间频率位置最为突出。一般可以用带通或者槽形滤波的方法来消除。消除尖峰噪声，特别是与扫描方向不平行的，一般用傅里叶变换进行滤波处理的方法比较方便。

② 去除坏线和条带。遥感图像中通常会出现与扫描方向平行的条带，还有一些与辐射信号无关的条带噪声，一般称为坏线。这种情况一般采用傅里叶变换和低通滤波进行消除或减弱（如图 5-30 为坏线消除前后对比图）。

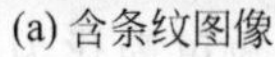

(a) 含条纹图像

(b) 去条纹后图像

图 5-30　去除坏线图像对比

③ 薄云处理。由于天气原因，有些遥感图像会出现薄云，因此对其可以进行减弱处理。

④ 阴影处理。由于太阳高度角的原因，有些图像会出现山体阴影，可以采用比值法对阴影进行消除。

附录 MATLAB 实现代码

(1) 算术均值滤波器和几何均值滤波器处理图像的 MATLAB 实现代码。

```
clear all; close all; clc;
I = imread('biaoqingb.jpg');
I = rgb2gray(I);
I = im2double(I);
J = imnoise(I,'gaussian',0,0.00615);
PSF = fspecial('average',3);                              %生成滤波器
K1 = imfilter(J,PSF);                                     %算术均值滤波器
K2 = exp(imfilter(log(J),PSF));                           %几何均值滤波器
figure;
subplot(2,2,1); imshow(I);
subplot(2,2,2); imshow(J);
subplot(2,2,3); imshow(K1);
subplot(2,2,4); imshow(K2);
```

(2) 逆谐波均值滤波器处理图像的 MATLAB 实现代码。

```
close all; clear all; clc;
I = imread('641.png');
I = rgb2gray(I);
I = im2double(I);
R = rand(size(I));
J1 = I;
J1(R<=0.02) = 0;                           %添加胡椒噪声
J2 = I;
J2(R<=0.02) = 1;                           %添加盐粒噪声
PSF = fspecial('average',3);
Q1 = 1.5;
Q2 = -1.5;
k1 = imfilter(J1.^(Q1+1),PSF);
k2 = imfilter(J1.^Q1,PSF);
K = k1./k2;                                %Q=1.5 的逆谐波均值滤波
m1 = imfilter(J2.^(Q2+1),PSF);
m2 = imfilter(J2.^Q2,PSF);
M = m1./m2;                                %Q=-1.5 的逆谐波均值滤波
figure;
```

(3) 中值滤波器处理图像的 MATLAB 实现代码。

```
close all; clear all; clc;
I = imread('board.jpg');
I = rgb2gray(I);
I = im2double(I);
```

```
J = imnoise(I,'salt & pepper',0.1);
K1 = medfilt2(J,[3,3]);
K2 = medfilt2(K1,[3,3]);
K3 = medfilt2(K2,[3,3]);

figure;
subplot(2,3,1); imshow(J);
subplot(2,3,2); imshow(K1);
subplot(2,3,3); imshow(I);
subplot(2,3,4); imshow(K2);
subplot(2,3,5); imshow(K3);
```

(4) 最大值滤波器和最小值滤波器处理图像的 MATLAB 实现代码。

```
close all; clear all; clc;
I = imread('duodushu.jpg');
I = rgb2gray(I);
I = im2double(I);
R = rand(size(I));
J1 = I;
J1(R<=0.02) = 0;            %添加胡椒噪声
J2 = I;
J2(R<=0.02) = 1;            %添加盐粒噪声
K1 = ordfilt2(J1,9,ones(3,3));
K2 = ordfilt2(J2,1,ones(3,3));

figure;
subplot(2,3,1); imshow(J1);
subplot(2,3,2); imshow(J2);
subplot(2,3,3); imshow(I);
subplot(2,3,4); imshow(K1);
subplot(2,3,5); imshow(K2);
```

(5) 修正的阿尔法均值滤波器处理图像的 MATLAB 实现代码。

```
close all; clear all; clc;
I = imread('fruits.jpg');
I = rgb2gray(I);
I = im2double(I);
J1 = imnoise(I,'gaussian',0,0.01);
J2 = imnoise(J1,'salt & pepper',0.1);
PSF = fspecial('average',3);                        %生成滤波器
K1 = imfilter(J2,PSF);                              %算术均值滤波器
K2 = exp(imfilter(log(J2),PSF));                    %几何均值滤波器
K3 = medfilt2(J2,[5,5]);
[MM,NN] = size(J2);

%定义子窗口的尺寸
m=5;
n=5;
```

```
%确定要扩展的行列数
len_m = floor(m/2);
len_n = floor(n/2);
%将原图像进行扩展,此处采用镜像扩展,以计算图像边缘
I_D_pad = padarray(J2,[len_m,len_n],'symmetric');
%获得扩展后的图像尺寸
[M,N] = size(I_D_pad);
d = 5;
K4 = zeros(MM,NN);
%逐点计算子窗口的谐波平均
for i = 1 + len_m:M - len_m
    for j = 1 + len_n:N - len_n
        %从子窗口中取出子图像
        Block = I_D_pad(i - len_m:i + len_m,j - len_n:j + len_n);
        Block = sort(Block(:));
        Block = Block(floor(d/2 + 1):floor(m * n - 4));
        %计算矩阵的阿尔法均值
        K4(i - len_m,j - len_n) = sum(sum(Block))/(m * n - d);
    end
end

figure;
subplot(2,4,1); imshow(I);
subplot(2,4,2); imshow(J1);
subplot(2,4,3); imshow(J2);
subplot(2,4,5); imshow(K1);
subplot(2,4,6); imshow(K2);
subplot(2,4,7); imshow(K3);
subplot(2,4,8); imshow(K4);
```

(6) 自适应中值滤波器处理图像的 MATLAB 实现代码。

```
close all; clear all; clc;
f = imread('20210208_175419.jpg');
image_gray = rgb2gray(f);
ff = image_gray;
ff(:) = 0;
alreadyProcessed = false(size(image_gray));        %生成逻辑非矩阵
%迭代
Smax = 7;
for k = 3:2:Smax
   zmin = ordfilt2(image_gray,1,ones(k,k),'symmetric');
   zmax = ordfilt2(image_gray,k * k,ones(k,k),'symmetric');
   zmed = medfilt2(image_gray,[k k],'symmetric');

   processUsingLevelB = (zmed > zmin) & (zmax > zmed) & ~alreadyProcessed;
   zB = (image_gray > zmin) & (zmax > image_gray);
   outputZxy = processUsingLevelB & zB;
   outputZmed = processUsingLevelB & ~zB;
   ff(outputZxy) = image_gray(outputZxy);
```

```
    ff(outputZmed) = zmed(outputZmed);

    alreadyProcessed = alreadyProcessed | processUsingLevelB;
    if all(alreadyProcessed(:))
       break;
    end
end
ff(~alreadyProcessed) = zmed(~alreadyProcessed);
f1 = imnoise(image_gray,'salt & pepper',0.25);        % 添加椒盐噪声
f2 = medfilt2(f1,[7,7]);                              % 使用中值滤波

subplot(2,2,1); imshow(image_gray);
subplot(2,2,2); imshow(f1);
subplot(2,2,3); imshow(f2);
subplot(2,2,4); imshow(ff);
```

（7）带阻滤波器处理图像的 MATLAB 实现代码。

```
H_1 = ones(P,Q);

for x = ( - P/2):1:(P/2) - 1
      for y = ( - Q/2):1:(Q/2) - 1
         D = (x^2 + y^2)^(0.5);
         D_0 = 250;
         W = 30;
         H_1(x + (P/2) + 1,y + (Q/2) + 1) = 1/(1 + ((D * W)/((D * D) - (D_0 * D_0)))^6);
      end
end

G_1 = H_1 . * G_Noise;

g_1 = real(ifft2(G_1));
g_1 = g_1(1:1:M,1:1:N);

for x = 1:1:M
     for y = 1:1:N
         g_1(x,y) = g_1(x,y) * ( - 1)^(x + y);
     end
end
```

（8）陷波带阻滤波器处理图像的 MATLAB 实现代码。

```
f = imread('Fig0507(a)(ckt - board - orig).tif');
f = mat2gray(f,[0 255]);

[M,N] = size(f);
P = 2 * M;
Q = 2 * N;
fc = zeros(M,N);
```

```
for x = 1:1:M
    for y = 1:1:N
        fc(x,y) = f(x,y) * ( - 1)^(x + y);
    end
end

F = fft2(fc,P,Q);

H_NP = ones(P,Q);

for x = ( - P/2):1:(P/2) - 1
     for y = ( - Q/2):1:(Q/2) - 1
        D = 2;

        v_k = - 200; u_k = 150;
        D_k = ((x + u_k)^2 + (y + v_k)^2)^(0.5);
        H_NP(x + (P/2) + 1,y + (Q/2) + 1) = H_NP(x + (P/2) + 1,y + (Q/2) + 1) * 1/(1 + (D/D_k)^4);
        D_k = ((x - u_k)^2 + (y - v_k)^2)^(0.5);
        H_NP(x + (P/2) + 1,y + (Q/2) + 1) = H_NP(x + (P/2) + 1,y + (Q/2) + 1) * 1/(1 + (D/D_k)^4);
        v_k = 200; u_k = 150;
        D_k = ((x + u_k)^2 + (y + v_k)^2)^(0.5);
        H_NP(x + (P/2) + 1,y + (Q/2) + 1) = H_NP(x + (P/2) + 1,y + (Q/2) + 1) * 1/(1 + (D/D_k)^4);
        D_k = ((x - u_k)^2 + (y - v_k)^2)^(0.5);
        H_NP(x + (P/2) + 1,y + (Q/2) + 1) = H_NP(x + (P/2) + 1,y + (Q/2) + 1) * 1/(1 + (D/D_k)^4);
        v_k = 0; u_k = 250;
        D_k = ((x + u_k)^2 + (y + v_k)^2)^(0.5);
        H_NP(x + (P/2) + 1,y + (Q/2) + 1) = H_NP(x + (P/2) + 1,y + (Q/2) + 1) * 1/(1 + (D/D_k)^4);
        D_k = ((x - u_k)^2 + (y - v_k)^2)^(0.5);
        H_NP(x + (P/2) + 1,y + (Q/2) + 1) = H_NP(x + (P/2) + 1,y + (Q/2) + 1) * 1/(1 + (D/D_k)^4);
        v_k = 250; u_k = 0;
        D_k = ((x + u_k)^2 + (y + v_k)^2)^(0.5);
        H_NP(x + (P/2) + 1,y + (Q/2) + 1) = H_NP(x + (P/2) + 1,y + (Q/2) + 1) * 1/(1 + (D/D_k)^4);
        D_k = ((x - u_k)^2 + (y - v_k)^2)^(0.5);
        H_NP(x + (P/2) + 1,y + (Q/2) + 1) = H_NP(x + (P/2) + 1,y + (Q/2) + 1) * 1/(1 + (D/D_k)^4);
        H_NP(x + (P/2) + 1,y + (Q/2) + 1) = 1 + 700 * (1 - H_NP(x + (P/2) + 1,y + (Q/2) + 1));
     end
end

G_Noise = F . * H_NP;

g_noise = real(ifft2(G_Noise));
g_noise = g_noise(1:1:M,1:1:N);

for x = 1:1:M
    for y = 1:1:N
        g_noise(x,y) = g_noise(x,y) * ( - 1)^(x + y);
    end
end
```

(9) 去除乘性噪声的 MATLAB 实现代码。

```
close all;
clear all;
clc;
%初始化
f = imread('original_DIP.tif');
f = mat2gray(f,[0 255]);

f_original = f;

[M,N] = size(f);

P = 2 * M;
Q = 2 * N;
fc = zeros(M,N);

for x = 1:1:M
    for y = 1:1:N
        fc(x,y) = f(x,y) * ( - 1)^(x + y);
    end
end

F_I = fft2(fc,P,Q);

figure();
subplot(1,2,1);
imshow(f,[0 1]);
xlabel('a)原图像');

subplot(1,2,2);
imshow(log(1 + abs(F_I)),[]);
xlabel('b)原图像的傅里叶频谱');
%运动模糊
H = zeros(P,Q);
a = 0.02;
b = 0.02;
T = 1;
for x = ( - P/2):1:(P/2) - 1
     for y = ( - Q/2):1:(Q/2) - 1
        R = (x * a + y * b) * pi;
        if(R = = 0)
            H(x + (P/2) + 1,y + (Q/2) + 1) = T;
        else H(x + (P/2) + 1,y + (Q/2) + 1) = (T/R) * (sin(R)) * exp( - 1i * R);
        end
     end
end

%大气湍流模型
H_1 = zeros(P,Q);
```

```
k = 0.0025;
for x = ( - P/2):1:(P/2) - 1
    for y = ( - Q/2):1:(Q/2) - 1
        D = (x^2 + y^2)^(5/6);
        D_0 = 60;
        H_1(x + (P/2) + 1, y + (Q/2) + 1) = exp( - k * D);
    end
end
% 噪声
a = 0;
b = 0.2;
n_gaussian = a + b . * randn(M,N);
Noise = fft2(n_gaussian,P,Q);
figure();
subplot(1,2,1);
imshow(n_gaussian,[ - 1 1]);
xlabel('a)高斯噪声');
subplot(1,2,2);
imshow(log(1 + abs(Noise)),[]);
xlabel('b)高斯噪声的傅里叶频谱');
G = H . * F_I + Noise;
%G = H_1 . * F_I + Noise;
gc = ifft2(G);

gc = gc(1:1:M + 27,1:1:N + 27);
for x = 1:1:(M + 27)
    for y = 1:1:(N + 27)
        g(x,y) = gc(x,y) . * ( - 1)^(x + y);
    end
end

gc = gc(1:1:M,1:1:N);
for x = 1:1:(M)
    for y = 1:1:(N)
        g(x,y) = gc(x,y) . * ( - 1)^(x + y);
    end
end

figure();
subplot(1,2,1);
imshow(f,[0 1]);
xlabel('a)含噪图像');

subplot(1,2,2);
imshow(log(1 + abs(F_I)),[]);
xlabel('b)含噪图像的傅里叶频谱');

figure();
subplot(1,2,1);
imshow(abs(H),[]);
xlabel('c)运动模型 H(u,v)(a = 0.02,b = 0.02,T = 1)');
```

```
subplot(1,2,2);
n = 1:1:P;
plot(n,abs(H(400,:)));
axis([0 P 0 1]);grid;
xlabel('H(n,400)');
ylabel('|H(u,v)|');

figure();
subplot(1,2,1);
imshow(real(g),[0 1]);
xlabel('d)结果图像');

subplot(1,2,2);
imshow(log(1 + abs(G)),[ ]);
xlabel('e)结果图像的傅里叶频谱');

%逆滤波
%F = G ./ H;
%F = G ./ H_1;

for x = ( - P/2):1:(P/2) - 1
     for y = ( - Q/2):1:(Q/2) - 1
        D = (x^2 + y^2)^(0.5);
        if (D < 258)
             F(x + (P/2) + 1,y + (Q/2) + 1) = G(x + (P/2) + 1,y + (Q/2) + 1) ./ H_1(x + (P/2) + 1,
y + (Q/2) + 1);
        %不含噪声 D < 188
        %噪声 D < 56
        else F(x + (P/2) + 1,y + (Q/2) + 1) = G(x + (P/2) + 1,y + (Q/2) + 1);
        end
     end
end

%巴特沃斯低通滤波器
H_B = zeros(P,Q);
D_0 = 70;
for x = ( - P/2):1:(P/2) - 1
     for y = ( - Q/2):1:(Q/2) - 1
        D = (x^2 + y^2)^(0.5);
        %if(D < 200) H_B(x + (P/2) + 1,y + (Q/2) + 1) = 1/(1 + (D/D_0)^100);
        H_B(x + (P/2) + 1,y + (Q/2) + 1) = 1/(1 + (D/D_0)^20);
     end
end

F = F .* H_B;

f = real(ifft2(F));
f = f(1:1:M,1:1:N);

for x = 1:1:M
```

```
    for y = 1:1:N
        f(x,y) = f(x,y) * (-1)^(x+y);
    end
end
%滤波结果
figure ();
subplot(1,2,1);
imshow(f,[0 1]);
xlabel('a)结果图像');

subplot(1,2,2);
imshow(log(1+ abs(F)),[ ]);
xlabel('b)结果图像的傅里叶频谱');
figure();
n = 1:1:P;
plot(n,abs(F(400,:)),'r-',n,abs(F(400,:)),'b-');
axis([0 P 0 1000]);grid;
xlabel('行数(第400列)');
ylabel('傅里叶幅度谱');
legend('F_{limit}(u,v)','F(u,v)');
figure();
n = 1:1:P;
plot(n,abs(H(400,:)),'g-');
axis([0 P 0 1]);grid;
xlabel('H''_{s}(n,400)');
ylabel('|H''_{s}(u,v)|');

%维纳滤波
%K = 0.000014;
K = 0.02;
%H_Wiener = ((abs(H_1).^2)./((abs(H_1).^2)+K)).*(1./H_1);
H_Wiener = ((abs(H).^2)./((abs(H).^2)+K)).*(1./H);

F_Wiener = H_Wiener .* G;
f_Wiener = real(ifft2(F_Wiener));
f_Wiener = f_Wiener(1:1:M,1:1:N);

for x = 1:1:(M)
    for y = 1:1:(N)
        f_Wiener(x,y) = f_Wiener(x,y) * (-1)^(x+y);
    end
end
[SSIM_Wiener mssim] = ssim_index(f_Wiener,f_original,[0.01 0.03],ones(8),1);
SSIM_Wiener
%滤波结果
figure();
subplot(1,2,1);
%imshow(f_Wiener(1:128,1:128),[0 1]);
imshow(f_Wiener,[0 1]);
xlabel('d)维纳滤波结果图像');
```

```
subplot(1,2,2);
imshow(log(1 + abs(F_Wiener)),[ ]);
xlabel('c)维纳滤波结果图像的傅里叶频谱');
% subplot(1,2,2);
% % imshow(f(1:128,1:128),[0 1]);
% imshow(f,[0 1]);
% xlabel('e)逆滤波结果图像');
figure();
n = 1:1:P;
plot(n,abs(F(400,:)),'r- ',n,abs(F_Wiener(400,:)),'b- ');
axis([0 P 0 500]);grid;
xlabel('行数(第 400 行)');
ylabel('傅里叶幅度谱');
legend('F(u,v)','F_{Wiener}(u,v)');

figure();
subplot(1,2,1);
imshow(log(1 + abs(H_Wiener)),[]);
xlabel('a).F_{Wiener}(u,v).');

subplot(1,2,2);
n = 1:1:P;
plot(n,abs(H_Wiener(400,:)));
axis([0 P 0 80]);grid;
xlabel('行数(第 400 行)');
ylabel('傅里叶幅度谱');
%约束最小二乘法滤波%
p_laplacian = zeros(M,N);
Laplacian = [ 0 -1  0;
             -1  4 -1;
              0 -1  0];
p_laplacian(1:3,1:3) = Laplacian;

P = 2 * M;
Q = 2 * N;
for x = 1:1:M
    for y = 1:1:N
        p_laplacian(x,y) = p_laplacian(x,y) * ( - 1)^(x + y);
    end
end
P_laplacian = fft2(p_laplacian,P,Q);
F_C = zeros(P,Q);
r = 0.2;
H_clsf = ((H')./((abs(H).^2) + r. * P_laplacian));
F_C = H_clsf . * G;
f_c = real(ifft2(F_C));
f_c = f_c(1:1:M,1:1:N);
for x = 1:1:(M)
   for y = 1:1:(N)
       f_c(x,y) = f_c(x,y) * ( - 1)^(x + y);
    end
```

```
end

figure();
subplot(1,2,1);
imshow(f_c,[0 1]);
xlabel('e)约束最小二乘滤波器结果图像 (r = 0.2)');
subplot(1,2,2);
imshow(log(1 + abs(F_C)),[]);
xlabel('f)结果图像的傅里叶频谱');
[SSIM_CLSF mssim] = ssim_index(f_c,f_original,[0.01 0.03],ones(8),1);
figure();
subplot(1,2,1);
imshow(log(1 + abs(H_clsf)),[]);
xlabel('a).F_{clsf}(u,v).');

subplot(1,2,2);
n = 1:1:P;
plot(n,abs(H_clsf(400,:)));
axis([0 P 0 80]);grid;
xlabel('行数(第 400 行)');
ylabel('傅里叶幅度谱');
```

第 6 章 图像压缩

CHAPTER 6

本章的结构如图 6-1 所示，具体要求如下：

(1) 掌握图像压缩的基础知识。

(2) 掌握无损压缩方法。

(3) 掌握有损压缩方法。

(4) 了解并掌握图像压缩标准。

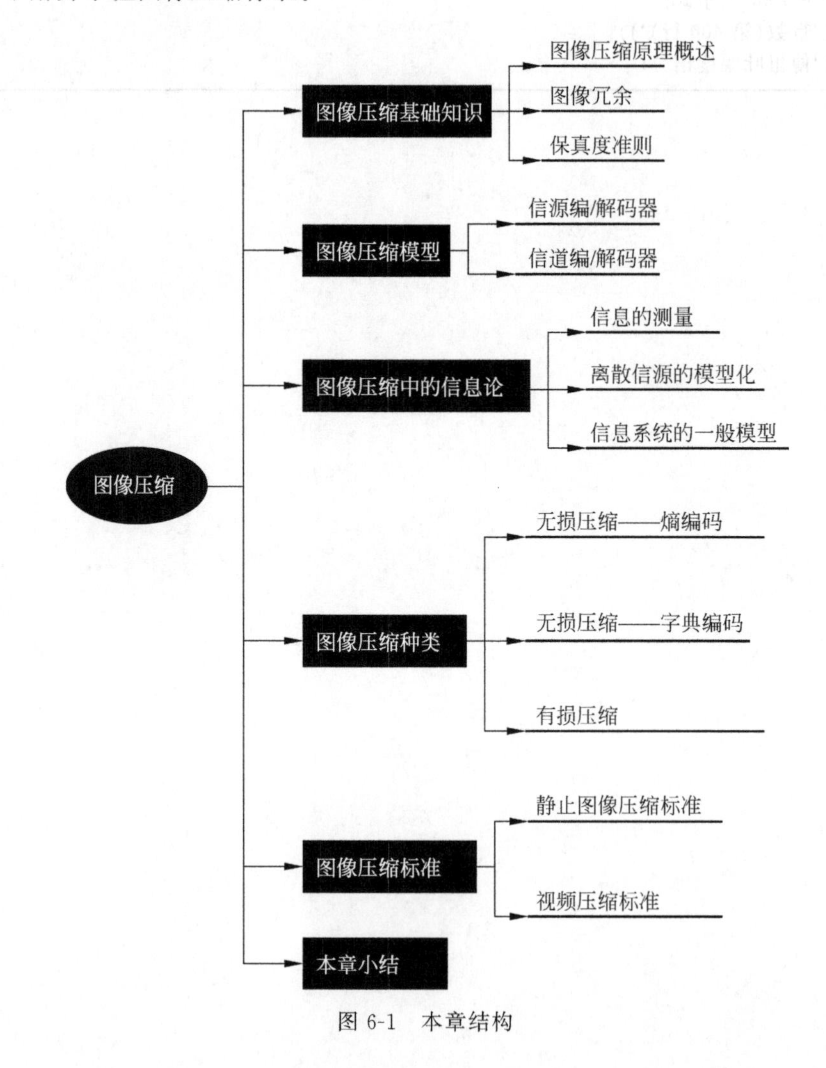

图 6-1　本章结构

6.1 图像压缩基础知识

6.1.1 图像压缩原理概述

(1) 为什么要进行图像压缩?

图像的数据量通常很大,这给图像的存储、处理和传输带来了很大问题。为了解决该问题,需要对图像进行压缩。

(2) 图像为什么可以被压缩?

图像之所以能被压缩,是因为图像数据存在着冗余。图像数据的冗余主要表现为:①图像中相邻像素间的相关性引起的冗余;②图像序列中不同帧之间存在相关性引起的冗余;③不同彩色平面或频谱带的相关性引起的冗余。这便是常见的3种冗余:编码冗余、像素冗余、视觉心理冗余。

(3) 图像压缩的种类有哪些?

图像压缩可以是有损压缩,也可以是无损压缩。对于绘制的技术图、漫画等图像压缩优先使用无损压缩,这是因为有损压缩,尤其是在低的位速条件下,会带来压缩失真。又如医疗图像或用于存档的扫描图像等这些有价值的图像的压缩也尽量选择无损压缩。有损方法非常适用于自然的图像。例如,一些应用对图像的微小损失是可以接受的(有的损失是无法感知的),那么这时图像压缩就可以大幅度地减少冗余数据。

(4) 什么是信息?

图像压缩离不开信息,那么信息是什么?从广义上来说,信息就是消息。一切存在的事物都有信息。对于人类而言,人类的五官(眉、眼、口、鼻、耳)生来就是为了感受信息。它们是信息的接收器,所感受到的一切都是信息。不同的人对相同的信息有着不同的理解。然而,还有大量的信息是人类的五官不能直接感受的,人类正通过各种技术和仪器来感知它们,发现它们。不过,一般的信息多指信息的交流。信息本来就是可以交流的。如果不能交流,那么信息就没有价值了。另外,信息还可以被存储和使用。你读过的书、听到的音乐、看到的事物、想到或者做过的事情,这些都是信息。

(5) 对于给定的信息,如何用最少的数据来表述?

用最少的数据表述信息涉及数据的编码与压缩。例如,对于一句话,用最少的字提取其中心思想:小华,你的朋友小明将于明天晚上八点在你家楼下的数码网吧等你一起玩游戏,这句话可以简述为:小华,小明明晚八点在数码网吧等你玩游戏。从上述例子可以得到一个结论:只要信息的接收者不会产生误解,就可以减少承载信息的数据量。

(6) 数据冗余是什么?

大多数信息的表达都存在一定的冗余(相关性)。这种数据冗余可以通过采用一定的模型和编码方法来降低。

对于图像而言,其初始数据量为 n_1,经过压缩后的数据量为 n_2,则压缩比 C_r 为

$$C_r = \frac{n_1}{n_2} \tag{6-1}$$

相对数据冗余 R_D 为

$$R_D = 1 - \frac{1}{C_r} \tag{6-2}$$

6.1.2 图像冗余

1. 编码冗余

如果一幅图像的灰度级编码使用了多于实际需要信息,那么就认为该图像包含了编码冗余。

图 6-2 的像素只有两个灰度,即 0 和 1,因而用 1bit 数据即可表示。但是,如果用 8bit 的数据来表述该图像,则会产生编码冗余。

图 6-2 二值化后的图像

2. 像素冗余

任意位置像素的灰度值原理上与相邻像素相关,都可以通过其邻居像素来预测。单个像素携带的信息相对较少。在一幅图像中,大量单个像素对视觉效果而言,其贡献是冗余的。这种冗余建立在对邻居像素预测的基础上。例如,原图像的数据为 234 223 231 238 235,进行压缩后的数据为 234 −11 8 7 −3。

3. 视觉心理冗余

在一般视觉处理中,通常将重要程度小的信息称为视觉心理冗余。其产生原因如下。

(1) 人眼对区域亮度的感觉不仅取决于该区域的反射光,而且还取决于周围的环境光。比如,如图 6-3 所示的马赫带效应。观察图 6-3(a)会明显地看到一条一条的棱,但是在这幅图像的产生过程中,棱的像素灰度值与相邻像素是相等的,并不会有明显差异。同理,观察图 6-3(b)可以发现,当盯着图中某个饼状图形观察时,会感觉到其周围的饼状图形在动,但实际上,这幅图是静态的。之所以会产生这种现象,是因为被观察主体周围的环境对其产生了影响。

(a) 棱状马赫带效应

(b) 饼状马赫带效应

图 6-3 马赫带效应

(2) 视觉残留现象如图 6-4 所示。从图 6-4(a)来看,整幅图像的主体是汽车。但是在汽车周围环境的影响下,图 6-4(a)呈现出一种汽车在公路上疾驰的效果,让人以为图是动态的,但是实际上图是静态的。同时,观察路上疾驰的汽车的车轮时会感觉车轮转得很慢,但实际上车轮在高速转动。同理,对于图 6-4(b)而言,当小风扇转动得很慢或者不转动时,该图像不会出现在扇叶上,但在高速转动时就会出现。以上所述的现象就叫作视觉残留现象。

(a) 汽车

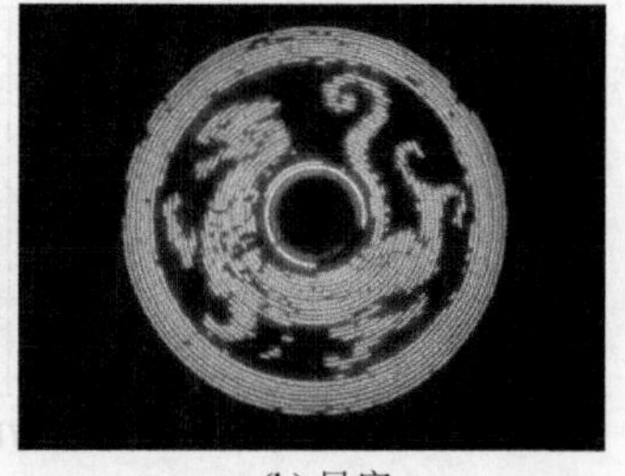

(b) 风扇

图 6-4 视觉残留现象

(3) 人眼的亮度适应能力如图 6-5 所示，其中，B_a 表示人眼感受到的主观亮度，B_b 表示其值以下，人眼感受的是黑色。由图 6-5 可知，对于主观亮度而言，人的视觉系统感觉到的亮度与进入人眼的光的强度呈对数关系。同时，人眼的亮度适应动态范围还是相当大的。但是，当外界光强一定后，人眼亮度适应动态范围并不大；当外界光强发生变化时，人眼亮度又适应另一个相对较小的动态范围。

4. 图像压缩的种类

由于图像存在编码冗余和像素冗余，当图像信息的描述方式改变后，这些冗余可以进行无损压缩。因为有视觉心理冗余，可以忽略一些视觉上不太明显的微小差异，即所谓的有损压缩。

(1) 无损压缩原理如图 6-6 所示。

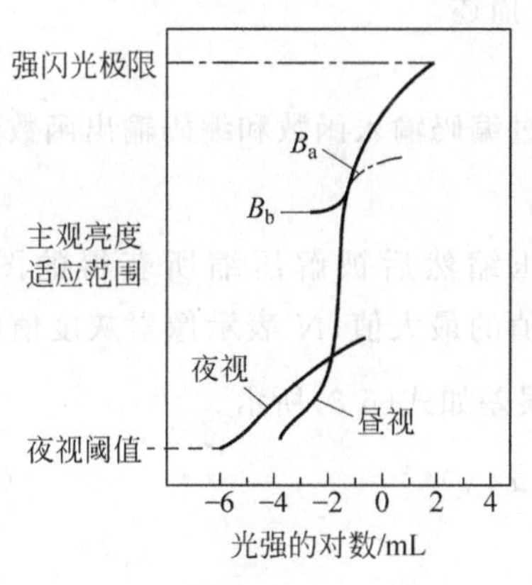

图 6-5 人眼的亮度适应能力

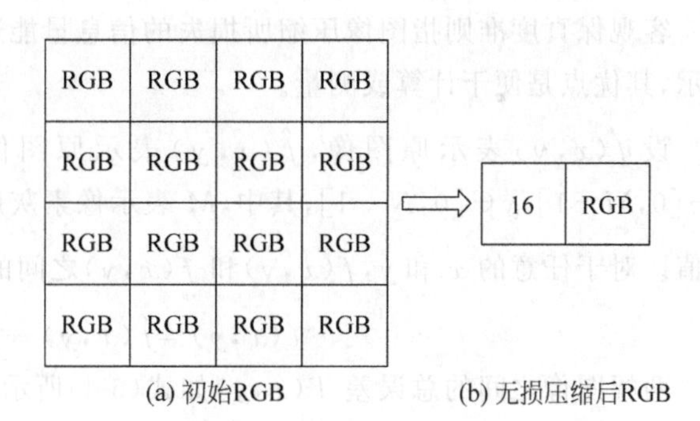

图 6-6 无损压缩原理示意

从图 6-6(a)中可以看出，如果对 RGB 图像进行无损压缩，首先将原图像均匀地拆分成 16 个子图。假设每个子图的大小为 3B，那么原图像的大小为 3×16×8=384bit。因为每个子图的大小一样，所以图 6-6(a)表示为图 6-6(b)。此时图像的大小为(2+3)×8×3=120bit。

从该过程中可以发现，16 只是一个记号或者索引，而图像在压缩过程中，其像素数量并没有减少，压缩后的图像也没有出现失真现象，因而实现了无损压缩。

(2) 有损压缩的原理如图 6-7 所示。

如图 6-7(a)所示，假设每个子图的数值为像素灰度值，且子块大小为 2B，则原图像的大小为 8736bit。设置像素灰度值阈值为 34，如图 6-7(b)所示，则图像大小为 34×16×2×8=8704bit，压缩后图像大小为(2+2)×2×8=64bit。

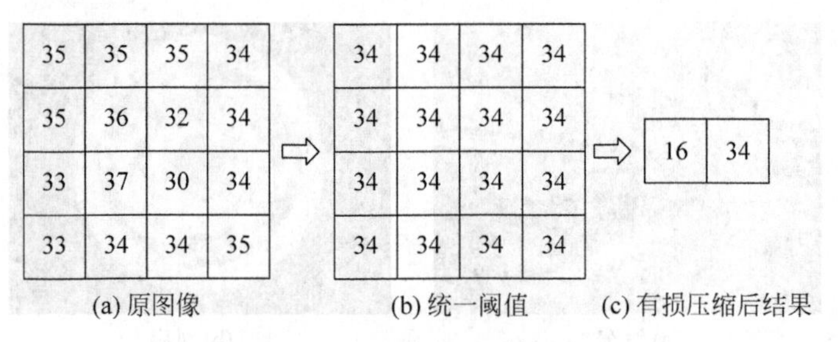

图 6-7　有损压缩原理示意

从该过程中可以发现，统一像素灰度值造成了像素的损失，所以压缩后的图像相比于原图像，会有所损失。

6.1.3 保真度准则

根据解压图像对原图像的保真程度，图像压缩的方法可分成两种类型：信息保存型、信息损失型。信息保存型图像压缩法在压缩和解压缩的过程中没有损失信息，得到的解码图像与原图像一样。信息损失型图像压缩法常能获得较高的压缩率，但经过压缩后，图像并不能通过解压缩完全恢复原图像信息。这种情况需要一种对信息损失进行描述的测度，以表述解压图像相对于原图像的偏离程度，这些测度一般称为保真度(逼真度)准则。简单来说，保真度准则是评价压缩算法的标准，分为两种：第一种是客观保真度准则，用来定量描述；第二种是主观保真度准则，是定性或定性基础上的定量描述。

1. 客观保真度准则

客观保真度准则指图像压缩所损失的信息量能通过编码输入函数和编码输出函数进行表示，其优点是便于计算或测量。

设 $f(x,y)$ 表示原图像，$\hat{f}(x,y)$ 表示原图像压缩然后被解压缩所获得的图像，$x\in[0,M-1]$，$y\in[0,N-1]$，其中，M 表示像素灰度值的最大值，N 表示像素灰度值的最小值。对于任意的 x 和 y，$f(x,y)$ 和 $\hat{f}(x,y)$ 之间的误差如式(6-3)所示。

$$e(x,y)=\hat{f}(x,y)-f(x,y) \tag{6-3}$$

两幅图像之间的总误差 $T(x,y)$ 如式(6-4)所示

$$T(x,y)=\sum_{x=0}^{M-1}\sum_{y=0}^{N-1}[\hat{f}(x,y)-f(x,y)] \tag{6-4}$$

$f(x,y)$ 和 $\hat{f}(x,y)$ 之间的均方根误差如式(6-5)所示。

$$e_{\text{rms}}=\left[\frac{1}{MN}\sum_{x=0}^{M-1}\sum_{y=0}^{N-1}[\hat{f}(x,y)-f(x,y)]^2\right]^{1/2} \tag{6-5}$$

$f(x,y)$ 和 $\hat{f}(x,y)$ 之间的信噪比如式(6-6)所示。

$$\text{SNR}=\frac{\sum_{x=0}^{M-1}\sum_{y=0}^{N-1}f(x,y)^2}{\sum_{x=0}^{M-1}\sum_{y=0}^{N-1}[\hat{f}(x,y)-f(x,y)]^2} \tag{6-6}$$

2. 主观保真度准则

尽管客观保真度准则提供了一种简单方便的信息损失评估测度，但很多解压图像最终是供人看的，在这种情况下，用主观方法来测量解压图像质量更为合适。主观保真度准则使用起来比较困难，并且其对信息损失的评估与客观保真度准则对信息损失的评估并没有在所有情况下得到很好的吻合。

主观保真度准则有3种，具体如下。

(1) 损伤检验：观察者根据损伤程度对图像进行打分。

(2) 质量检验：观察者根据质量对图像进行排序。

(3) 对比测试：观察者对原图像和解压图像进行两两比较。

前两种检验是绝对的，很难做到无偏向的评估；对比测试是一种相对的结果。一种典型的图像质量主观保真度准则评价表如表6-1所示。

表6-1 图像质量主观保真度准则评价表

序号	图像质量等级	图像质量评价标准
1	优秀	图像质量非常好，达到了人所想象的质量标准和显示效果
2	良好	图像质量高，观看效果好，有时有干扰，但不影响观看效果
3	可用	图像质量尚好，观看效果一般，有干扰，但不影响观看
4	勉强可用	图像质量差，干扰会影响观看，但是还可以观看
5	差	图像质量差，干扰虽令人讨厌，但还能够被忍耐
6	不能用	图像质量极差，已经无法观看

主观保真度准则常用的方法是评价者对待评价图像主观地进行打分，然后打分结果取平均，作为主观评价分。设每一种图像质量等级得分为 C_i，每一个得分的评分人数为 n_i，那么主观评价分如式(6-7)所示。V 越高，表示解码图像的主观评价越好。

$$V=\frac{\sum_{i=1}^{k} n_i C_i}{\sum_{i=1}^{k} n_i} \tag{6-7}$$

6.2 图像压缩模型

6.2.1 图像压缩的理论基础

数据压缩的理论基础是香农(C. E. Shannon)提出的信息论。作为数据压缩的一个重要分支，图像压缩自然也以此理论为基础。信息论认为任何信息都存在冗余，冗余的大小与信息中每个符号(数字、字母或单词)的出现概率或者不确定性有关。香农借鉴了热力学中熵的概念，把信息中排除了冗余后的平均信息量称为信息熵。这个信息熵就是人们一直在追求的数据压缩的理论极限。

6.2.2 图像压缩模型的种类

具体到图像，一幅图像存在数据冗余和视觉心理冗余，那么图像压缩方式就从这两方面着手来开展。这种思路有两个原因：一是因为有数据冗余，改变图像信息的描述方式可以压缩这些冗余；二是由于有视觉心理冗余，忽略图像中一些视觉不太明显的微小差异，可以进行所谓的有损压缩。

50多年来，人们从不同的角度出发，不断地认识上述两条图像压缩的思路，先后设计了若干算法。按照不同思路，本章把这些算法归结为以下几个模型：预测模型、统计模型、字典模型、变换模型、分形模型、模型基，并分别展开叙述。

1. 预测模型

由于图像中局部区域的像素是高度相关的，去除相邻像素之间的相关性，只对新的信息进行编码，这样能达到压缩的目的。举个简单的例子，因为像素的灰度是连续的，所以在一片区域中，相邻像素之间灰度值的差别可能很小。如果只记录第一个像素的灰度值，其他像素的灰度值采用它与前一像素灰度值之差来表示，那么能达到压缩图像的目的。例如，6像素压缩后为248，2，1，0，1，3，其中，2是根据第一像素的灰度值248预测的，1是根据预测的第二个像素的灰度值预测的，后面的数值操作与此类似。如果预测的差值是正确的，那么可知这6像素的灰度是248、250、251、251、252、255。可以看到，表示250需要8bit，而表示2只需要2bit，这便是图像压缩。这里要说明的是，这种预测必须基于严格的理论依据，这样才能满足图像压缩精度要求。

根据这个思路，人们设计了预测编码。常用的预测编码有Δ调制（Delta Modulation，DM）、DPCM。

2. 统计模型

从字面上来看，统计涉及概率的相关知识，统计模型确实用到了概率知识。概括来讲，当文字信息进行编码时，如果出现概率较高的字母被赋予较短的编码，出现概率较低的字母被赋予较长的编码，那么总的编码长度能缩短不少。基于这个思路，信息论之父香农在提出信息熵的同时，也给出了一种简单的编码方法——香农编码。范诺（R. M. Fano）对香农编码进行了改进，提出了香农-范诺（Shannon-Fano）编码。这种编码的思路是：按照符号出现的频度或概率对符号进行排序；然后使用递归方法将符号分成两部分，使上部分符号的频率或概率的总和尽可能接近下部分的频率和概率总和，这样构造出一棵二叉树；最后按照从左到右的顺序为每个节点下的左右分支分配0和1，并按照从上到下的顺序读各分支上的数字，得到相应字符的编码。

1952年霍夫曼（D. A. Huffman）提出了著名的霍夫曼（Huffman）编码。由于霍夫曼编码在编码时要统计各个字符出现的概率，建立二叉树（霍夫曼树），数据压缩和解压缩的速度都较慢，压缩比还不够高，但因其简单有效，因而得到广泛的应用。此后，为了挑战信息熵的极限，通过对香农-范诺编码的创新，1976年J. Rissanen提出了一种可以成功地逼近信息熵极限的编码方法——算术编码。算术编码虽然可以获得最短的编码长度，但其本身的复杂性也使算术编码的任何具体实现在运行时都慢如蜗牛，即使在摩尔定律大行其道、中央处理器（Central Processing Unit，CPU）速度日新月异的今天，算术编码程序的运行速度也很难满足日常应用的需求。

3. 字典模型

算术编码已经很接近信息熵的极限，似乎压缩技术的发展可以到此为止了。而J. Ziv和A. Lempel独辟蹊径，完全脱离霍夫曼编码及算术编码的设计思路，创造出了一种比霍夫曼编码更有效，比算术编码更快捷的压缩算法，即 Lempel-Ziv(LZ)算法。

LZ 算法有很多变体，如 LZ77、LZ78、LZW 等，但都遵循字典模型的思路。在日常生活中，查字典过程为：先通过《部首目录》检索字所在页码，然后在对应的页码上找到所需的汉字。字典模型的设计思路和查字典类似。它并不直接计算字符出现的概率，而是使用一本字典。随着信息的输入，字典模型找到输入信息在字典中相匹配的最长字符串，然后输出该字符串在字典中的索引信息。匹配字符串越长，字典模型的压缩效果越好。

4. 变换模型

由统计模型到字典模型，改变的是编码思想。而变换模型的提出也有别于这些编码思路，其思路是将原来在空域上描述的图像等信号通过一种数学变换，变换到可变域(如频域、正交矢量空间)进行描述。经过这样的变换，变换域中变换系数之间的相关性明显下降，并且能量常常集中于低频或低序系数区域。于是对低频成分分配较多的比特数，对高频成分分配较少的比特数，即可实现图像压缩。变换编码经常与量化一起使用，进行有损压缩。而且，由于正交矩阵具有的良好特性，变换模型一般采用正交矩阵进行转换。

老式彩色电视机是变换模型很好的示例。由于人眼对亮度的敏感性远远大于对色度的敏感性，彩色电视机将最初基于 RGB 颜色空间的色彩转换到 YCbCr 颜色空间，并利用较低的分辨率来表示色差信号(Cb 和 Cr)，这使彩色电视机可以使用与黑白电视机相同的约 6MB 的带宽来传送信号，而人眼感觉不到太大差别。实际上老式彩色电视机的亮度分辨率约为 350 条扫描线，而 Cb 信号约为 50 条扫描线(等效值)，Cr 信号约为 150 条扫描线(等效值)。复杂的人眼系统可以在这样的基础上重建完整的彩色图像。

总体来看，变换模型涉及的知识很复杂，不好理解。常见的傅里叶变换编码、沃尔什-阿达玛变换(Walsh-Hadamard Transform，WHT)、离散 K-L(Karhunen-Loeve)变换、小波变换等编码方法都是变换模型的应用，其中小波变换是当前的热门。

5. 分形模型

自然界有很多图形具有自相似性。利用这种相似性来对图形进行处理，可以达到压缩的目的，这就是分形模型的思路。那么，分形模型怎样压缩图像呢？首先基于分形几何建立图形库，这个图形库存放的不是分形图形本身，而是相对紧凑的、称为迭代函数系统代码的数字集合。这些代码将重构相应的分形图形。1904 年，瑞典数学家科赫(H. von Koch)首次提出了科赫曲线。该曲线的生成是把一条直线等分成三段，将中间一段用夹角为 60°的两条等长折线代替，形成一个生成元；然后把每条直线段用生成元代替，经无穷次迭代后，便得到一条有无穷多弯曲的科赫曲线。这里值得一提的是，分形模型是当前图像压缩研究的热点。

6. 模型基

近年来出现的模型基对图像压缩的思路又有不同。它基于已经有的先验知识。先验知识，简单来说就是大家都了解的、熟悉的场景。既然这部分知识是大家所熟悉的，那么信息在传输时可以不进行传输，在接收时只要相应地生成即可，这便是模型基的设计思路。根据对先验知识的使用程度，模型基可分为物体基模型和语义基模型。物体基模型较少用到先验知识，因而可以处理更为一般的对象。这种编码正处于研究阶段，具有很好的前景。语义基模型有效地利用景物中的已知对象的先验知识，可以实现非常高的压缩比，目前已经有比较成型的研究成果。

6.2.3 图像压缩的目的

图像压缩是为了传输图像，因而其应用与通信系统紧密相连。通信系统结构如图 6-8 所示。

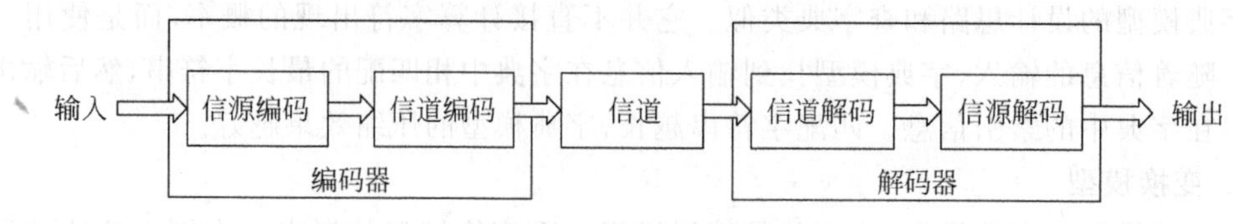

图 6-8 通信系统结构

(1) 信源编码：完成原始数据的编码与压缩。

(2) 信道编码：为了抗干扰，增加一些容错机制，如校验位。这实际上是有规律地增加传输数据的冗余，以便于消除传输过程中加入的随机信号。

(3) 信道：传送数据的媒介，比如互联网、广播网络、通信网络、可移动介质等。

6.2.4 信源编/解码器

1. 信源编码器

信源编码器的目的是减少或消除输入图像的编码冗余、像素间冗余及视觉心理冗余，其模型如图 6-9 所示。

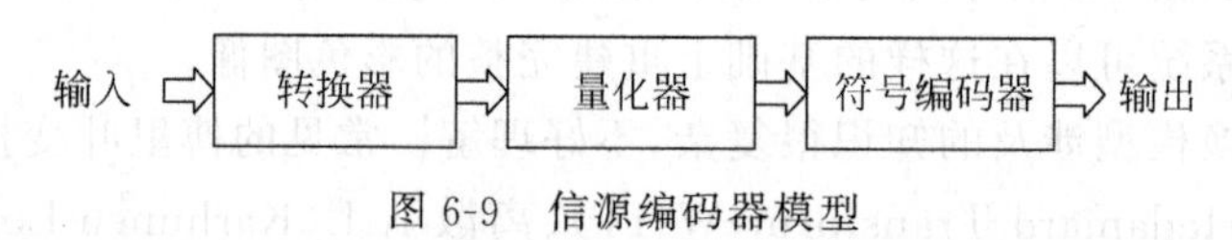

图 6-9 信源编码器模型

(1) 转换器：对输入的数据进行转换，以改变数据的描述形式，减少或消除像素间的冗余。此过程是可逆的。

(2) 量化器：根据给定的保真度准则降低转换器输出的精度，以进一步减少视觉心理冗余，此过程是不可逆的。

(3) 符号编码器：根据量化器输出码字进行更新映射，减少编码冗余。

并不是每个图像压缩系统都必须包含信源编码模型这 3 种操作，如果进行无误差压缩，则必须去掉其中的量化器。当信道有噪声或易产生误差时，信道编码器和信道解码器对整个编解码过程非常重要。信源编码器输出的数据一般只有很少的冗余，因而对噪声很敏感。

2. 信源解码器

信源解码器模型如图 6-10 所示。

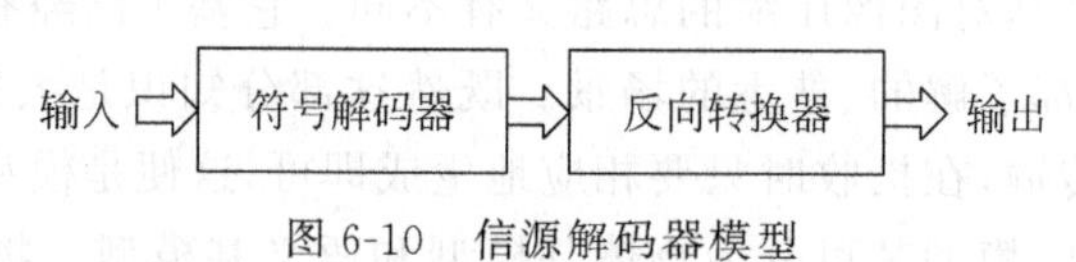

图 6-10 信源解码器模型

(1) 符号解码器：进行信源符号编码的逆操作。

(2) 反向转换器：进行信源转换的逆操作。

因为信源编码器的量化操作是不可逆的，所以信源解码器中没有对量化的逆操作。

图像 $f(x,y)$ 输入信源编码器后，编码器建立一组符号，并用它们来描述图像。令 n_1 和 n_2 分别表示原始及编码后的图像携带的信息单元数量(单位通常是 bit)，达到的压缩效果可以通过压缩比进行量化。压缩比的计算式如式(6-1)所示。如果压缩比为 10：1，表示原图像中每 10 个携带信息的单元被压缩为 1 个单元。

6.2.5 信道编/解码器

信道编码发展过程如图 6-11 所示。

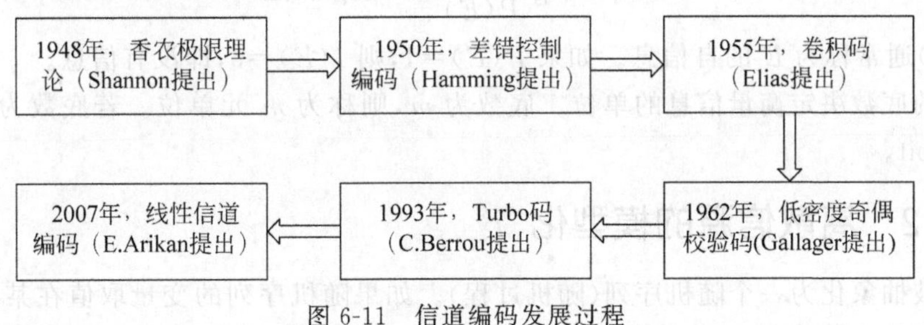

图 6-11 信道编码发展过程

数字信号在传输过程中往往因各种原因，在传输的数据流中产生误码，从而使接收端的图像发生跳跃、不连续、马赛克等现象。因此，信道编码对数据流进行相应处理，使系统具有一定的纠错能力和抗干扰能力，可以极大地避免传输过程中误码的产生。处理误码的方法有纠错、交织、线性内插等。

提高数据传输效率、降低误码率是信道编码的任务。信道编码的本质是增加通信的可靠性。但信道编码会减少有用信息的传输。其过程是在源数据流中插入一些码元，从而达到在接收端进行判错和纠错的目的。

码率兼容截短卷积码(Rate Compatible Punctured Convolutional，RCPC)是一类采用周期性删除比特的方法来获得高码率的信道编码，具有以下几个特点。

(1) RCPC 可以用生成矩阵表示，是一种特殊的卷积码。

(2) RCPC 的限制长度与原码相同，具有与原码同等级别的纠错能力。

(3) RCPC 具有原码的隐含结构，译码复杂度较低。

(4) 改变比特删除模式，可以实现高码率卷积码的编码和译码。

6.3 图像压缩中的信息论

信息论有狭义信息论和广义信息论两种。狭义信息论是关于通信技术的理论，是以数学方法研究信息传输和转换规律的一门学科。广义信息论是以各个系统、各门学科中的信息为对象，广泛地研究信息的本质和特点，以及信息的获取、计量、传输、存储、处理、控制和利用的一般规律。

香农是狭义信息论的创立者，提出了信息熵的概念，定义了信道容量，给出了在不同噪声的情况下无失真通信的极限传输速率。

熵是热力学中的名词，信息熵表示一条信息中真正需要编码的信息量。例如，讲话给别人听，如果周围环境不存在噪声的干扰，那么我语速很快地说一遍，他就可能听到；如果周围环境很嘈杂，那么我必须放慢语速；如果周围环境特别嘈杂，我甚至得重复说好几遍。这个例子很好地解释了香农的极限传输定理。

6.3.1 信息的测量

信息的产生可以模拟为概率过程。假设随机事件 E 出现的概率为 $P(E)$，则该随机事件包含的信息如式(6-8)所示。

$$I(E)=\log\frac{1}{P(E)}=-\log P(E) \tag{6-8}$$

其中，$I(E)$通常称为 E 的自信息。如果 $P(E)=1$，则 $I(E)=0$，即没有信息。

对数的底数决定衡量信息的单位。底数为 m，则称为 m 元单位。若底数为 2，则信息的单位为 bit。

6.3.2 离散信源的模型化

信源被抽象化为一个随机序列(随机过程)。如果随机序列的变量取值在某连续区间，那么信源叫作连续信源，比如语音信号 $X(t)$。如果随机序列的变量取值在某离散符号集合，那么信源叫作离散信源，比如平面图像 $X(x,y)$。

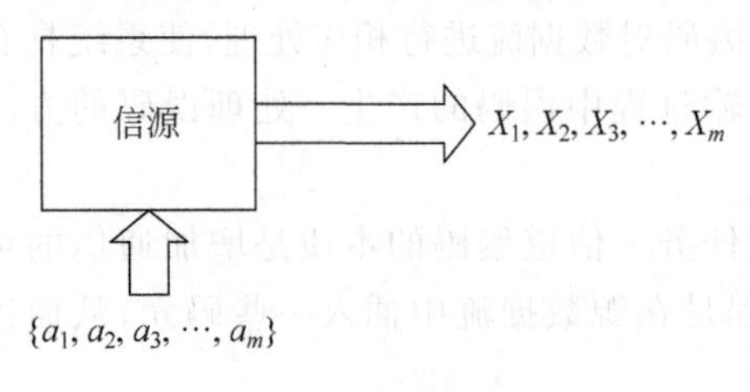

图 6-12 离散信源模型

离散信源模型如图 6-12 所示。如果随机序列中各个变量具有相同的概率分布，则信源被称为离散平稳信源。如果离散平稳信源的输出序列中各个变量是相互独立的，即前一个符号的出现不影响后面任何一个符号出现的概率，则离散平稳信源为离散无记忆平稳信源，否则为离散有记忆平稳信源。

假设信源输入的符号序列为$\{a_1,a_2,a_3,\cdots,a_j\}$，输出的符号序列为$\{X_1,X_2,X_3,\cdots,X_j\}$，符号 a_i 的概率为 $P(a_i)$，则可得到式(6-9)。

$$\sum_{i=1}^{j}P(a_i)=1 \tag{6-9}$$

信源输出的所有符号集合为 $A=\{a_i\}$，输出的所有符号概率的集合向量为 $\boldsymbol{z}=[P(a_1),P(a_2),\cdots,P(a_j)]^{\mathrm{T}}$。它们共同构成了信源的有限总体集合$(A,\boldsymbol{z})$，该有限总体集合完全描述了信源。

对于符号 a_i，其概率为 $P(a_i)$，相应的自信息如式(6-10)所示。

$$I(a_i)=-\log P(a_i) \tag{6-10}$$

该信源输出的平均信息如式(6-11)所示。

$$H(\boldsymbol{z})=-\sum_{i=1}^{j}P(a_i)\operatorname{lb}P(a_i) \tag{6-11}$$

在符号出现之前，熵表示符号集中符号出现的平均不确定性。在符号出现之后，熵表示接收一个符号后获得的平均信息量。信源的熵反映了信源输出平均信息量的大小。符号的概率分布越不均匀，信源的熵越小；符号的概率分布越平坦，信源的熵越大。由上可得到最大离散熵值定理：当与信源对应的字符集中的各个字符为等概率分布时，熵具有极大值。

根据最大离散熵值定理，对于同一个信源而言，其总的信息量是不变的，如果能够通过某种变换（编码），使信源尽量等概率分布，则每个输出符号所独立携带的信息量增大，那么传送相同信息量所需要的序列长度就越短。离散无记忆信源的冗余度隐含在信源符号的非等概率分布中，只要熵小于极大值，就存在数据压缩的可能性。

1. 离散无记忆信源

当字符 a_j 的码长度为 L_j 时，输出的变量序列 X 的平均码长如式(6-12)所示。根据离散无记忆平稳信源编码可得：当信源的平均码长 $L_{\text{avg}} < H(z)$ 时，对非等概率分布的信源采用不等长编码，其平均码长小于或等于编码的平均码长；如果信源中各符号的出现概率相等，信源熵值达到最大，这就是重要的最大离散熵定理：只要信源不是等概率分布，就存在着数据压缩的可能性。其中，平均码长如式(6-12)所示。

$$L_{\text{avg}} = \sum_{j=1}^{m} P_j L_j \tag{6-12}$$

2. 离散有记忆信源编码

信息量用条件熵 $H(X_n | X_1, X_2, \cdots, X_{n-1})$ 来表示，其压缩极限为 $H(z)$，所以有 $H(X_n | X_1, X_2, \cdots, X_{n-1}) \leqslant H(z)$。其中，$H(X_n)$ 和 $H(X_1, X_2, \cdots, X_{n-1})$ 的条件熵称为联合熵。联合熵与其最大值之间的差值反映了该离散有记忆信源的冗余度，这种冗余是由随机变量序列之间的相关性造成的。由此可得，压缩的基本思想是：尽可能地去除各分量之间的相关性，再对各分量进行独立编码，以实现压缩。

6.3.3 信息系统的一般模型

为了最大化地使信道传输信息，可以在具有自然性质的信源、信道和信宿中，人为地增加编码器和解码器，形成了信息系统一般模型，如图 6-13 所示。

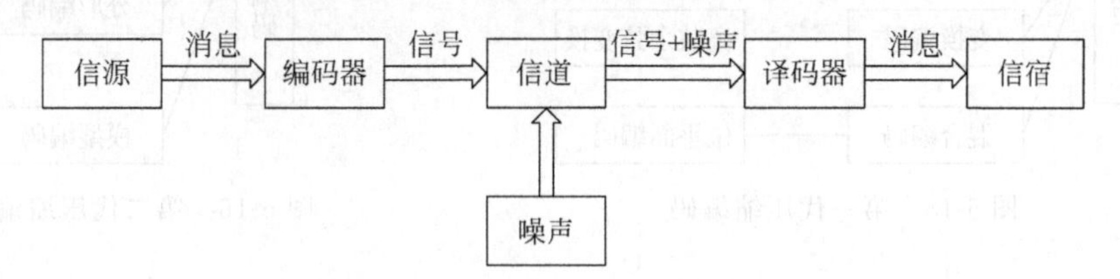

图 6-13 信息系统一般模型

(1) 信源(信息发送端)：产生信息或信息序列。

(2) 消息：存储和传递信息的方式和手段，如文稿、信函、数据等，是信息和载体的统一。

(3) 编码器：将消息变换为信号的装置或系统，如电码本、密码本、计算程序等。

(4) 信号：适合消息在信道中传输的形式，是一个实在的物理过程，如电脉冲。

(5) 信道：传输信息(或消息)的介质、通道或系统，可分为有形信道(如电线、电缆)和无形信道(如电磁波、声波)。

(6) 噪声：信道内部或环境对信号的干扰。

(7) 译码器：将信号与噪声分离，并将信号反变换为消息的装置或系统。

(8) 信宿(信息接收端)：接收信息或信息序列。

6.4 图像压缩种类

根据编码是否存在信息损耗，图像压缩可分为两种：有损压缩、无损压缩，如图 6-14 所示。无损压缩（可逆编码）：无信息损失，解压缩时能够从压缩数据精确地恢复原图像，信息保持编码的压缩比较低，一般不超过 3∶1，主要应用在图像的数字存储方面，常用于医学图像编码。有损压缩（不可逆编码）：不能精确重建原图像，存在一定程度的失真。保真度编码可以实现较大的压缩比，主要用于数字电视技术、静止图像通信、娱乐等方面。

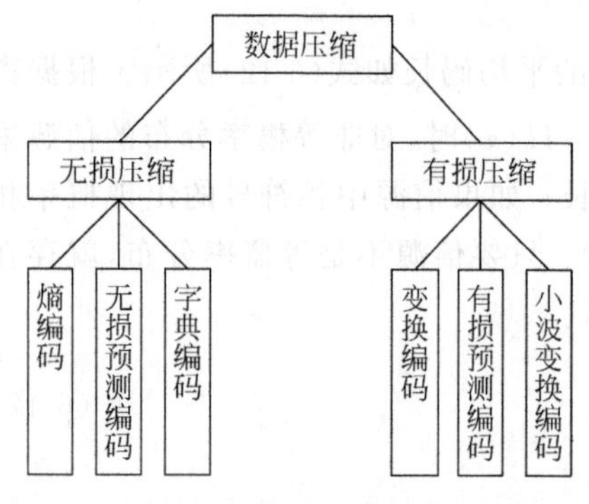

图 6-14 数据压缩分类及相关编码算法

第一代压缩编码：根据编码原理可以分为像素编码、预测编码、变换编码和混合编码等，如图 6-15 所示。

第二代压缩编码：突破了信源编码理论，结合分形、模型基、神经网络、小波变换等数学工具，充分利用视觉系统生理心理特性和图像信源的各种特性进行编码，如图 6-16 所示。

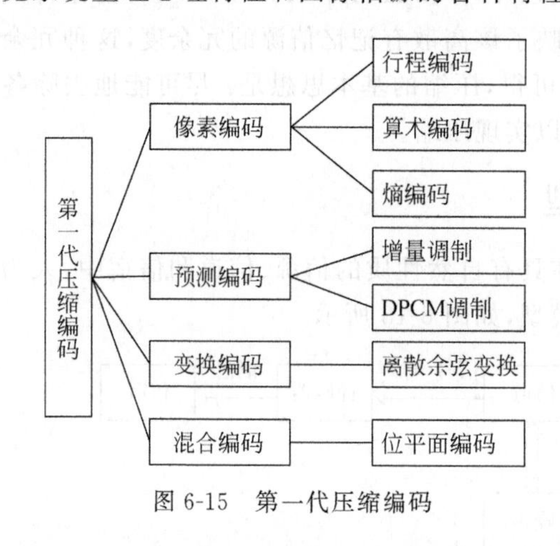

图 6-15 第一代压缩编码

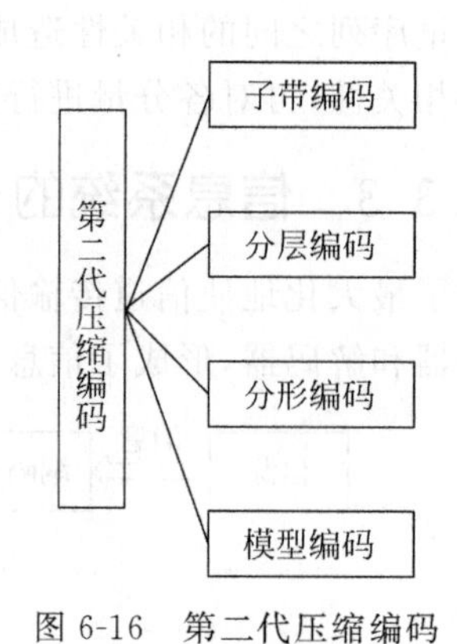

图 6-16 第二代压缩编码

6.4.1 无损压缩——熵编码

无损压缩的基本思想是利用数据的统计冗余进行压缩，并可完全恢复原始数据而不引起任何失真。但压缩率受到数据统计冗余度的理论限制，一般为 2∶1 到 5∶1。这类方法被广泛用于文本数据、程序和特殊应用场合的图像数据（如指纹图像、医学图像等）的压缩。

无损压缩熵编码的主要方法有：香农-范诺编码、霍夫曼编码、算术编码。

1. 霍夫曼编码

霍夫曼编码属于码字长度可变的编码类，是霍夫曼于 1952 年提出的一种从下到上的编码方法。与其他码字长度可变的编码一样，基于符号出现的概率生成码字，即编码树。霍夫曼编码的具体步骤如下。

步骤 1 初始化：根据符号出现概率的大小，按由大到小的顺序对符号进行排序。

步骤 2 把概率较小的两个符号组成一个新符号（节点），新符号的概率等于这两个符号的概率之和。

步骤 3 重复步骤 2，直至最终形成一个符号为止（树），该符号的概率为 1。

步骤 4 从编码树的根开始回溯到原始的符号，并将每个下分枝赋值为 1，上分枝赋值为 0。

例 6-1 已知字母 A、B、C、D、E 已被编码，出现的概率分别为 $P(A)=0.16$，$P(B)=0.51$，$P(C)=0.09$，$P(D)=0.13$，$P(E)=0.11$，求其霍夫曼编码。

解：对字母出现的概率进行排序可知，C 和 E 概率较小，被排在第一棵二叉树中作为树叶。它们的根节点 CE 的组合概率为 0.20。从 CE 到 C 的分枝标记为 1，从 CE 到 E 的分枝标记为 0。

此时各节点的概率分别为 $P(A)=0.16$，$P(B)=0.51$，$P(CE)=0.20$，$P(D)=0.13$，可知 D 和 A 两个节点的概率较小。这两个节点作为叶子组合成一棵新的二叉树。根节点 AD 的组合概率为 0.29，从 AD 到 A 的分枝标记为 0，从 AD 到 D 的分枝标记为 1。如果不同的二叉树的根节点有相同的概率，那么具有从根到节点最短的最大路径的二叉树应先生成，这样能保持编码的长度基本稳定。

剩下节点的概率分别为 $P(AD)=0.29$，$P(B)=0.51$，$P(CE)=0.20$，可知 AD 和 CE 两节点的概率较小。它们生成一棵二叉树，其根节点 ADCE 的概率为 0.49。从 ADCE 到 AD 的分枝标记为 0，从 ADCE 到 CE 的分枝标记为 1。

剩下两个节点的概率分别为 $P(ADCE)=0.49$，$P(B)=0.51$。它们生成最后根节点为 ADCEB 的二叉树，从 ADCEB 到 B 的分枝标记为 0，从 ADCEB 到 ADCE 的分枝标记为 1。

生成的霍夫曼编码树如图 6-17 所示，编码结果如表 6-2 所示。

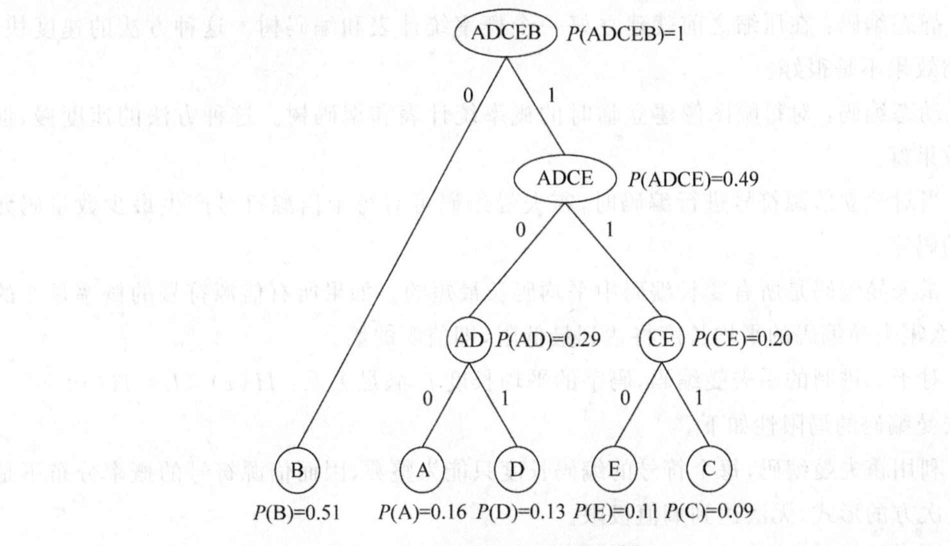

图 6-17 霍夫曼编码树

表 6-2 霍夫曼编码结果

符 号	概 率	编码结果
A	0.16	100
B	0.51	0
C	0.09	111
D	0.13	101
E	0.11	110

例 6-2 已知输入序列为 s_1, s_2, s_3, s_4，共计 4 个符号，它们出现的概率如表 6-3 所示。请利用霍夫曼编码进行编码。

解：编码过程同例 1，故本处不再详述。得到的霍夫曼编码结果如表 6-4 所示。

表 6-3 各符号出现概率

符 号	概 率
s_1	0.5
s_2	0.25
s_3	0.125
s_4	0.125

表 6-4 霍夫曼编码结果

符 号	编码结果
s_1	0
s_2	10
s_3	110
s_4	111

霍夫曼编码在图像压缩中常用且有效的方法是：将图像分割成若干子图，分别对每个子图进行霍夫曼编码。这是因为分成若干子图后，可以大幅降低不同灰度值的个数，从而使大概率的灰度值可以用较短的码字表示。

霍夫曼编码的特性如下。

(1) 静态编码：在压缩之前就建立好一个概率统计表和编码树。这种方法的速度快，但是压缩效果不是很好。

(2) 动态编码：对每幅图像建立临时的概率统计表和编码树。这种方法的速度慢，但是压缩效果好。

(3) 当对独立信源符号进行编码时，霍夫曼编码可对每个信源符号产生最少数量码元(最短)的码字。

(4) 霍夫曼编码是所有变长编码中平均码长最短的。如果所有信源符号的概率是 2 的指数，那么霍夫曼编码的平均长度将达到最低限，即信源的熵。

(5) 对于二进制的霍夫曼编码，码字的平均长度 $\bar{L}$ 满足关系：$H(z)<\bar{L}<H(z)+1$。

霍夫曼编码的局限性如下。

(1) 利用霍夫曼编码，每个符号的编码长度只能为整数，因而信源符号的概率分布不是 2 的负 n 次方的形式，无法达到熵值极限。

(2) 输入符号数受限于可实现的码表尺寸。

(3) 译码复杂。

(4) 需要事先知道输入符号的概率分布。

(5) 没有错误保护功能。

2. 香农-范诺编码

香农-范诺编码其名称来自克劳德·香农和罗伯特·范诺的组合。在理想意义上,它与霍夫曼编码一样,并未实现码字长度的最低预期。然而,与霍夫曼编码不同的是,它确保了所有的码字长度在一个理想的理论范围内。

香农-范诺编码的步骤如下。

步骤1 输入符号按从大到小的顺序,对其概率进行排序。

步骤2 按概率之和相等或相近原则,将符号分为两组,按"左零右一"原则赋值;或者概率之和大的赋值为1,小的赋值为0。

步骤3 按概率之和相等或相近的原则把现有的组分成两组,按步骤2的方法进行赋值。

步骤4 重复步骤3,直至每个组只有一个符号。

步骤5 对每个符号所获得的值依次排列,可得符号序列的香农-范诺编码结果。

例 6-3 现有符号及其出现次数如表 6-5 所示,请对其进行香农-范诺编码。

表 6-5 符号及其出现次数

符 号	出现次数/次	符 号	出现次数/次
A	15	D	6
B	7	E	5
C	7		

解:按照"左零右一"的原则,结果如图 6-18 所示。

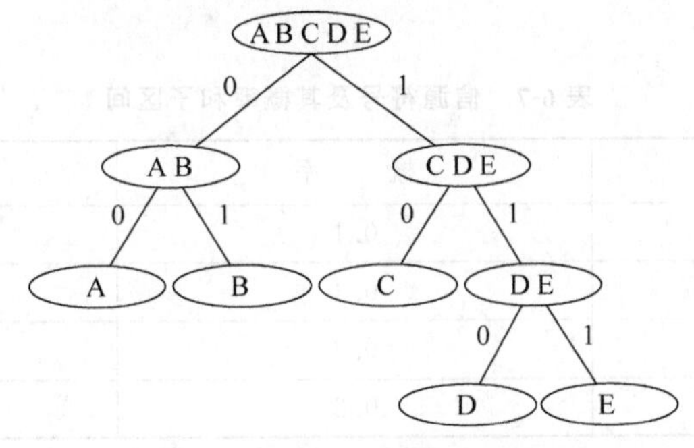

图 6-18 香农-范诺编码示意

从左到右,所有的符号以它们出现的次数划分。在B与C之间划定分割线,得到了左右两组,总次数分别为22和17。这样就把两组的差别降到最小。通过这样的分割,A与B同时拥有了一个以0为开头的码字,C、D、E的码字则为1。随后,在树的左半边,于A和B之间建立新的分割线,这样A就成为了码字为00的叶子节点,B的码字为01。经过4次分割,得到了一个树形编码。编码结果如表6-6所示,在最终得到的树中,拥有较大频率的符号的码长为2,其他两个较低频率的符号码长为3。

表 6-6 香农-范诺编码结果

符　号	编码结果	符　号	编码结果
A	00	D	110
B	01	E	111
C	10		

3. 算术编码

算术编码的基本思想如下。

对于一个独立信源来说，由符号组成的长度为 N 的序列发生的概率之和为 1。根据符号序列的概率，把区间[0,1]划分为互不重叠的子区间，不是将单个符号映射成一个码字，而是把整个符号序列表示为 0～1 的一个子区间，子区间的宽度等于各符号序列的概率。这样，每个子区间内的任意一个实数都可以用来表示对应的符号序列。显然，该符号序列出现的概率越大，对应的子区间就越宽，表达它所用的比特数就越少，因而其码字就越短。

算术编码的步骤如下。

步骤 1　初始化：将当前间隔[L,H]设置为[0,1]。

步骤 2　将当前间隔分为更小的子区间，每个符号序列对应一个子区间，该子区间的大小与符号序列的概率成正比。

步骤 3　选择与下一个符号序列相对应的子区间，并使其成为新的当前区间。

步骤 4　输出当前间隔的下边界，即该符号序列的算术编码。

例 6-4　假设信源符号 A、B、C、D 出现的概率分别为 0.1、0.4、0.2、0.3。根据这些概率，区间[0,1]被分成 4 个子区间：[0,0.1)，[0.1,0.5)，[0.5,0.7)，[0.7,1]。上述信息如表 6-7 所示。

表 6-7 信源符号及其概率和子区间

符　号	概　率	子 区 间
A	0.1	[0,0.1)
B	0.4	[0.1,0.5)
C	0.2	[0.5,0.7)
D	0.3	[0.7,1]

现在某二进制输入符号序列为 CADACDB，请对其进行算术编码，并分析译码所处的编码范围。

解：进行算术编码时，首先输入的符号是 C，找到它的编码范围是[0.5,0.7)。符号序列的第二个符号 A 的编码范围是[0,0.1)，那么 A 的子区间为[0.5,0.7)的第一个十分之一，即[0.5,0.52)。以此类推，第三个符号 D 的子区间为[0.514,0.52)，第四个符号 A 的子区间为[0.514,0.5146)，直至序列中的符号结束。符号序列的编码是最后一个间隔中的任意数。整个算术编码过程如表 6-8 所示。

表 6-8 算术编码过程

步骤	输入符号	编码子区间	编码判决标准
1	C	[0.5,0.7)	间隔为 0.2
2	A	[0.5,0.52)	间隔为 0.2×0.1
3	D	[0.514,0.52)	间隔为 0.2×0.1×0.3
4	A	[0.514,0.5146)	间隔为 0.2×0.1×0.3×0.1
5	C	[0.5143,0.514 42)	间隔为 0.2×0.1×0.3×0.1×0.2
6	D	[0.514 384,0.514 42)	间隔为 0.2×0.1×0.3×0.1×0.2×0.3
7	B	[0.514 383 6,0.514 402)	间隔为 0.2×0.1×0.3×0.1×0.2×0.3×0.4

可得 B 的子区间为[0.514 383 6,0.514 402),所以处于该区间内的任意值可以作为该序列的编码进行输出,输出结果为 0.514 387 6。将十进制的 0.514 387 6 转换为二进制数,即为 $0.514\ 387\ 6_{(十进制)} \approx 0.100\ 000\ 1_{(二进制)}$,去掉小数点和前面的 0 后,得 1 000 001。因此,CADACDB 的编码为 1 000 001,长度为 7。

表 6-9 给出了译码过程。

已知待译码的数据 0.514 387 6 在子区间[0.5,0.7),因此解出的第一个符号为 C。然后,继续得出 0.514 387 6 处于[0.5,0.7)的第一个 10%子区间,因此解出的第二个符号为 A。以此类推,重复这个过程,直至全部执行。可得译码后的符号序列为 CADACDB。

表 6-9 算术编码的译码过程

步骤	编 码 间 隔	译码符号	译码判决条件
1	[0.5,0.7)	C	0.514 387 6 在[0.5,0.7)内
2	[0.5,0.52)	A	0.514 387 6 在[0.5,0.7)的第一个 10%子区间
3	[0.514,0.52)	D	0.514 387 6 在[0.5,0.52)的第七个 10%子区间
4	[0.514,0.5146)	A	0.514 387 6 在[0.514,0.52)的第一个 10%子区间
5	[0.5143,0.514 42)	C	0.514 387 6 在[0.514,0.5146)的第五个 10%子区间
6	[0.514 384,0.514 42)	D	0.514 387 6 在[0.5143,0.514 42)的第七个 10%子区间
7	[0.514 383 6,0.514 402)	B	0.514 387 6 在[0.514 384,0.514 42)的第一个 10%子区间

算术编码的特点如下。

(1) 算术编码对整个消息只产生一个码字,这个码字是在区间[0,1]的一个实数,因此译码器在收到表示这个实数的所有位之前不能进行译码。

(2) 由于实际的计算机精度不可能无限长,在编码运算过程中可能出现内存溢出的情况。

(3) 算术编码也是一种对错误很敏感的编码方法,如果有一位发生错误,则会导致整个消息译错。

6.4.2 无损压缩——字典编码

字典编码主要利用数据本身包含重复代码这一特性,也就是信源符号之间的相关性。字符串与代号的对应表就是字典。

字典编码的核心是如何动态地形成字典,以及如何选择输出格式,以减小冗余。字典编码的方法有很多种，归纳大致有两类：行程编码(Run Length Encoding，RLE)和串表压缩编码(Lampel-Ziv-Welch，LZW)。

1. RLE 编码

行程的概念是：具有相同灰度值的像素序列。RLE 编码的思想是去除像素冗余，以及用行程的灰度值和长度代替行程本身。RLE 编码的基本原理是通过改变图像的描述方式来实现压缩，将灰度值相同的一行像素用一行像素个数和该灰度值来替代。例如，一个输入序列 aaaa bbb cc d eeeee ffffff，共有 21×8＝168bit，经 RLE 编码压缩后为 4a 3b 2c 1d 5e 6f，共有 12×8＝96bit。

RLE 编码的特点如下。

(1) 对有大面积色块的图像的压缩效果好。

(2) 对颜色纷杂的图像的压缩效果不是很好，甚至会使图像数据翻倍。

RLE 编码示例如图 6-19 和图 6-20 所示。图 6-19(a)为二值图像，有大面积色块，图 6-20(a)为颜色纷杂的图像。这两幅图先用 RLE 编码进行图像压缩，然后再进行解码，得到解压图像，分别如图 6-19(b)和图 6-20(b)所示。

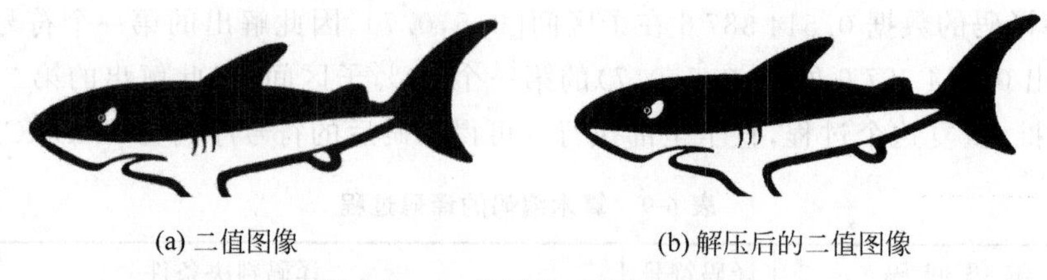

(a) 二值图像　　(b) 解压后的二值图像

图 6-19　二值图的压缩与解压缩

(a) 颜色纷杂的图像

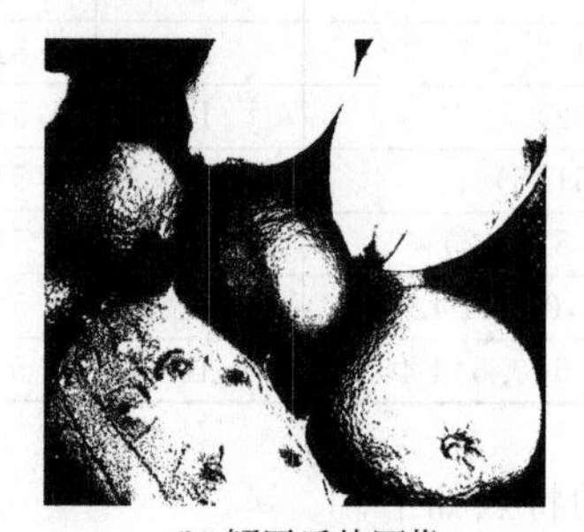

(b) 解压后的图像

图 6-20　非二值图的压缩与解压缩

2. LZW 编码

LZW 编码的思想类似于成语字典，用数据中出现的字符序列形成字典，给出字典的索引并作为压缩结果。LZW 编码的基本思路是在压缩过程中，动态地形成一个字符序列表(字典)。每当压缩扫描图像时发现字典中没有的字符序列，就把该字符序列存到字典中，用字典的地址(编码)作为这个字符序列的代码，替换原图像的字符序列；当下次再扫描到相同的字符序列时，就用字典的地址代替字符序列。除了图像压缩，压缩过程中形成的字典不需要保留；而在解压缩时，临时地恢复这个字典。

LZW 编码器的输入是数据流，数据流可以是 8bit ASCII 字符组成的字符串；而输出是用 $n$bit(如 12bit)表示的码字流，码字代表由单个字符或多个字符组成的字符串。

LZW 编码有两种编码方式，具体如下。

(1) 第一种编码方式又叫作 LZ77 算法，LZ77 算法企图查找正在压缩的字符序列是否在以前输入的数据中出现过，然后用已经出现过的字符序列替代重复的部分，其输出仅是指向早期出现过的字符序列的“指针”。过程如图 6-21 所示，其中，a,b,c,d,x,a,b,m 为输入的字符序列。x 后又输入子序列 a,b，和前面重复，因而将子序列 a,b 记为 p。序列{a,b,c,d,x,p,m}为字典。输入的字符序列中若有 a,b，则记为 p，并通过直接映射指针指向 a,b。

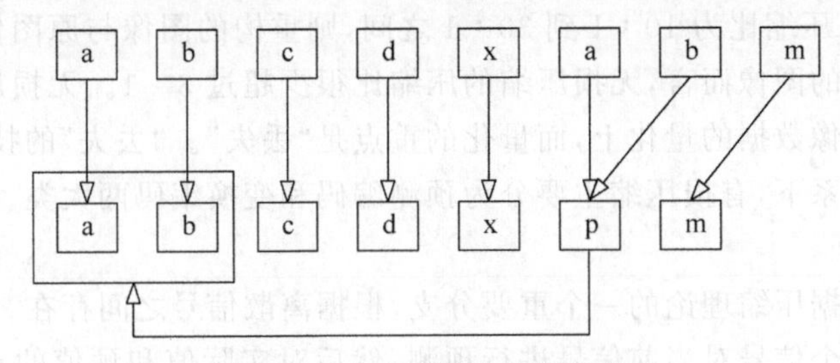

图 6-21 LZ77 算法过程示意

(2) 第二种编码方式企图从输入的数据中创建一个短语字典，这种短语不一定是具有具体含义的短语，而可以是任意字符的组合。在编码过程中，当遇到已经在字典中出现的短语时，LZW 编码器就输出字典中的这个短语的“地址”，而不是短语本身。其过程如图 6-22 和图 6-23 所示，其中，图 6-22 为已知字典，图 6-23 为编码过程。在已知字典中，a,c 的索引号为 1，a,x 的索引号为 2，e,c 的索引号为 3，a,x,x 的索引号为 4，c,a,x 的索引号为 5。

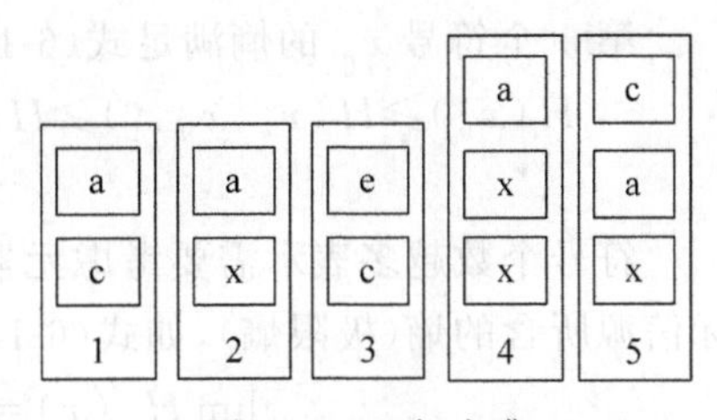

图 6-22 已知字典

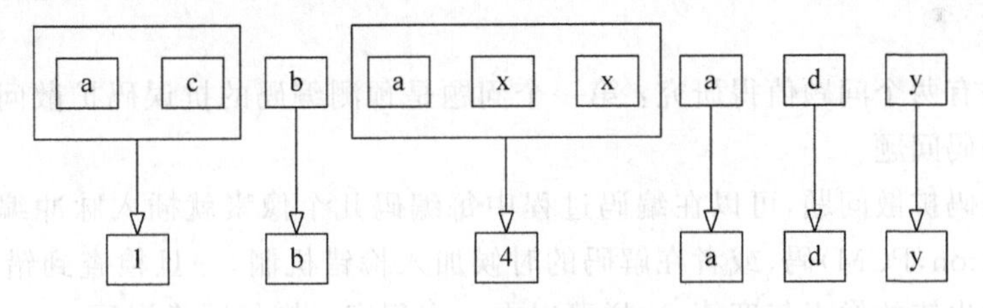

图 6-23 第二种 LZW 编码过程示意

LZW 编码的特点如下。

(1) 有效利用字符出现频率冗余度进行压缩，且字典是自适应生成的，但通常不能有效地利用位置冗余度。

(2) 对可预测性不大的数据具有较好的处理效果，常用于 TIF 格式的图像压缩，其平均压缩比在 2：1 以上，最高压缩比可达到 3：1。

(3) 对于数据流中连续重复出现的字节和字串，具有很高的压缩比。

(4) 除了用于图像数据处理以外，还被用于文本程序等数据压缩领域。

(5) 有很多变体，例如 ARC、RKARC、PKZIP 等压缩程序。

(6) 对于任意宽度和像素位长度的图像，都具有稳定的压缩过程，且压缩和解压缩速度较快。

6.4.3 有损压缩

有损压缩是利用人类的视觉心理冗余，通过忽略不引起广泛关注的细节信息，实现图像高倍率压缩。另外，通过"牺牲"图像的部分准确率，亦可达到提高图像压缩率的目的。如果解压缩后的结果允许一定的误差，那么图像压缩率就可以得到显著提高。通常，有损压缩在图像压缩比为 50∶1 时，仍然能够有效地重构图像。有的有损压缩算法的压缩比甚至可以达到 100∶1。如果压缩比为 10∶1 到 30∶1 之间，则重构的图像与原图像在视觉上几乎没有差别。对于一般的图像而言，无损压缩的压缩比很少超过 3∶1。无损压缩和有损压缩的根本差别在于对图像数据的量化上，而量化的重点是"丢失"。"丢失"的技巧体现压缩效率。在传统压缩编码体系下，有损压缩主要分为预测编码和变换编码两大类。

1. 预测编码

预测编码是数据压缩理论的一个重要分支，根据离散信号之间存在一定相关性的特点，利用前面一个或多个信号对当前信号进行预测，然后对实际值和预值的差(预测误差)进行编码。如果预测比较准确，那么预测误差会很小，可以用较少的码位进行编码，以达到数据压缩的目的。

第 n 个符号 x_n 的熵满足式(6-13)所示条件。

$$H(x_n) \geqslant H(x_n \mid x_{n-1}) \geqslant H(x_n \mid x_{n-1}x_{n-2}) \geqslant \cdots \geqslant H(x_n \mid x_{n-1}x_{n-2}\cdots x_1) \tag{6-13}$$

符号个数越多表示需要考虑元素之间更多的依赖关系，熵值进一步降低，越来越接近实际信源所含的熵(极限熵)，如式(6-14)所示。

$$\lim_{n\to\infty} H_n(x) = \lim_{n\to\infty} H_n(X_n \mid X_{n-1}X_{n-2}\cdots X_1) \tag{6-14}$$

由上可知，参与预测的符号越多，预测结果就越准确，信源的不确定性就越小，码率越低。

预测编码有两个问题值得研究：第一个问题是预测编码的抗误码扩散问题；第二个问题是自适应编码问题。

对于抗误码扩散问题，可以在编码过程中每编码几个像素就插入脉冲编码调制(Pulse Code Modulation,PCM)码，或者在解码的时候加入检错机制，一旦检查到错就用相邻像素的灰度值代替出错的像素灰度值，这样可以在一定程度上恢复图像误码。

对于自适应编码问题，可以采用量化系数，以及预测函数。这两项在编码过程中都可以根据图像内容进行自适应调整。为了实现正确解码，有两种方法实现自适应调整：第一种是将一些调整信息加入码流，在解码的时候有助于正确解码；第二种是解码端和编码端保持完全一致，也采用自适应方式解码，从而实现正确解码。

预测编码分为最佳预测编码、线性预测编码、非线性预测编码、帧内预测编码、帧间预测编码、自适应预测编码、条件补充帧间预测编码、以及运动补偿预测编码。

最佳预测编码：在均方误差最小的准则下，使预测编码误差最小的方法。

线性预测编码：利用线性方程计算预测值的编码方法。线性预测编码方法也称 DPCM 法。

非线性预测编码：利用非线性方程计算预测值的编码方法。

帧内预测编码：根据同一帧样本进行预测的编码方法。

帧间预测编码：根据不同帧样本进行预测的编码方法。

自适应预测编码(Adaptive Predictive Coding,APC)：预测器和量化器参数按图像局部特性进行编码。

条件补充帧间预测编码：在帧间预测编码中,若帧间对应像素灰度值超过某一阈值就保留,否则不传输或不存储；恢复时用上一帧对应像素灰度值来代替。

运动补偿预测编码：在活动图像预测编码中,根据画面运动情况,对图像加以补偿,再进行帧间预测的方法。

(1) 无损压缩预测编码如图 6-24 所示。

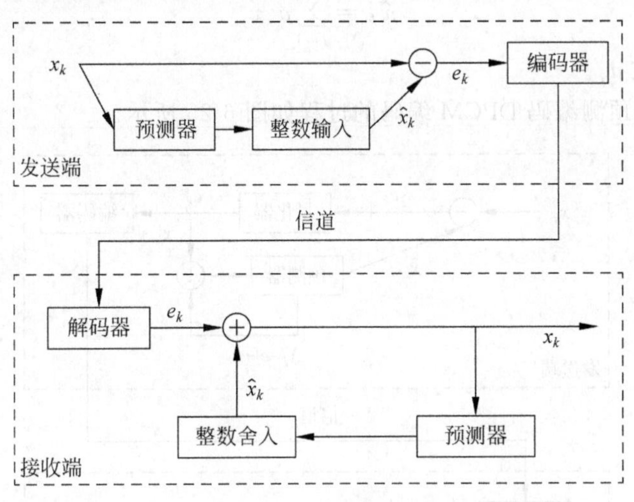

图 6-24　无损预测编码

当输入信号序列 $x_k(k=1,2,\cdots)$输入编码器时,预测器根据若干个过去的输入产生当前输入的预测值,并将其输出舍入成最接近的整数 $\hat{x}_k$,并用来计算预测误差 e_k,如式(6-15)所示。同时预测误差可用符号编码器借助变长码进行编码,以产生压缩信号数据流的下一个元素。

$$e_k = x_k - \hat{x}_k \tag{6-15}$$

解码器根据接收到的变长码字重建预测误差,并执行式(6-16)所示操作以得到解码信号。

$$x_k = e_k + \hat{x}_k \tag{6-16}$$

无损压缩预测编码通过预测器将原来对原始信号的编码转换成对预测误差的编码。在多数情况下,无损压缩预测编码可通过将 M 个之前的数据进行线性组合得到预测值。预测方程式如式(6-17)所示,其中 $k>N$ 表示 $x_1,x_2,x_3,\cdots,x_N$ 出现的时序在 x_k 之前。

$$\hat{x}_k = f(x_1,x_2,x_3,\cdots,x_N,k),\quad k>N \tag{6-17}$$

线性预测指预测方程式等号的右侧是 $x_i(i=1,2,\cdots,k)$的线性函数,如式(6-18)所示。如果 $a_i(k)$是常数,则线性预测为时不变线性预测。

$$\hat{x}_k = \sum_{i=1}^{k-1} a_i(k) x_i \tag{6-18}$$

最简单的预测方程式如式(6-19)所示。

$$\hat{x}_k = x_{k-1} \tag{6-19}$$

使式(6-20)所示的误差函数 Q_{mse} 达到最小值的线性预测叫作最佳线性预测。

$$Q_{\mathrm{mse}} = E[(x_k - \hat{x}_k)^2] \tag{6-20}$$

求最佳线性预测的各个参数 a_i，如式(6-21)所示。

$$\frac{\partial E[(x_k - \hat{x}_k)^2]}{\partial a_i} = 0, \quad i = 1, 2, \cdots, n-1 \tag{6-21}$$

代入可得

$$\hat{x}_k = \sum_{i=1}^{k-1} a_i x_i \tag{6-22}$$

最后求得参数 a_i。

(2) 有损压缩预测编码 DPCM 编码的过程如图 6-25 所示。

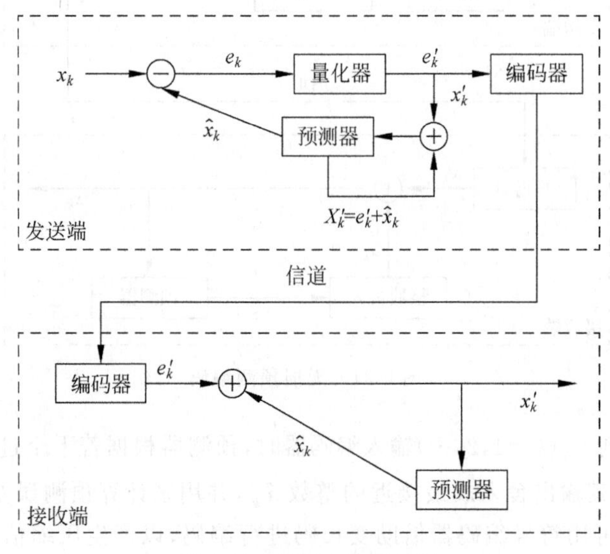

图 6-25 DPCM 编码过程

DPCM 编码在无损压缩预测编码的基础上增加了一个量化器，其压缩过程如下。

① 发送端预测器带有存储器，把时刻 t_n 之前的采样值 $x_1, x_2, x_3, \cdots, x_{k-1}$ 存储起来，并作为依据对 x_k 进行预测，得到预测值 $\hat{x}_k$。

② 对 x_k 与 $\hat{x}_k$ 求两者的差值 e_k，并经量化器进行量化，得到 e'_k。

③ e'_k 通过编码器进行编码，得到输出信号 x'_k。

接收端的解码误差实际上就是发送端量化时产生的误差。对 e_k 的量化越粗糙，压缩比越高，失真越大。量化误差如式(6-23)所示。

$$\Delta = x_k - x'_k = x_k - (\hat{x}_k + e'_k) = x_k - \hat{x}_k - e'_k = e_k - e'_k \tag{6-23}$$

为使编码器和解码器所产生的预测相等，图 6-24 的编码器进行了变化，以使编码器和解码器所产生的预测值相等。图 6-25 将编码器的预测器放在 1 个反馈环中。这个反馈环的输入是过去预测和与其对应的量化误差的函数，如式(6-25)所示。这样一个闭环结构能防止解码器的输出产生误差。解码器的输出也如式(6-24)所示。

$$x'_k = e'_k + \hat{x}_k \tag{6-24}$$

DPCM 编码对图像的压缩效果如图 6-26 所示。

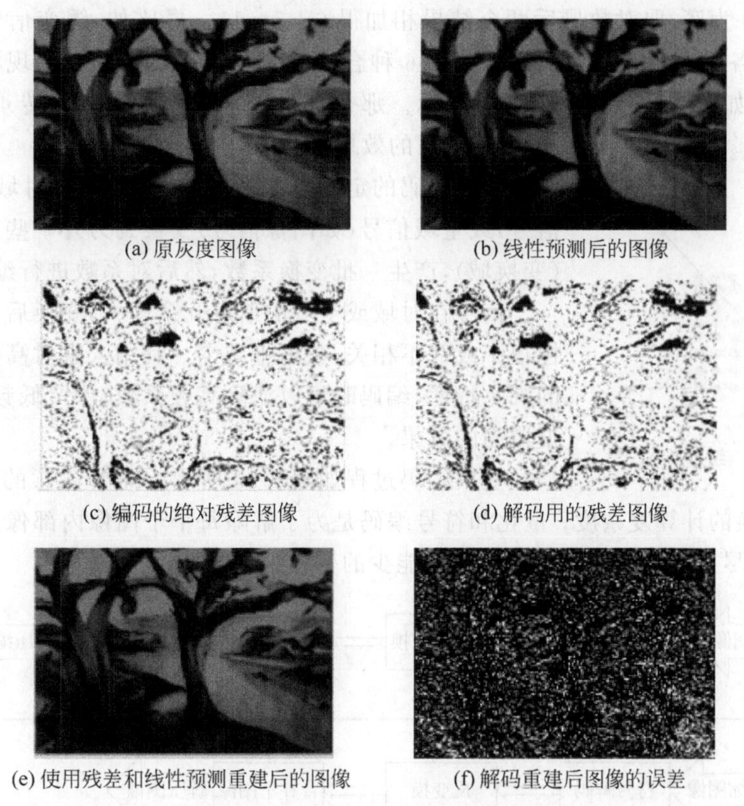

(a) 原灰度图像　(b) 线性预测后的图像

(c) 编码的绝对残差图像　(d) 解码用的残差图像

(e) 使用残差和线性预测重建后的图像　(f) 解码重建后图像的误差

图 6-26　DPCM 编码的压缩效果

(3) 有损压缩预测编码 DM 编码。这种方法早期在数字电话中被采用，是一种最简单的差值脉冲编码。其预测器和量化器分别如式(6-25)和式(6-26)所示。

$$\hat{f}_n = \alpha f'_{n-1} \tag{6-25}$$

$$e'_n = \begin{cases} +\zeta, & e_n > 0 \\ -\zeta, & \text{其他} \end{cases} \tag{6-26}$$

其中，α 表示预测系数(一般小于或等于 1)，ζ 表示值为正的常数。因为量化器的输出可用单个位符表示(一般小于或等于 1)，所以编码器中的符号编码器可以只用固定长度为 1bit 的码。由 DM 编码得到的码率是 1bit/px。

2. 变换编码

预测编码可以去除图像在时间和空间上的冗余，其优点是直观、简洁、易于实现，特别是可用于硬件实现。但预测编码的压缩能力有限，例如 DPCM 编码一般只能压缩每像素 2～4bit。

变换编码是进行一种函数变换，从一种信号域变换到另一种信号域。预测编码希望通过对信源建模来尽可能地预测源数据；而变换编码则考虑将原始数据变换到另一个表示空间，使数据在新的空间上尽可能相互独立，而能量更集中。

例如：数学计算经常利用某些数学函数略加转换，找出一条计算的捷径。比如乘法

1 000 000×100 000＝100 000 000 000 在运算时，运算量很大，那么将其取对数然后再进行加法，即以 10 为底，取对数最后两个结果相加得 6＋5＝11。再比如，缓变信号的相邻采样值 x_1 和 x_2 各用 3bit 进行编码，总共有 56 种合成可能。x_1 和 x_2 同时出现相同等级的可能性比较高，如图 6-33 绿圈（相关圈）所示。那么对数据进行正交变换（旋转 45°）后，去掉了相关性，x_1'、x_2'合成种类减少，达到了压缩的效果，如图 6-27 所示。

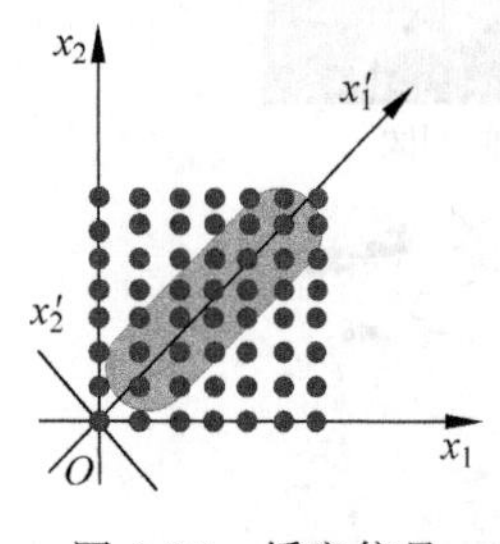

图 6-27 缓变信号

变换编码的定义为变换域编码，就是将时域信号（如语声信号）或空域信号（如图像信号）变换到另外一些正交矢量空间（变换域），产生一批变换系数，然后对系数进行编码处理。

信号在时域或空域的信息冗余度大，变换后参数之间相关性很小或互不相关，数据量减少。利用人眼对高频细节不敏感的视觉特性，编码时可以滤除高频系数，保留低频系数，达到数据压缩的效果。

变换编码过程如图 6-28 所示。需要注意的是：正变换是为了减少变换的计算复杂度；量化和符号编码是为了解除每个子图像内部像素之间的相关性，或者说将尽可能多的信息集中到尽可能少的变换系数上。

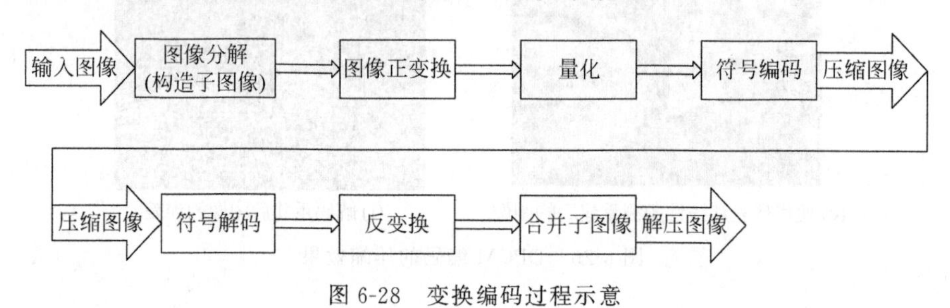

图 6-28 变换编码过程示意

（1）正交变换。

正交变换的定义为将相邻的 n 个信号样本看作 n 维线性空间中的一个列向量 $\boldsymbol{X}=(x_1,x_2,x_3,\cdots,x_n)^{\mathrm{T}}$，对它进行线性变换得 $\boldsymbol{Y}=\boldsymbol{AX}$，其中，$\boldsymbol{A}$ 为变换矩阵，$\boldsymbol{Y}$ 为 $\boldsymbol{X}$ 的一个线性变换。如果 $\boldsymbol{A}$ 满足性质 $\boldsymbol{AA}^{\mathrm{T}}=\boldsymbol{A}^{\mathrm{T}}\boldsymbol{A}=1$，则称 $\boldsymbol{A}$ 为正交矩阵，从 $\boldsymbol{X}$ 到 $\boldsymbol{Y}$ 的变换为正交变换。对于正交变换而言，反变换可以唯一得到复原信号 $\boldsymbol{X}=\boldsymbol{A}^{\mathrm{T}}\boldsymbol{Y}$。

与正交变换编码相关的性质如下。

① 熵保持：极限熵的保持。正交变换本身并不会丢失信息，因此，可以通过传送变换系数来达到传输信息的目的。

② 能量保持：变换域中的信号能量与原空域中的信号能量相等。其对数据压缩的指导意义在于只有当空域信号能量全部转换到某个变换域后，有限个空间取样值才能完全由有限个变换系数对于基矢量的加权来恢复。

③ 去（解）相关：正交变换可使强相关的空间样本值变为不相关或弱相关的变换系数，使存在于相关性之中的数据冗余度得以去除；在一定条件下甚至可以使这些系数相互独立，得到无记忆信源。如果能得到无记忆信源，则正交变换具有保熵性，就得到了通常无法得到的原始数据块（如图像）的极限熵。这预示着可望达到更高的压缩倍数。

④ 能量重新分配与集中：这是正交变换最重要的优点，也是实现数据压缩的物理本

质。DPCM编码并不具备此性质。变换域系数(除直流系数外)与DPCM编码相同,零和小幅值系数占绝大多数,但DPCM编码的幅度分布在全空间均可能相同,对每个残差均需编码;而变换法则按统计规律集中分布在一定的区域上,这就允许利用先验知识,在质量允许的情况下,舍弃一些能量较小者(或者只给其分配较少的位数),从而使数据得到较大压缩。

(2) 区域编码。

区域编码只对规定区域内的变换系数进行量化编码,并略去区域外的系数。编码区域的形状和大小取决于所需压缩比的大小、所选用的变换方法、变换块的大小等,其关键在于选出能量相对集中的区域,以便保留大部分图像能量,使恢复图像的质量劣化情况不明显。变换域信号的能量大部分集中在矩阵的左上部,且左上角元素集中的能量最大。这个现象反映出变换域信号能量集中于低频部分。这就是只对变换域左上部分区域变换系数进行编码传输,对右下角不进行编码传输的一种编码方法。区域编码示意如图6-29所示。

区域编码的缺点:大能量系数可能会出现在非编码区域,它们被舍掉会造成图像质量较大的损失(如边缘模糊)。总体呈现一种被平滑的效果(舍掉的多为高频系数)。

区域编码的优点:编码简单,对区域内的编码位数可预先分配,从而使变换块的码率为定值,有利于限制误码扩散。

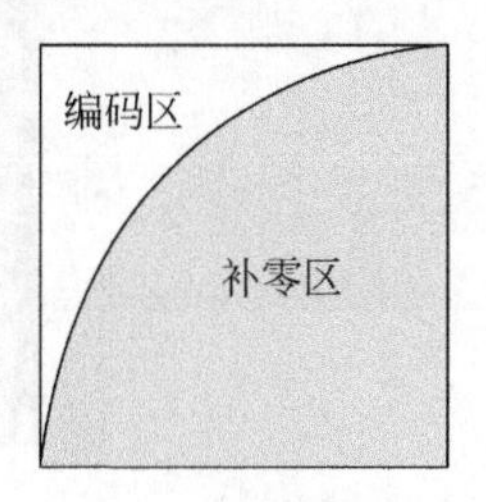

图6-29 区域编码示意

(3) 阈值编码。

阈值编码,即只对那些幅值大于阈值的变换系数进行编码,其余的变换系数编码时补零。多数低频成分仍被编码输出,而少数超过阈值的高频成分也将被编码输出,这在一定程度上弥补了区域编码的缺点。这种编码方法有两个问题要解决。一个问题是由于被编码的系数在矩阵中的位置是不确定的,因此需要增加"地址"编码比特数,其码率相对要高一些。另一个问题是阈值需要由实验来确定,或者根据总比特数进行自适应调节阈值的设计,但这种自适应设计往往是比较复杂的,因此编码成本也较高。

变换编码的基本原理就是找到一组新的正交基,求原向量在新正交基上的系数。对高频系数(高频基)的舍弃可以进一步提高编码算法的压缩率,其直观表现是投影定理。小波变换是一种数学分析方法,也满足空间变换的基本原理,其突出特点就是可以进行时频分析且具有多分辨率的特性;变换编码采用的变换方法并不只取决于其变换效果,还与其空间时间复杂度有关。

(4) 离散余弦变换编码。

离散余弦变换是数字图像处理中的一种重要处理方法,被广泛地用于图像压缩编码算法中。已有的各种成熟的压缩标准如JPEG、MPEG、H.26X、HDTV等都无一例外地采用基于离散余弦变换的压缩编码。离散余弦变换是一种重要的正交变换。它将图像信号从空域变换到频域,保持原始信号的熵和能量不变,却使频域系数之间的相关性减弱,然后再对频域系数进行量化和编码,以达到压缩的目的。

离散余弦变换将运动补偿误差或原画面信息块转换成代表不同频率分量的系数集,这种方式有两个优点:①信号常将其能量的大部分集中于频域的一个小范围内,这样使不重要的分量只需要很少的比特数便可描述;②频域分解映射了人类视觉系统的处理过程,并允许后面的量化过程满足压缩灵敏度的要求。

离散余弦变换编码的主要特点有以下几点。

① 图像在频域中的处理比空域简单。

② 图像的相关性明显下降，信号的能量主要集中在少数几个变换系数上，量化和熵编码可有效地压缩数据。

③ 具有较强的抗干扰能力，传输过程中的误码对图像质量的影响远小于预测编码。

④ 离散余弦变换有快速算法，能快速实现图像压缩。码率压缩有基于变换编码和基于熵值编码两种算法，前者用于降低熵值，后者将数据变为可降低比特数的有效编码。在MPEG标准中，变换编码采用的是离散余弦变换，其变换过程本身虽然并不产生码率压缩作用，变换后的频率系数却非常有利于码率压缩。

离散余弦变换压缩结果如图6-30所示。

(a) 原图像

(b) 结果图像

图6-30 离散余弦变换压缩结果

(5) 小波变换编码。

小波变换主要针对傅里叶变换的缺点而提出来。在学习小波变换时，首先要懂得基和内积的基础知识。

傅里叶变换和小波变换都会用到分解和重构，而基就是关键，这是因为它们都将信号看成由若干分量组成的，而这些分量能够进行处理并还原成比原来更好的信号。在分解的时候需要一个分解的量，这就是基。对于基，可以通过向量来了解。向量空间的一个向量可以分解到 x 轴和 y 轴方向，同时在这两个方向定义单位向量 $\boldsymbol{e}_1$ 和 $\boldsymbol{e}_2$，任意一个向量可以表示为 $\boldsymbol{a}=x\boldsymbol{e}_1+y\boldsymbol{e}_2$，这便是二维空间的基，其示意如图6-31所示。

对于傅里叶变换的基是不同频率的正弦曲线，因而傅里叶变换是把信号波分解成不同频率的正弦波的和。而小波变换是把一个信号分解成一系列的小波，这些小波的种类很多，同一种小波还可以有尺度变换。这些小波在整个时间范围的幅度平均值是0，具有有限的持续时间和突变的频率和振幅，其波形可以是不规则的，也可以是不对称的。一个小波的示意如图6-32所示。很明显，正弦波就不是小波。

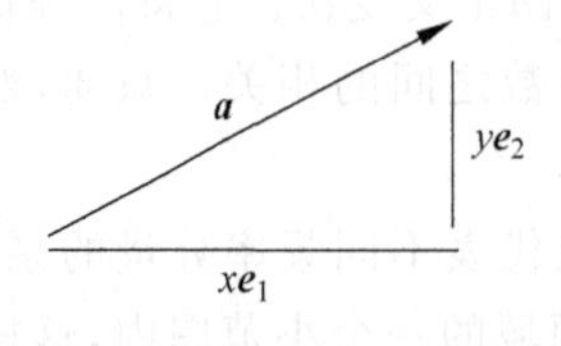

图6-31 二维空间基示意

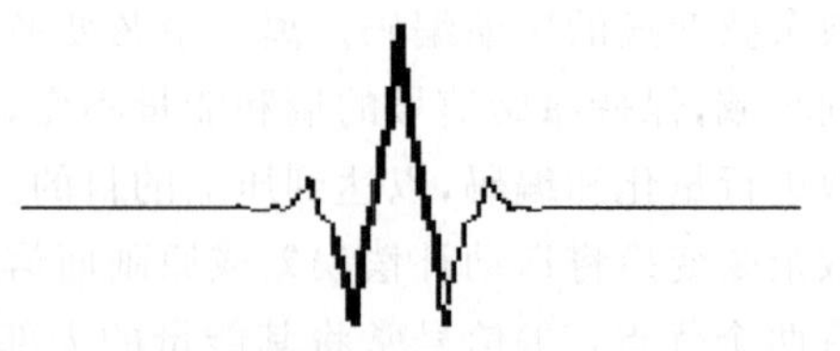

图6-32 小波示意

基具有非冗余性,即使这些小波不是正交的,也是有相关性的。但若去掉其中任何一个小波,则不成为基,这种特点称为完备性。基的表示有唯一性,即给定一簇基,其对一个函数的表达是唯一的。一般情况下基是非正交的,这个时候要表示信号,可以对其进行正交化成唯一的正交基(对偶为其自身);也可以求其对偶框架,这对应小波变换中的双正交情形。

信号可以依框架分解,然后用对偶框架重构。若在基集里添加一些新的向量,并随意调整空间位置,则也可以成为框架。把函数与基或框架进行内积运算,也可以认为是一种函数空间到系数空间的变换。若某种变换后的能量(内积的平方和度量)仍然有大于0的上界和下界,这时便可称其为框架。由于框架具有冗余性,系数的表达不具有唯一性。若上界和下界相等,这种框架为紧框架,且界表示冗余度。若上界和下界相等且为1,此时加上基的长度均为1的条件,那么框架退化为正交基。需要注意的是:很多信号表示方法不能构成基,却能构成框架,例如,在短时傅里叶变换中,如果要求窗函数满足基条件,则可推出该函数有很差的时频局部化性质,这事实上退化为傅里叶变换。

内积是用来刻画两个向量的夹角。当内积为0时,两个向量正交,若 $\boldsymbol{g}$ 为希尔伯特空间的正交基,那么内积为 $\boldsymbol{f}$ 向基上的正交投影。

内积如式(6-27)所示。如果一个向量序列相互对偶正交,并且长度都为1,那么该向量序列是正交归一化的。

$$\begin{aligned}\boldsymbol{f}\cdot\boldsymbol{g}=\boldsymbol{f}^{\mathrm{T}}\boldsymbol{g}=<\boldsymbol{f},\boldsymbol{g}>=\left(\int f(t)g'(t)\right)\mathrm{d}t=f_1g_1+f_2g_2\\=|\boldsymbol{f}||\boldsymbol{g}|\cos\theta\end{aligned}\tag{6-27}$$

对于 $f(t)\subseteq\mathrm{L}^2(R)$,存在 $\mathrm{L}^2(R)$ 上一组标准正交基 $g_i(t)$ 如式(6-28)所示。$\mathrm{L}^2(R)$ 上任意一个函数 $f(t)$ 都可以由 $\mathrm{L}^2(R)$ 上的一个规范正交基 $g_i(t)$ 进行线性组合表示。

$$f(t)=\sum_{i=1}^{+\infty}f_ig_i(t),\quad i=1,2,3,\cdots\tag{6-28}$$

傅里叶变换的缺点是:①不能刻画时域信号的局部特性;②对突变和非平稳信号的效果不好,没有时频分析。针对这些缺点,小波变换将无限长的三角函数基换成了有限长的会衰减的小波基,不仅能够获取频率,还可以定位时间。傅里叶变换把无限长的三角函数作为基函数,如式(6-29)所示,同时如果对于原信号采用三角函数进行变换,其变换过程如图6-33和图6-34所示。

$$F(w)=\int_{-\infty}^{\infty}f(t)*\mathrm{e}^{-\mathrm{i}wt}\,\mathrm{d}t\tag{6-29}$$

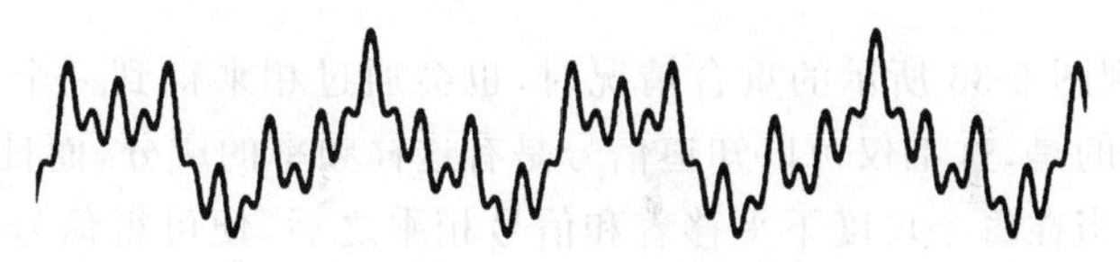

图6-33 原信号

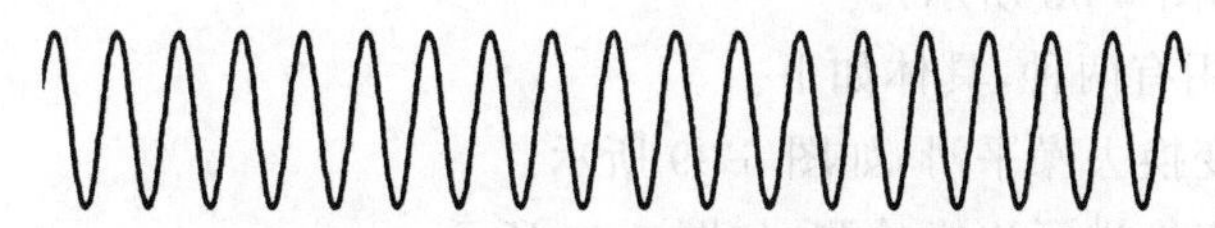

图6-34 三角函数基(铺满了整个时域)

基函数会伸缩、会平移,其实本质并非平移,而是两个正交基的分解。缩得窄,对应高频;伸得宽,对应低频,然后这个基函数不断地和信号做相乘。某一个尺度(宽窄)下乘出来的结果,可以理解成信号所包含的当前尺度对应频率成分的多少。于是,基函数会在某些尺度下与信号相乘得到一个很大的值,因为此时两者有一种重合关系。小波变换将无限长的三角函数基换成了有限长的会衰减的小波基。如式(6-30)所示。有限长的小波基如图 6-35 所示。

$$F(w)=\int_{-\infty}^{\infty} f(t)\times \mathrm{e}^{-\mathrm{i}wt}\,\mathrm{d}t \rightarrow \mathrm{WT}(a,\tau)=\frac{1}{\sqrt{a}}\int_{-\infty}^{\infty} f(t)\times\psi\left(\frac{t-\tau}{a}\right)\mathrm{d}t \tag{6-30}$$

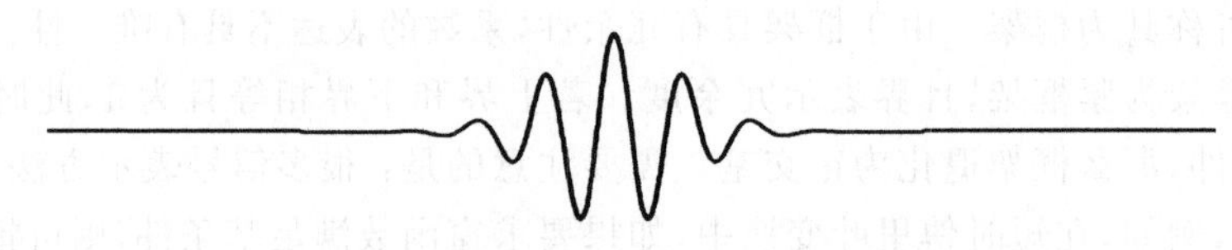

图 6-35　有限长小波基

这就是为什么叫小波,因为这的确是很小的一个波。其过程由式(6-30)推导,结果如式(6-31)所示。

$$\mathrm{WT}(a,\tau)=\frac{1}{\sqrt{a}}\int_{-\infty}^{\infty} f(t)\times\psi\left(\frac{t-\tau}{a}\right)\mathrm{d}t \tag{6-31}$$

从式(6-30)和式(6-31)可以看出,不同于傅里叶变换,变量只有频率 w,小波变换有两个变量:尺度 a 和平移量 t。尺度 a 控制小波函数的伸缩,平移量控制小波函数的平移。尺度对应于频率(两者成反比),平移量 t 对应于时间。两者经过平移和伸缩后的对比如图 6-36 所示。

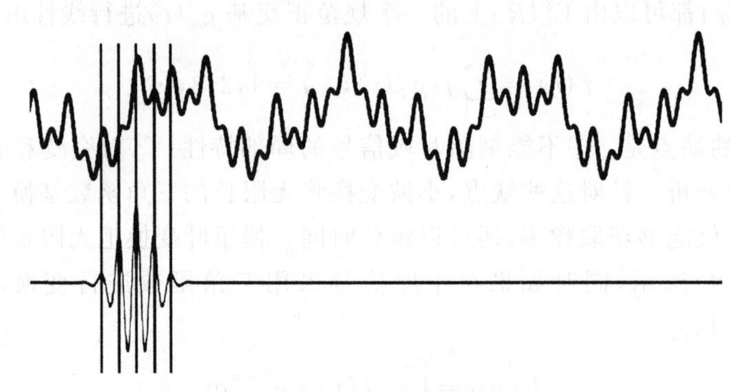

图 6-36　经平移和伸缩得到的对比

当伸缩、平移到图 6-36 所示的重合情况时,也会通过相乘得到一个大的值。但这时候和傅里叶变换不同的是,这不仅可以知道信号是有这样频率的成分,而且知道它在时域上存在的具体位置。而当在每个尺度下平移着和信号相乘之后,便可得信号在每个位置都包含哪些频率成分。通过傅里叶变换只能得到一个频谱(如图 6-37 所示),而通过小波变换可以得到一个时频谱(如图 6-38 所示)。

小波变换的应用有两种,具体如下。

(1) 利用小波变换去噪平滑,如图 6-39 所示。

(2) 利用小波变换进行边缘检测,如图 6-40 所示。

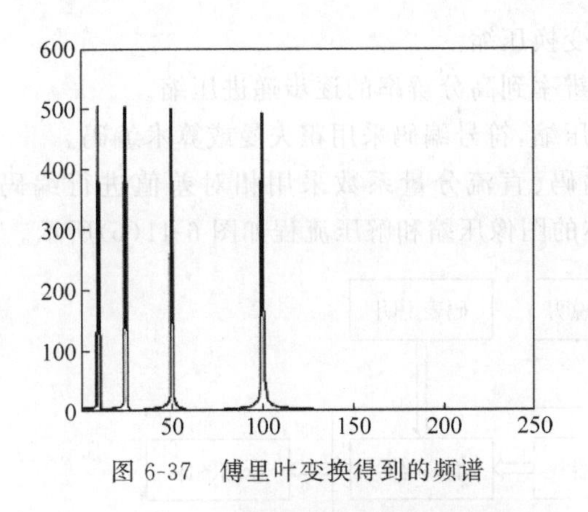

图 6-37 傅里叶变换得到的频谱

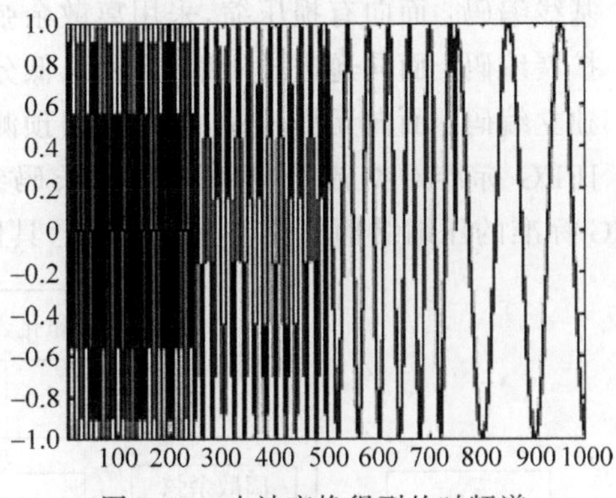

图 6-38 小波变换得到的时频谱

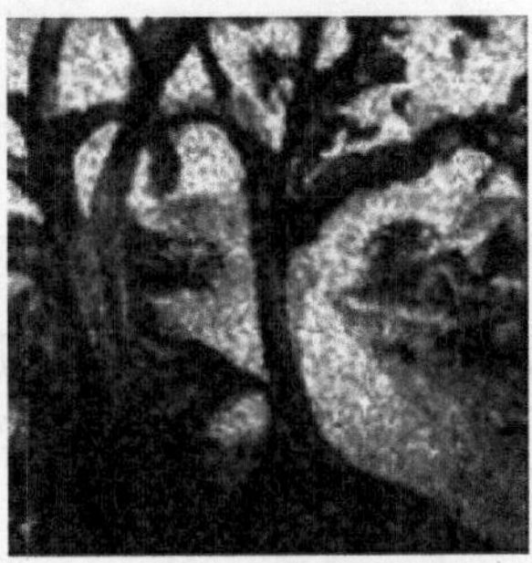

(a) 含噪图像

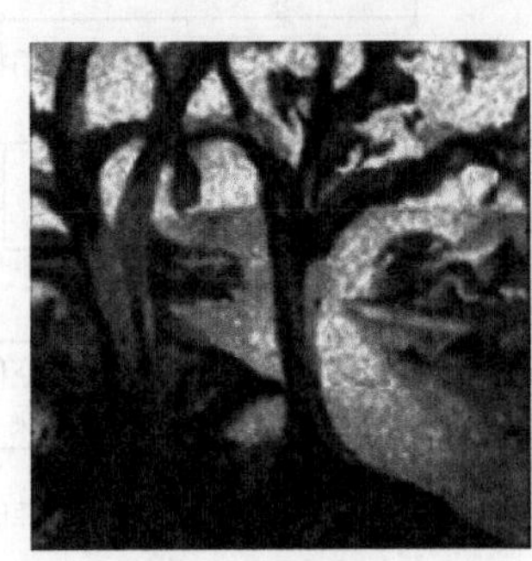

(b) 结果图像

图 6-39 小波变换去噪平滑

(a) 含噪图像

(b) 结果图像

图 6-40 小波变换进行边缘检测

6.5 图像压缩标准

制订图像标准的国际组织有国际标准化组织(International Standardization Organization, ISO)和国际电信联盟(International Telecommunication Unio,ITU)。压缩图像的类型包括：静止帧黑白/彩色图像、静止的单幅图像、连续帧黑白/彩色图像、视频影像。

6.5.1 静止图像压缩标准

1. JPEG 标准

JPEG 标准共有 3 种压缩方式,具体如下。

基线编码：面向有损压缩，采用离散余弦变换压缩。

扩展编码：面向递进式压缩，采用从低分辨率到高分辨率的逐步递进压缩。

独立编码：面向无损压缩，采用无损预测压缩，符号编码采用霍夫曼或算术编码。

JPEG 标准对交流分量系数用变长码编码、直流分量系数采用相对差值进行编码。JPEG 标准的压缩结构如图 6-41(a)所示，具体的图像压缩和解压流程如图 6-41(b)所示。

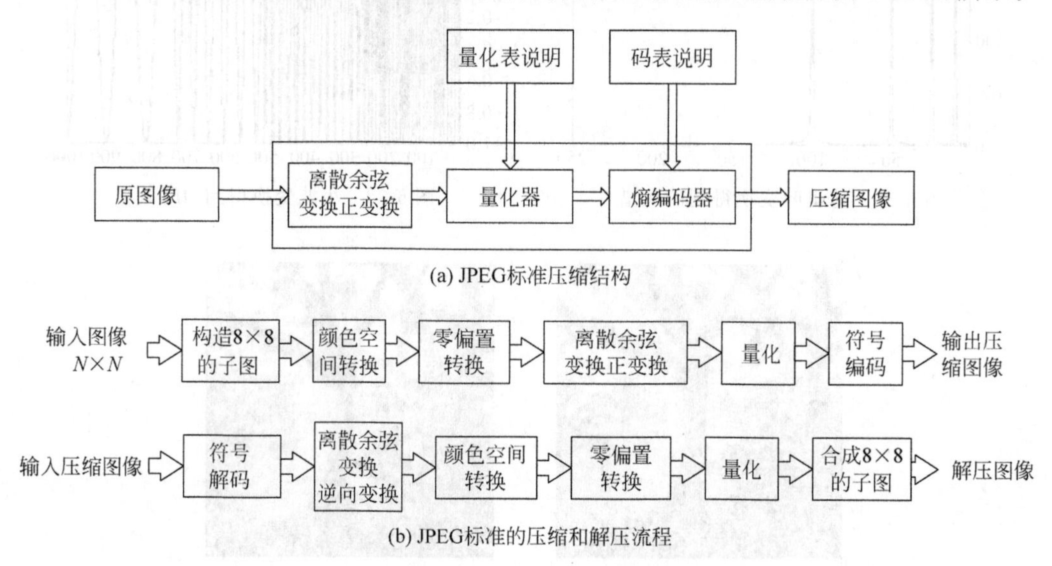

图 6-41 JPEG 标准压缩结构及压缩/解压缩流程

(1) 颜色空间转换。

提取亮度特征，将 RGB 模型转换为 YCbCr 模型，编码时对亮度采用特殊编码，具体如下。

$Y=0.299R+0.5810G+0.1140B$；

$\mathrm{Cb}=-0.1787R-0.3313G+0.5000B+128$；

$\mathrm{Cr}=0.5000R-0.4187G-0.0813B+128$。

解码过程如下。

$R=Y+1.40200(\mathrm{Cr}-128)$；

$G=Y-0.34414(\mathrm{Cb}-128)-0.71414(\mathrm{Cr}-128)$；

$B=Y+1.77200(\mathrm{Cb}-128)$。

(2) 零偏置转换。

对于灰度值是 2^n 的像素，通过灰度值减去 2^{n-1}，替换原像素灰度值。例如，$n=8$，则灰度值的范围为 0～255，减去 128，其范围转换为 −128～127。这种做法的目的是降低像素灰度值的绝对值为 3 位十进制的概率。

(3) 离散余弦变换。

将零偏置转换结果再进行频域变换，产生对应的系数，其中，第一个系数称为直流系数，其余系数称为交流系数。

(4) 系数量化。

采用阈值作为子图系数位置函数的量化方法，所有子图使用一个全局阈值模板，其中，阈值与系数的位置相关。全局阈值模板中，不同位置的阈值不同。亮度和颜色的系数使用不同的量化阈值。系数量化分为正向量化和逆向量化。正向量化 $S_{quv}=\text{round}(S_{uv}/Q_{uv})$，其中，$S_{uv}$ 是离散余弦变换系数，Q_{uv} 是量化模板系数。逆向量化 $R_{uv}=S_{quv}Q_{uv}$。

JPEG 标准对图像的压缩结果和解压结果如图 6-42 所示。

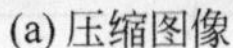
(a) 压缩图像

(b) 解压图像

图 6-42 JPEG 标准压缩示例

(5) 符号编码。

符号编码包括直流系数编码和交流系数编码。

直流系数编码由两部分组成：区间编码和系数预测误差编码。直流系数编码的步骤如下。

步骤 1 进行差分脉冲调制码，用当前的直流系数减去前一个子图的直流系数，得到差值。

步骤 2 直流系数差值根据表 6-10 求出区间号，并据此查询表 6-11 所示的霍夫曼编码表，得出其霍夫曼编码。

表 6-10 符号编码区间表

范 围	直流系数差值区间	交流系数区间
0	0	—
−1,1	1	1
−3,−2,2,3	2	2
−7,…,−4,4,…,7	3	3
−15,…,−8,8,…,15	4	4
−31,…,−16,16,…,31	5	5
−63,…,−32,32,…,63	6	6

表 6-11 JPEG 标准推荐的亮度直流系数霍夫曼编码表

区间	码字	码长	区间	码字	码长
0	010	3	6	1110	4
1	011	3	7	11110	5
2	100	3	8	111110	6
3	000	3	9	1111110	7
4	101	3	A	11111110	8
5	110	3	B	111111110	9

步骤3 对系数预测误差进行编码，正数是其二进制形式，负数即为补码(求反)。

例如：已知直流系数 DC=－26，前-直流系数差值 PRE_DC=－17，直流系数差值 DIFF=－26－(－17)=－9。查表 6-12 可知，－9 的区间号 SSSS=4，再查表 6-13 可得，该直流系数的霍夫曼编码为 101。同时系数预测误差 VVVV=－9，其对应的二进制为 1001，求反得 0110。由此可得最后的编码结果为 1010110，码长为 7 位。

直流系数编码的编码由两部分组成：区间号编码和系数本身，其中，区间号编码包括区间号和该交流系数前面值为 0 的个数。

表 6-12 JPEG 标准推荐的亮度交流系数霍夫曼编码表

行程/区间	码字	码长	行程/区间	码字	码长
0/0	1010(=EOB)	4	0/6	111000	6
0/1	00	2	0/7	1111000	7
0/2	01	2	0/8	1111110110	10
0/3	100	3	0/9	1111111110000010	16
0/4	1011	4	0/A	1111111110000011	16
0/5	11010	5	1/1	1100	4

例如：已知交流系数的区间为 4～7，前面为 0 的个数 RRRR=1，查表 6-12 得区间号 SSSS=3，则有 RRRR/SSSS=1/3，经查表得 1111001，码长为 10。交流系数 VVVV=－7，其二进制形式为 111，求反得 000。由此可得最后编码为 1111001000。

2. JPEG2000 标准

JPEG2000 标准是基于小波变换的图像压缩标准，通常被认为是未来取代 JPEG 标准的下一代图像压缩标准。其压缩比更高，而且不会产生原先的基于离散余弦变换所产生的块状模糊瑕疵。JPEG2000 标准同时支持有损压缩和无损压缩，也支持更复杂的渐进式显示和下载。JPEG2000 标准的压缩和解压缩过程如图 6-43 所示。

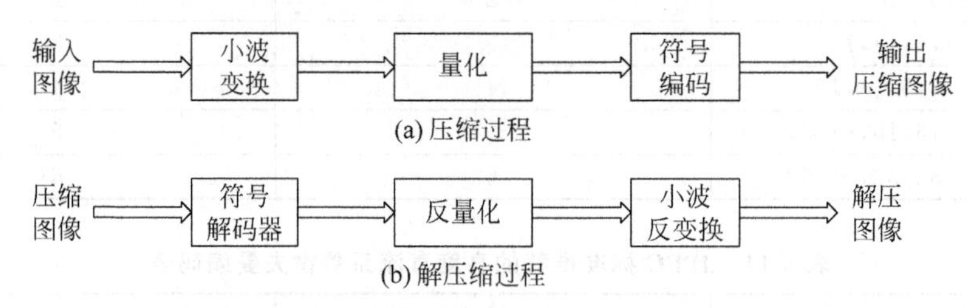

图 6-43 JPEG2000 标准的压缩/解压缩过程

在 JPEG2000 标准中，通过减去 2^{m-1} 来进行图像像素灰度值调整，然后计算图像的行和列的一维离散小波变换，在无损压缩中，使用的变换是双正交的。在任何一种情况下，从最初的 4 个子带的分解中得到图像的低分辨率近似及图像的水平、垂直和对角线频率特征。JPEG2000 标准运行结果如图 6-44 所示。

(a) 压缩图像

(b) 解压后图像

图 6-44 JPEG2000 压缩示意图

6.5.2 视频压缩标准

视频是由多幅尺寸相同的静止图像组成的图像序列，每幅静止图像称为帧。与静止帧图像相比，视频有了时间轴，是三维信号。如图 6-45 所示视频由 4 帧静止图像组成。

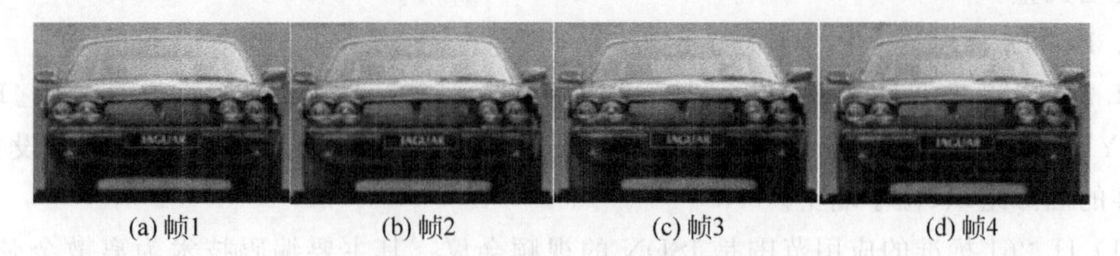
(a) 帧1 (b) 帧2 (c) 帧3 (d) 帧4

图 6-45 4 帧静止图像组成的视频

视频编码的基本思想如下。视频的连续帧之间存在简单的相关性平移运动。一幅特定画面的像素灰度值既可以根据同帧附近像素进行预测，也可以根据附近帧的像素进行预测，前者称为帧内编码，后者称为帧间预测编码。视频编码通过减少帧间图像的数据冗余减少数据量，达到压缩的目的。在视频图像序列中，连续帧图像序列分为参考帧和预测帧，其中，参考帧用静止图像压缩方法进行压缩。预测帧对帧差图像进行压缩。由于帧差图像的数据量远小于参考帧的数据量，因而可以达到很高的压缩比。视频压缩示例如图 6-46 所示。虽然人眼并没有感到明显区别，但实际上，压缩前和压缩后的数据量相差很大。

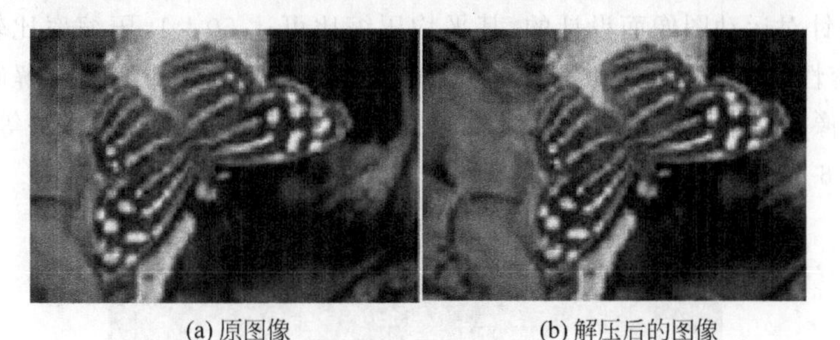
(a) 原图像 (b) 解压后的图像

图 6-46 视频压缩示例

帧间预测编码的框架如图 6-47 所示。

视频编码中的运动补偿以对帧间运动的估算为基础。若物体均在空间上有位移，那么可以用有限的运动参数对帧间的运动进行描述，例如，对于像素的平移运动，可以用运动矢量来描述。来自前一帧的运动补偿预测像素能给出当前像素的最佳预测。预测误差和运动

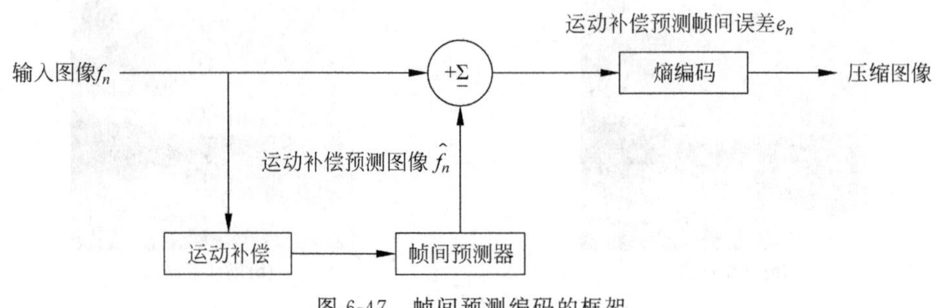

图 6-47 帧间预测编码的框架

矢量共同参与编码。由于运动矢量之间的空间相关性较高，一个像素的运动矢量通常可以代表一个相邻像素块的运动。在实现过程中，视频画面一般划分成一些不连接的像素块(在 MPEG-1 和 MPEG-2 标准中，一个像素块的大小为 16×16)，对于每一个这样的像素块，只估算运动矢量。

1. H.26X 标准

H.261\263 标准是由 CCITT 制定的，CCITT 国际电话与电报咨询委员会，它现在被称为 IYU-T(国际标准化组织电讯标准化分部)，是世界上主要的制定和推广电信设备和系统标准的国际组织，位于瑞士。

(1) H.261 标准的应用范围是 ISDN 的视频会议。其主要编码技术为离散余弦变换、向前运动补偿预测、Zigzag 排序，以及霍夫曼编码。

(2) H.263 标准的应用范围是可视电视。其主要编码技术包括离散余弦变换、双向运动补偿预测、Zigzag 排序，以及霍夫曼编码。

2. MPEG 标准

MPEG 是在 1988 年由国际标准化组织(ISO)和国际电工委员会(International Electrotechnical Commission，IEC)联合成立的专家组，负责开发电视图像数据和声音数据的编码、解码和音视频同步等标准。该专家组开发的标准成为 MPEG 标准。

MPEG 标准主要包括 MPEG 视频、MPEG 音频和 MPEG 系统(视音频同步)三部分。MPEG 标准是针对运动图像而设计的，其平均压缩比可达 50∶1，压缩率比较高，且又有统一的格式，兼容性比较好。MPEG 标准阐明了声音和电视图像的编码和解码过程，严格规定了声音和图像数据编码后组成比特流的句法，提供了解码器的测试方法等。不同规格的电视图像如图 6-48 所示。

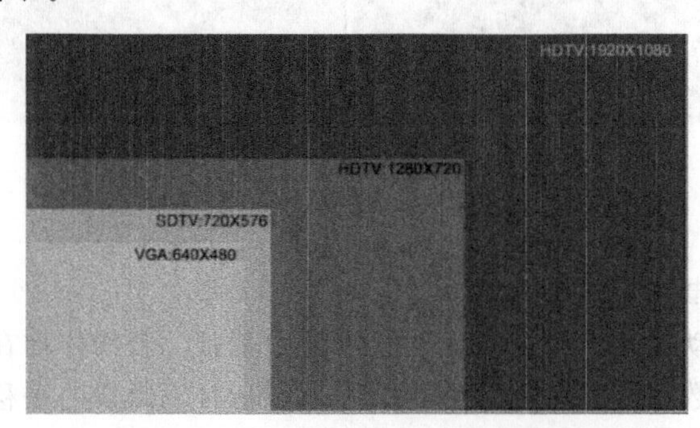

图 6-48 不同规格的电视图像标准

MPEG 标准的编码流程如图 6-49 所示。

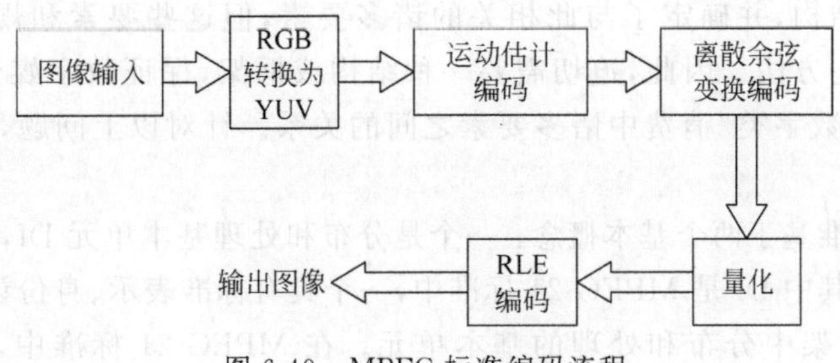

图 6-49 MPEG 标准编码流程

(1) MPEG-1 标准。

MPEG-1 标准是数字电视标准，于 1992 年正式发布，是一种针对具有 1.5Mbit/s 以下数据传输率的数字存储或传输媒体的视频及其音频编码、解码的国际标准。MPEG-1 标准主要用于 CD-ROM 视频和音频信号的存储。MPEG-1 标准采用的图像编码技术有离散余弦变换，前向/双向运动补偿预测、Zigzag 排序以及霍夫曼编码。

(2) MPEG-2 标准。

MPEG-2 标准是数字电视标准，于 1994 年制定。MPEG-2 标准针对广播电视质量的视频，输出速率为 4～9Mbit/s，最高可达 15Mbit/s。MPEG-2 标准采用的编码技术有离散余弦变换，前向/双向运动补偿预测、Zigzag 排序、霍夫曼编码，以及算术编码。

(3) MPEG-4 标准。

MPEG-4 标准是多媒体应用标准，于 1999 年正式发布。MPEG-4 标准的第一个目标是制定一个通用的低码率(64kbit/s 以下)压缩标准，并采用第二代压缩算法，以有效地支持甚低码率应用，比如移动通信中的声像业务和窄带多媒体通信等。MPEG-4 标准的第二个目标是实现基于内容的压缩编码，以提高可靠性、支持多媒体数据的集成和交互式多媒体业务等。

MPEG-4 标准采用的编码技术有离散余弦变换、前向/双向运动补偿预测、Zigzag 排序、脸部动画、背影编码、霍夫曼编码，以及算术编码。

(4) MPEG-7 标准。

MPEG-7 标准是多媒体内容描述接口标准，于 1996 年开始研究，并在 2001 年形成基本方案。MPEG-7 标准的重点是对影像内容的描述和定义，以明确的结构和语法来定义影音资料的内容。通过 MPEG-7 标准定义的信息，使用者可以有效地搜寻、过滤和定义想要的影音资料。MPEG-7 标准同时试图将不同的媒体组合在一起，形成统一的多媒体检索、获取和过滤等。它的主要特征是不涉及任何视频编码，仅利用在此之前的各种编码标准；同时对多媒体内容的描述，以利于多媒体的内容检索；而且具有良好便利的多媒体基本单元检索能力。MPEG-7 标准的目标是提供一组标准的工具，以便描述各种音频、视频中的内容，以及如何组织这些内容。

(5) MPEG-21 标准。

互联网时代如何获取数字视频、音频，以及合成图像等“数字商品”，如何保护多媒体内容的知识产权，如何为用户提供透明的媒体信息服务，如何检索内容，如何保证服务质量等。大量数字媒体(照片、音乐等)由用户个人生成、使用，因而存在如内容的管理和重定位、权利保护、非授权存取和修改、商业机密与个人隐私保护等问题。目前,虽然建立了传输和数字媒体消费的基础结构,并确定了与此相关的诸多要素,但这些要素和规范之间还没有一个明确的关系描述方法。因此,迫切需要一种结构或框架,保证数字媒体消费的简单性,并能很好地处理"数字类"消费中诸多要素之间的关系。针对以上问题,MPEG-21 标准被提出了。

MPEG-21 标准基于两个基本概念：一个是分布和处理基本单元 DI,另一个是 DI 与用户间的相互操作,其中 DI 是 MPEG-21 标准中,一个具有标准表示、身份认证和相关元数据的数字对象,是框架中分布和处理的基本单元。在 MPEG-21 标准中,一个用户是指与 MPEG-21 标准进行环境交互或者使用 DI 的任何实体。MPEG-21 标准认为内容提供商和使用者之间没有分别,他们都是用户。一个单独的实体可以以多种方式使用网络的内容,同时所有这些与 MPEG-21 标准交互的实体都被平等对待。MPEG-21 标准也可表述为：以一种高效、透明和可互相操作的方式,支持用户交换、接入、使用甚至操作 DI 的技术。

3. AVS 标准

AVS 是我国自主制定的音视频编码技术标准,主要面向高清晰度电视、高密度光存储媒体等应用的视频压缩。AVS 标准取代了 MPEG-2 标准,摆脱 MPEG LA 标准的专利束缚,推动我国音视频标准的发展。AVS 标准以当前国际最先进的 MPEG-4 AVC/H.264 标准为起点,是具有自主知识产权的中国标准。

6.6 本章小结

本章首先通过介绍图像压缩的基础知识,阐述了为什么进行图像压缩及图像压缩的重要性和必要性；通过结合信息论的知识,详细解释了其和图像压缩之间的关系。然后,本章介绍了图像压缩的两类方法：有损压缩和无损压缩,并介绍了熵编码、无损预测编码、字典编码、变换编码和有损预测编码。最后,本章介绍了图像压缩的相关标准。

课后作业

(1) 设一幅图像共有 8 个灰度级,各灰度级出现的概率分别为 $P_1=0.50$,$P_2=0.01$,$P_3=0.03$,$P_4=0.05$,$P_5=0.05$,$P_6=0.07$,$P_7=0.19$,$P_8=0.10$,请对此图像进行霍夫曼编码和费诺编码,并比较这两种编码方法的效率。

(2) 设一幅 8×8 的图像,其灰度值分布矩阵为

$$\begin{bmatrix} 4 & 4 & 4 & 4 & 4 & 4 & 4 & 0 \\ 4 & 5 & 5 & 5 & 5 & 5 & 4 & 0 \\ 4 & 5 & 6 & 6 & 6 & 5 & 4 & 0 \\ 4 & 5 & 6 & 7 & 6 & 5 & 4 & 0 \\ 4 & 5 & 6 & 7 & 6 & 5 & 4 & 0 \\ 4 & 5 & 5 & 5 & 5 & 5 & 4 & 0 \\ 4 & 4 & 4 & 4 & 4 & 4 & 4 & 0 \\ 4 & 4 & 4 & 4 & 4 & 4 & 4 & 0 \end{bmatrix}$$

① 对该图像进行霍夫曼编码,并计算编码效率和压缩比。

② 对该图像的差分图像进行霍夫曼编码,并计算编码效率和压缩比。

③ 试比较①和②的编码结果。

(3) 请通过 MATLAB 程序实现预测编码。

(4) 选一种熟悉的正交变换,对图像进行变换编码,并采用分区编码与阈值编码两种方法进行编码。

(5) 某视频图像为每秒 30 帧,每帧大小为 512×512,32 位真彩色。现有 40GB 的可用硬盘空间,可以存储多少秒的该视频图像?若采用隔行扫描、压缩比为 10∶1 的压缩方法,又能存储多少秒的该视频图像?

(6) 已知符号 A、B 和 C 出现的概率分别为 0.4、0.2 和 0.4,请对符号序列 BACCA 进行算术编码,写出编码过程,并求信息的熵、平均码长和编码效率。

(7) 传统正交变换编码与小波变换编码有何异同?

(8) 现有 8 个待编码符号 M_0、M_1、M_2、M_3、M_4、M_5、M_6、M_7,它们出现的概率分别为 0.40、0.25、0.11、0.09、0.06、0.04、0.03、0.01。请求这一组符号的信号熵,并进行霍夫曼编码,画出霍夫曼树,计算平均码长和编码效率。

(9) 关于熵编码的课程设计

① 霍夫曼编解码

实验目的:掌握图像信息熵的计算方法,理解霍夫曼编码和解码的基本步骤,掌握霍夫曼编码和解码的操作,并通过编程实现。

实验过程:图像熵的计算流程如图 6-50 所示。

霍夫曼编码流程如图 6-51 所示。

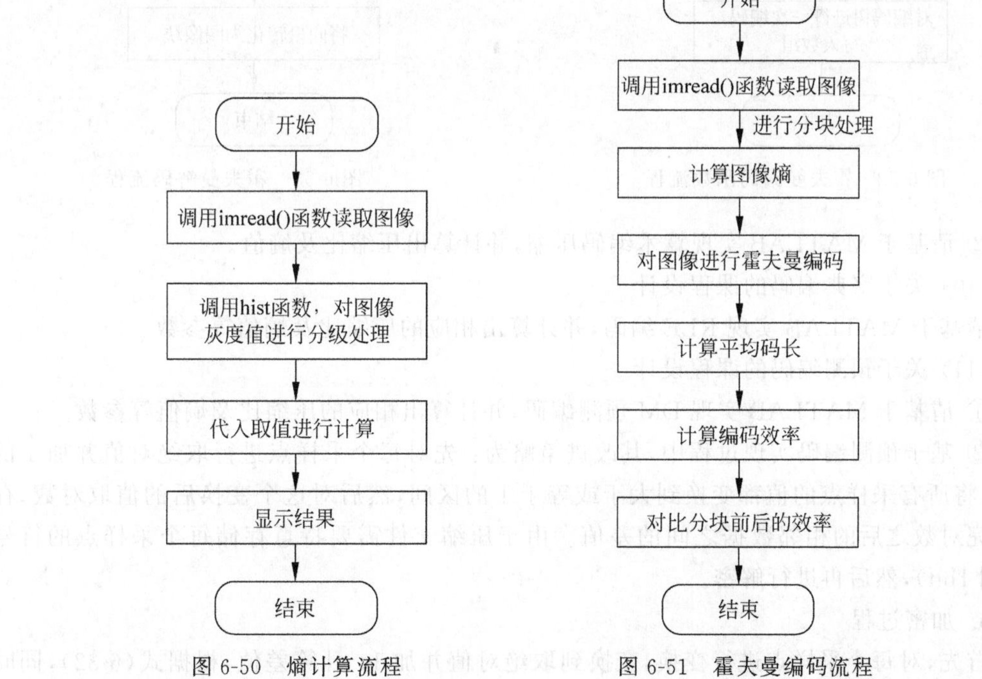

图 6-50 熵计算流程

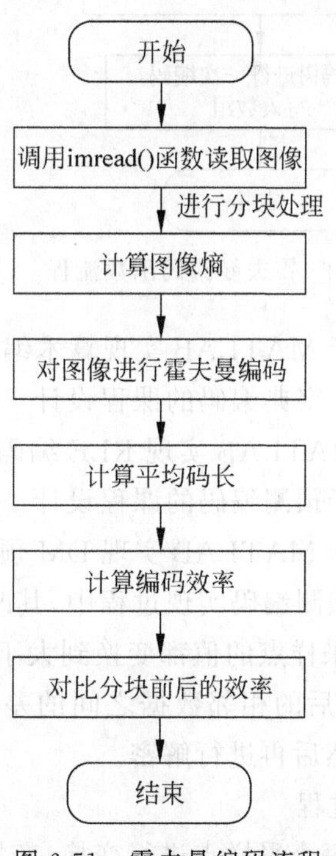

图 6-51 霍夫曼编码流程

霍夫曼编码函数流程如图 6-52 所示。

霍夫曼解码流程如图 6-53 所示。

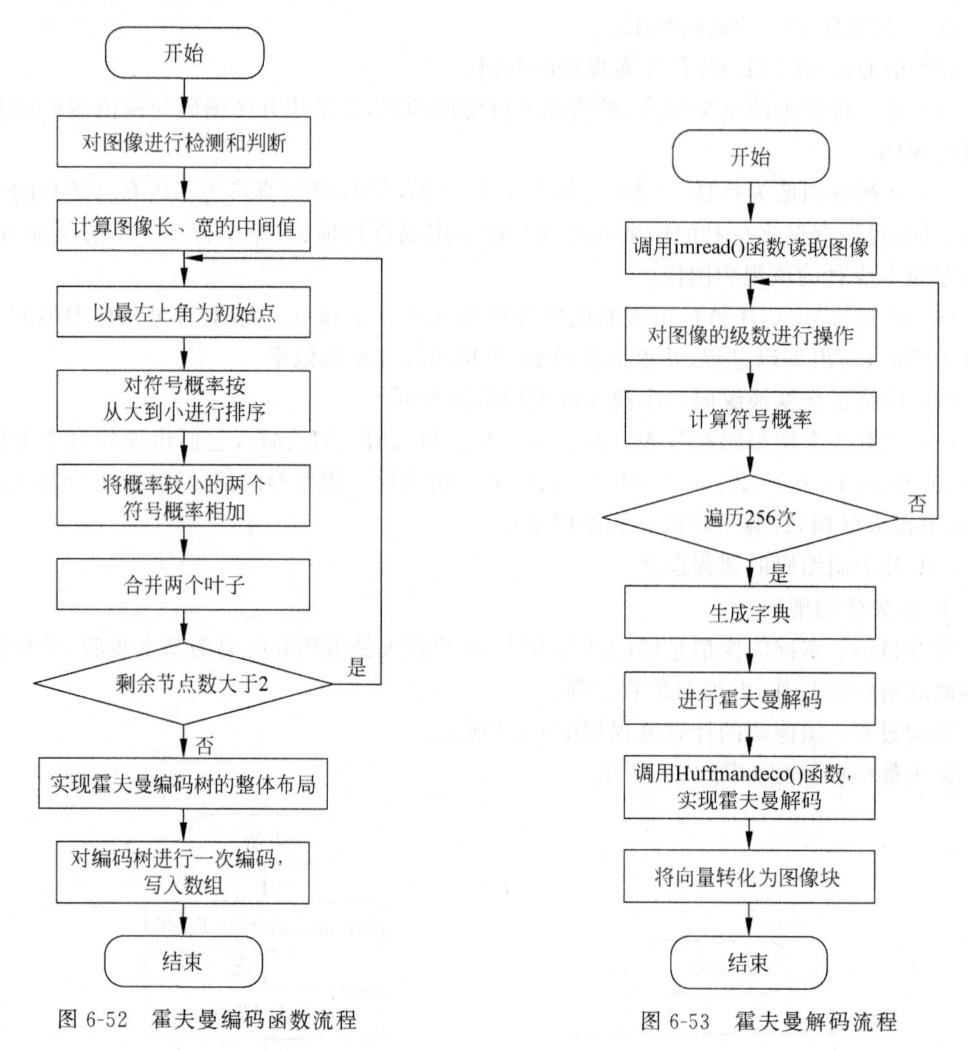

图 6-52 霍夫曼编码函数流程

图 6-53 霍夫曼解码流程

② 请基于 MATLAB 实现算术编码压缩,并计算出压缩比及熵值。

(10) 关于字典编码的课程设计

请基于 MATLAB 实现 RLE 编码,并计算出相应的压缩比及熵值等参数。

(11) 关于预测编码的课程设计

① 请基于 MATLAB 实现 DM 预测编码,并计算出相应的压缩比及熵值等参数。

② 基于预测编码实现过程中,其改进策略为:先对每个采样点进行取绝对值并加 1 的运算,将所有采样点的值都变换到大于或等于 1 的区间,然后对这个变换后的值取对数,存储取完对数之后的相邻数据之间的差值。由于压缩文件需要特意存储每个采样点的符号(使用 1bit),然后再进行解密。

a. 加密过程

首先,对每个采样点进行变换,变换到取绝对值并加 1;计算差值,根据式(6-32),同时将所有差值存到数组 $d[0:n]$。

$$d(n)=\log x(n)-\log x(n-1) \tag{6-32}$$

计算映射,将计算所得到的差值进行量化,即将差值映射到−8～7这个区间(压缩成4bit,便于存储)。将量化数据存储起来,压缩到文件中时,需要使用该信息;然后存储差值,且为了避免误差进行积累,可以一边解密,一边加密;最后,需要计算整体采样点的符号,然后利用1bit进行存储。每16个符号为一组,组成一个16bit的无符号整数。(注:这一步可以跟上面的算法并行完成。)

b. 解密过程

读取压缩文件,将符号数和差值数区分开,分别存储到不同的数组中;然后,对差值部分进行解压,利用式(6-33),解压所得到的是原来采样点的绝对值为加1,因此,先进行减1运算,然后根据对应的符号数在的符号位来判断该采样点的符号;最后,得到一个所有采样点的数组。

$$x(n)=\exp(\log x(n-1)+(c(n)-8)\times a) \tag{6-33}$$

请用MATLAB实现这一改进策略。

附录　MATLAB 实现代码

(1) 霍夫曼编码的 MATLAB 实现代码。

```
%首先,输入一组概率,这里以[0.512 0.128 0.128 0.032 0.128 0.032 0.032 0.008]为例,并计算需
%要的节点数
P = [0.512 0.128 0.128 0.032 0.128 0.032 0.032 0.008];          %输入
l = length(P);
n = 2 * l - 1;                                   %节点总个数
%定义编码结果元胞,来记录一些信息
end cell = zeros(n,5);                           %节点,有编号、概率、分配的码元、组成 1、组成 2
%初始化元胞
for i = 1:l
  cell(i,:) = [i,P(i),3,0,0];                   %3,0,0 是坏值
end
for i = l + 1:n
  cell(i,:) = [i,0,3,0,0];                      %最终结果
end
%参与运算的是当前运算元胞,不是 cell,因而定义当前运算元胞
%初始化当前考虑点
ce = cell(1:l,:);
%运算机制
for i = 1:l - 1                                  %一共有 n - 1 次合并
  ce = sortrows(ce,2);                          %按概率从小往大排序
  ce(size(ce,1) + 1,:) = [l + i,ce(1,2) + ce(2,2),3,ce(1,1),ce(2,1)];
  cell(l + i,:) = [l + i,ce(1,2) + ce(2,2),3,ce(1,1),ce(2,1)];
  id1 = find(cell(:,1) == ce(1,1));
  cell(id1,3) = 0;                              %分配码元
  id2 = find(cell(:,1) == ce(2,1));
  cell(id2,3) = 1;                              %分配码元
  ce(1,:) = [];                                 %删除用掉的元胞
  ce(1,:) = [];                                 %删除用掉的元胞
end
cell(end,:) = [];                                %删除最后一个元胞
```

(2) 香农-范诺编码的 MATLAB 实现代码。

① 香农编码的 MATLAB 实现代码。

```
pa = input('请输入信源分布:')
k = length(pa);                                  %计算信源符号个数
if min(pa)< 0||max(pa)> 1                        %判断信源概率值是否介于 0~1
%disp(['信源分布 pa(x) = [',num2str(pa),']']);
disp('概率值必须介于 0 到 1 之间,请重新输入信源分布');
  return
elseif sum(pa)~ = 1                              %判断信源累加和是否为 1
% disp(['信源分布 pa(x) = [',num2str(pa),']']);
disp('概率累加和必须等于 1,请重新输入信源分布');
return
```

```
else
for i = 1:k - 1                              % for 循环进行降序排列
 for n = i + 1:k
   if (pa(i)< pa(n))
     t = pa(i);
     pa(i) = pa(n);
     pa(n) = t;
     end
   end
 end
end
disp('信源分布概率从大到小为:');disp(pa);
y = 0;                                       % 给 y 赋初值,用来求概率和
f = 0;                                       % 给 f 赋初值,用来得到子程序最大循环次数
s = zeros(k,1);                              % 对求和结果进行矩阵初始化
b = zeros(k,1);                              % 对编码位数矩阵初始化
w = zeros(k,1);                              % 对二进制矩阵初始化
for m = 1:k;                                 % 进行香农编码
s(m) = y;
    = y + pa(m);
b(m) = ceil( - log2(pa(m)));                 % 求得的自信息量向上取整,得到码字长度
z = zeros(b(m),1);                           % 对码字矩阵初始化
x = s(m);
  f = max(b(m));                             % 把码字最大长度赋给 f,用于将十进制转换为二进制
w = dtob(x,f);                               % 调用子程序将十进制转换为二进制
for r = 1:b(m)
  z(r) = w(r);
end
disp('输出结果为:');
disp('初始概率');disp(pa(m));
disp('求和结果');disp(s(m));
disp('编码位数');disp(b(m));
disp('最终编码');disp(z');
end
sum0 = 0;
sum1 = 0;
for i = 1:k                                  % 使用 for 循环进行信息熵、平均码长求解
   a(i) = - log2(pa(i));                     % a(i)表示单个信源的自信息量
   K(i) = ceil(a(i));                        % K(i)表示对自信息量向上取整
   R(i) = pa(i) * K(i);
   sum0 = sum0 + R(i);                       % 求平均码长
   c(i) = a(i) * pa(i);
   sum1 = sum1 + c(i);                       % 信息熵
end
K1 = sum0;
H = sum1;
Y = H/K1;                                    % 用 Y 来表示编码效率
disp(['信息熵 H(X) = ',num2str(H),'(bit/sign)']);
disp(['平均码长 K = ',num2str(K1),'(bit/sign)']);
disp(['编码效率 = ',num2str(Y)]);
```

```
% 十进制转换成二进制
function y = dtob(x,f)
for i = 1:f
  temp = x. * 2;
  if(temp < 1)
  y(i) = 0;
  x = temp;
  else
  x = temp - 1;
  y(i) = 1;
  end
end
```

② 范诺编码的 MATLAB 实现代码。

```
function y = dtob(x,f)
for i = 1:f
function y = fano_code(A)
B = fliplr(A);
[m,n] = size(B);
M = 1;
N = n;
Z = ones(1,n). * n;
for j = 1:n
  C(j) = {''};
end
for i = 1:n
  while(Z(i)> 2)
    a = sum(B(1,M:N),2)/2;
    for K = M:N
      if sum(B(1,M:K),2)> = a
        if i <= K
          char = cell2mat(C(i));
          char = [char '0'];
          C(i) = {char};
          N = K;
          Z(i) = N - M + 1;
          break;
        else
          char = cell2mat(C(i));
          char = [char '1'];
          C(i) = {char};
          M = K + 1;
          Z(i) = N - M + 1;
          break;
        end
      end
    end
  end
  if Z(i) == 2
    if i == M
```

```
        char = cell2mat(C(i));
        char = [char '0'];
        C(i) = {char};
      else
        char = cell2mat(C(i));
        char = [char '1'];
        C(i) = {char};
      end
    end
    M = 1;
    N = n;
  end
  celldisp(C);
  end
```

(3) RLE 编码的 MATLAB 实现代码。

```
%读入图像
I = imread('lena1.jpg');                    %读入图像
I1 = rgb2gray(I);                           %灰度化处理
I3 = im2bw(I1,0.5);                         %将原图像转换为二值图像,阈值为 0.5
I2 = I1(:);                                 %将原图像表示为一维的数据,并记为 I2
I2length = length(I2);                      %计算 I2 的长度
X = I3(:);                                  %令 X 为二值图像的一维数据组
L = length(X);
j = 1;
I4(1) = 1;
for z = 1:1:(length(X) - 1)                 %行程编码程序段
  if X(z) == X(z + 1)

    I4(j) = I4(j) + 1;
  else
    data(j) = X(z);                         %data(j)代表相应的像素数据
    j = j + 1;
    I4(j) = 1;
  end
end
data(j) = X(length(X));                     %将最后一个像素数据赋给 data
I4length = length(I4);                      %计算行程编码后的所占字节数,记为 I4length
CR = I2length/I4length;                     %比较压缩前与压缩后的大小
%行程编码解压%
l = 1;
for m = 1:I4length
  for n = 1:1:I4(m);
    decode_image1(l) = data(m);
    l = l + 1;
  end
end
decode_image = reshape(decode_image1,256,256); %重建二维图像数组
%显示图像
```

```
h=figure,set(h,'color','white')
x=1:1:length(X);
subplot(1,3,1),plot(x,X(x)); title('原图像'); %显示行程编码之前的原图像数据
y=1:1:I4length ;
subplot(1,3,2);plot(y,I4(y)); title('编码后的图像');           %显示编码后的图像数据
u=1:1:length(decode_image1);
subplot(1,3,3);plot(u,decode_image1(u));title('解压后的图像'); %显示解压后的图像
h=figure;
subplot(1,3,1);imshow(I);title('原图像');                      %显示原图像的二值图像
subplot(1,3,2);imshow(I3);title('原图像的二值图像');            %显示原图像的二值图像
subplot(1,3,3),imshow(decode_image);title('解压后的图像');      %显示解压后的图像
set(h,'color','white');
disp('压缩比: ');
disp(CR);
disp('原图像数据的长度:');
disp(L);
disp('压缩后图像数据的长度:');
disp(I4length);
disp('解压后图像数据的长度:');
disp(length(decode_image1));
```

（4）DPCM 编码的 MATLAB 实现代码。

```
I=imread('原图像名称');
i=double(I);
[m,n]=size(i);
p=zeros(m,n);
y=zeros(m,n);
y(1:m,1)=i(1:m,1);
p(1:m,1)=i(1:m,1);
y(1,1:n)=i(1,1:n);
p(1,1:n)=i(1,1:n);
y(1:m,n)=i(1:m,n);
p(1:m,n)=i(1:m,n);
y(m:1,n)=i(m:1,n);
p(m:1,n)=i(m:1,n);
for k=2:m-1;
for l=2:n-1;
    y(k,l)=(i(k,l-1)/2+i(k-1,l)/4+i(k-1,l-1)/8+i(k-1,l+1)/8);
    p=(k,l)=round(i(k,l)-y(k,l));
  end
end
p=round(p);
subplot(3,2,1),imshow(l);title('原灰度图像');
subplot(3,2,2),imshow(y,[0 256]);title('利用3个相邻块线性的图像');
j=zeros(m,n);
j(1:m,1)=y(i:m,1);
j(1:1,n)=y(i:1,n);
j(1:m,n)=y(i:m,n);
j(m,1:n)=y(m,1:n);
for k=2:m-1;
```

```
  for l = 2:n - 1;
    j(k,l) = p(k,l) + y(k.l);
  end
end
for r = 1:m
  for t = 1:n
    d(r,t) = round(i(r,t) - j(r,t));
  end
end
subplot(3,2,4),imshow(abs(p),[0 1]);title('解码用的残差图像');
subplot(3,2,5),imshow(j,[0 256]);title('使用残差和线性预测重建后的图像');
subplot(3,2,6),imshow(abs(d),[0 1]);title('解码重建后图像的误差');
```

(5) 离散余弦变换编码的 MATLAB 实现代码。

```
%读取图像
I = imread('原图像名称');
%将无符号 8bit 图像转为双精度浮点型
Id = im2double(I);
%计算离散余弦变换
T = dctmtx(8);
%分块处理
B = blkproc(Id,[8 8],'P1 * x * P2',T,T');
mask = [1 1 1 1 0 0 0 0
        1 1 1 0 0 0 0 0
        1 1 0 0 0 0 0 0
        1 0 0 0 0 0 0 0
        0 0 0 0 0 0 0 0
        0 0 0 0 0 0 0 0
        0 0 0 0 0 0 0 0
        0 0 0 0 0 0 0 0]
B2 = blkproc(B,[8 8],'P1. * x',mask);
I2 = blkproc(B2,[8 8],'P1 * x * P2',T',T);
%显示图像
subplot(1,2,1),imshow(I);
title('原图像');
subplot(1,2,2),imshow(I2);
title('压缩图像')
```

(6) K-L 编码的 MATLAB 实现代码。

```
%读取图像,并转换为双精度浮点型
clear;
img = imread('lena512.bmp');
figure(1);
subplot(1,2,1);
imshow(img);
title('原图像');
gray_values = double(img);
%将原图像分成 4 × 4 的块
num_batch = 512/4;
```

```
blocks = mat2cell(gray_values,4 * ones(1,num_batch),4 * ones(1,num_batch));
%向量长度为16
x = zeros(16,num_batch^2);
%映射块为列向量
for ii = 1:num_batch
  for jj = 1:num_batch
    x(:,(ii - 1) * num_batch + jj) = reshape(blocks{ii,jj}',[16,1]);
  end
end
%均值和协方差
x_mean = mean(x,2);
num_vectors = size(x,2);
temp_C = zeros(16,16);
for ii = 1:num_vectors
  temp_C = temp_C + (x(:,ii) - x_mean) * (x(:,ii) - x_mean)';
end
C = 1/(num_vectors - 1) * temp_C;
%特征值和特征向量
eigenvalues = eig(C)';
[P,D] = eig(C);
%16个特征值是1.0e + 0.4*
%0.0007 0.0009 0.0011 0.0011 0.0013 0.0019 0.0022 0.0036
%0.0041 0.0052 0.0063 0.0161 0.0197 0.0421 0.1047 3.4533
%选择特征值和相应的特征向量
%从大到小
MSE = zeros(1,16);
for select_numbers = 1:16
%     select_numbers = 5;
  selected_p = zeros(16,select_numbers);
  for ii = 1:select_numbers
    selected_p(:,ii) = P(:,17 - ii);
  end
  %计算主分量
  comp = zeros(select_numbers,num_vectors);
  for jj = 1:num_vectors
    for ii = 1:select_numbers
      comp(ii,jj) = selected_p(:,ii)' * x(:,jj);
    end
  end
  %计算估计向量
  x_estimated = zeros(size(x));
  for jj = 1:num_vectors
    for ii = 1:select_numbers
      x_estimated(:,jj) = x_estimated(:,jj) + comp(ii,jj) * selected_p(:,ii);
    end
  end
  %重建图像
  new_block = zeros(4,4,num_vectors);
  for ii = 1:num_vectors
    new_block(:,:,ii) = reshape(x_estimated(:,ii),[4,4])';
  end
```

```
  reconstruct_img = zeros(512,512);
  for start_row = 1:4:512
    for start_column = 1:4:512
      reconstruct_img(start_row:(start_row + 3),start_column:(start_column + 3)) = …
        new_block(:,:,floor(start_row/4) * num_batch + floor(start_column/4) + 1);
    end
  end
  square_error = (reconstruct_img - gray_values).^2;
  MSE(select_numbers) = mean(square_error(:));
% subplot(1,2,2);
% imshow(reconstruct_img,[]);
% title('重建图像');
end
figure(2);
plot(1:16,MSE);
xlabel('保留系数');
ylabel('原图像和重建图像之间的均方误差');
```

(7) 小波变换编码的 MATLAB 实现代码。

① wavedec2()。

```
%读取并显示原图像
Load belmont2;
subplot(2,2,1);
image(X);colormap(map);title('原图像');axis square;
disp('压缩前图像大小:');
whos('X')
%对原图像进行 2 层小波分解
[c,l] = wavedec2(X,2,'bior3.7');
%提取小波分解结构中的一层的低频系数和高频系数
cA1 = appcoef2(c,l,'bior3.7',1);
%水平方向
cH1 = detcoef2('d',c,l,1);
%斜线方向
cD1 = detcoef2('v',c,l,1);
%垂直方向
cV1 = detcoef2('v',c,l,1)
%重构第一层系数
A1 = wrcoef2('a',c,l,'bior3.7',1)
H1 = wrcoef2('h',c,l,'bior3.7',1)
D1 = wrcoef2('d',c,l,'bior3.7',1)
V1 = wrcoef2('v',c,l,'bior3.7',1)
c1 = [A1 H1;V1 D1]
%显示第一层频率信息
subplot(2,2,2);image(c1);title('分解后的低频和高频信息');
%对图像进行压缩:保留第一层低频信息并对其进行量化编码
ca1 = wcodemat(cA1,440,'mat',0);
%改变图像高度并显示
ca1 = 0.5 * ca1;
subplot(2,2,3);image(ca1);colormap(map);title('第一次压缩后图像');axis square;
```

```
disp('第一次压缩后图像的大小');
whos('ca1')
%压缩图像:保留第二层低频信息并对其进行量化编码
cA2 = appcpef(c,1,'bior3.7',2);
ca2 = wcodemat(cA2,440,'mat',0);
ca2 = 0.5 * ca2;
subplot(2,2,4);image(ca2);colormap(map);title('第二次压缩后图像');
disp('第二次压缩后图像大小:');
whos('ca2')
```

② ddencmp()。

```
%读取并显示原图像
Load belmont2;
subplot(2,2,1);
image(X);colormap(map);title('原图像');
%首先利用 db3 小波对图像 X 进行 2 层分解
[c,l] = wavedec(X,2,'db3');
%全局阈值
[thr,sorh,keepapp] = ddencmp('cmp','wv',X);
%压缩处理:对所有高频系数进行同样的阈值量化处理
[Xcmp,cxc,lxc,perf0,perf12] = wdencmp('gbl',c,l,'db3',2,thr,sorh,keepapp);
%将压缩后的图像与原图像相比较
subplot(1,2,2);image(Xcmp);colormap(map);title('压缩后的图像');
%显示相关系数
disp('小波分解系数中为 0 的系数个数百分比:');
perf0;
```

(8) JPEG 标准的 MATLAB 实现代码。

```
%图像压缩
function y = im2jpeg(x,quality);                %JPEG 压缩函数 im2jpeg()
error(nargchk(1,2,nargin));                     %检查输入参数
if ndims(x) ~= 2 | ~isreal(x) | ~isnumeric(x) | ~isa(x,'uint8')
  error('输入图像必须是 8bit 单精度数据.');
end
if nargin < 2
  quality = 1;                                  %默认值
end
m = [16  11  10  16  24  40  51  61             %JPEG 正常化数组
     12  12  14  19  26  58  60  55             %zig-zag 记录模式
     14  13  16  24  40  57  69  56
     14  17  22  29  51  87  80  62
     18  22  37  56  68  109 103 77
     24  35  55  64  81  104 113 92
     49  64  78  87  103 121 120 101
     72  92  95  98  112 100 103 99] * quality;
order = [1 9  2  3  10 17 25 18 11 4  5  12 19 26 33 ...
```

```
        41 34 27 20 13 6  7  14 21 28 35 42 49 57 50 ...
        43 36 29 22 15 8  16 23 30 37 44 51 58 59 52 ...
        45 38 31 24 32 39 46 53 60 61 54 47 40 48 55 ...
        62 63 56 64];
[xm,xn] = size(x);                              %输入大小
x = double(x) - 128;                            %水平变换
t = dctmtx(8);
%量化系数
y = blkproc(x,[8 8],'P1 * x * P2',t,t');        %像素块处理,blkproc()函数
y = blkproc(y,[8 8],'round(x ./ P1)',m);
y = im2col(y,[8 8],'distinct');                 %像素块处理,im2col()函数
xb = size(y,2);                                 %获取图像块数
y = y(order,:);                                 %记录列向量元素
eob = max(x(:)) + 1;                            %创建块结束符号
r = zeros(numel(y) + size(y,2),1);
count = 0;
for j = 1:xb                                    %1 次处理 1 个图像块
  i = max(find(y(:,j)));                        %找出最后一个非零元素
  if isempty(i)                                 %无非零块值
    i = 0;
  end
  p = count + 1;
  q = p + i;
  r(p:q) = [y(1:i,j); eob];                     %截断尾随 0,增加 EOB.并增加到输出向量
  count = count + i + 1;
end
r((count + 1):end) = [];                        %删除未使用的 r
y.size = uint16([xm xn]);
y.numblocks = uint16(xb);
y.quality = uint16(quality * 100);
y.huffman = mat2huff(r);
%图像解压
function x = jpeg2im(y);                    %图像解压函数 jpeg2im()
error(nargchk(1,1,nargin));                 %检查输入参数
m = [16  11  10  16  24  40  51  61         %JPEG 正常化矩阵,zig-zag 记录模式
     12  12  14  19  26  58  60  55
     14  13  16  24  40  57  69  56
     14  17  22  29  51  87  80  62
     18  22  37  56  68  109 103 77
     24  35  55  64  81  104 113 92
     49  64  78  87  103 121 120 101
     72  92  95  98  112 100 103 99];
order = [1 9  2  3  10 17 25 18 11 4 5 12 19 26 33 ...
        41 34 27 20 13 6 7 14 21 28 35 42 49 57 50 ...
        43 36 29 22 15 8 16 23 30 37 44 51 58 59 52 ...
        45 38 31 24 32 39 46 53 60 61 54 47 40 48 55 ...
        62 63 56 64];
rev = order;                                %计算逆排序
for k = 1:length(order)
  rev(k) = find(order == k);
end
```

```
m = double(y.quality) / 100 * m;          %获得编码质量
xb = double(y.numblocks);
sz = double(y.size);
xn = sz(2);
xm = sz(1);
x = huff2mat(y.huffman);                  %霍夫曼解码
eob = max(x(:));                          %获得块结束符号
z = zeros(64,xb); k = 1;                  %通过复制形式块列
for j = 1:xb
  for i = 1:64
    if x(k) == eob
      k = k + 1; break;
    else
      z(i,j) = x(k);
      k = k + 1;
    end
  end
end
z = z(rev,:);
x = col2im(z,[8 8],[xm xn],'distinct');
x = blkproc(x,[8 8],'x .* P1',m);
t = dctmtx(8);                            %获得8×8离散余弦变换矩阵
x = blkproc(x,[8 8],'P1 * x * P2',t',t);
x = uint8(x + 128);
%JPEG压缩及解压缩
f = imread('C:\Users\Public\Pictures\Sample Pictures\Fig0804(a).tif');
c1 = im2jpeg(f);                          %对原图像进行JPEG压缩
f1 = jpeg2im(c1);                         %对压缩后的图像进行解压缩
imratio(f,c1);                            %计算图像压缩后的压缩比
compare(f,f1,3);                          %比较两者之间的误差
subplot(1,2,1);imshow(f);title('原图像');
subplot(1,2,2);imshow(f1);title('解压缩');

c4 = im2jpeg(f,4);              %使用参数4放大归一化数组后的JPEG压缩
f4 = jpeg2im(c4);               %解压缩
imratio(f,c4);                  %比较两者的压缩比
compare(f,f4,3);
subplot(1,2,1);imshow(f);title('原图像');
subplot(1,2,2),imshow(f4),title('参数为4放大后的解压缩图像');
```

第7章 图像分割

CHAPTER 7

本章结构如图 7-1 所示,具体要求如下:

(1) 掌握图像分割的基础知识。

(2) 掌握基于边缘的图像分割方法。

(3) 掌握基于阈值的图像分割方法。

(4) 掌握基于区域的图像分割方法。

(5) 了解基于形态学分水岭的图像分割方法。

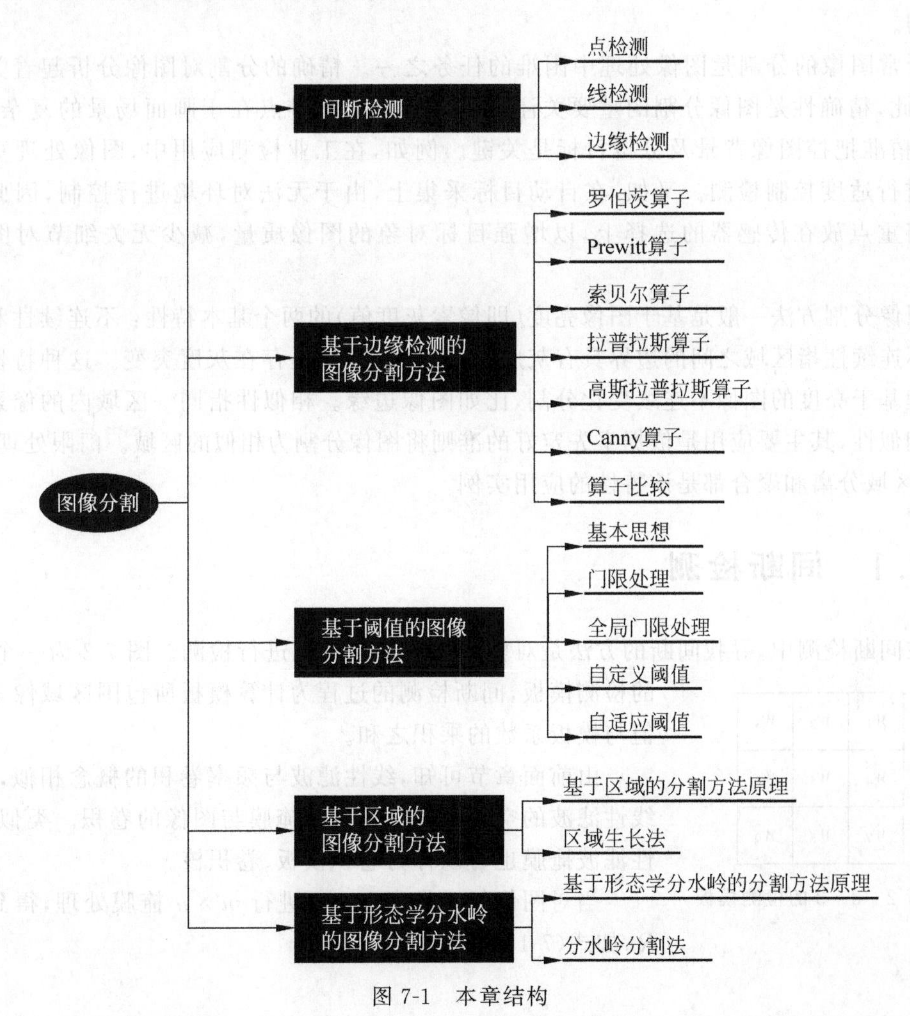

图 7-1 本章结构

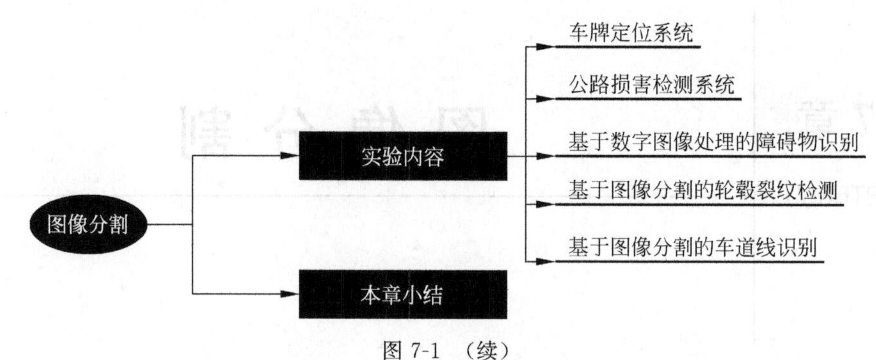

图 7-1 （续）

前面的章节介绍的图像处理方法的输入和输出均为图像，本章将转变为输入为图像，而输出为图像所提取的属性，即目标物描述。这也是图像处理到图像分析的关键步骤。

图像分割是将图像细分为子区域或对象。分割程度取决于待解决的问题。通俗来讲：在实际应用中，当感兴趣的对象已经分离出来时，就停止对图像的分割。例如，医学图像的处理首先要明确分割的目的，是提取病灶还是器官，或者器官分割；不同器官的分割也有不同的目的，如脑组织分割、脑肿瘤分割、肺结节分割等。在图像分割中，无目的的分割是没有意义的。

异常图像的分割是图像处理中困难的任务之一。精确的分割对图像分析起着关键作用，因此，精确性是图像分割的重要关注点。图像分割的难点在于画面场景的复杂程度，因而，精准把控图像背景及分析目标是关键。例如，在工业检测应用中，图像处理重点对环境进行适度控制检测。又如，在自动目标采集上，由于无法对环境进行控制，因此图像处理将重点放在传感器的选择上，以增强目标对象的图像质量，减少无关细节对图像的影响。

图像分割方法一般是基于图像亮度（即像素灰度值）的两个基本特性：不连续性和相似性。不连续性指区域之间的边界具有灰度不连续性，也就是存在灰度突变。这种特性常用来处理基于亮度的图像不连续变化分割，比如图像边缘。相似性指同一区域内的像素具有灰度相似性，其主要应用是依据事先定好的准则将图像分割为相似的区域。门限处理、区域生长、区域分离和聚合都是该特性的应用实例。

7.1 间断检测

在间断检测中，寻找间断的方法是对整幅图像使用模板进行检测。图 7-2 为一个 3×3 的检测模板，间断检测的过程为计算模板所包围区域像素灰度值与模板系数的乘积之和。

w_1	w_2	w_3
w_4	w_5	w_6
w_7	w_8	w_9

图 7-2 3×3 的检测模板

由前面章节可知，线性滤波与频率卷积的概念相似，因而，线性滤波的空域处理经常称为掩膜与图像的卷积。类似地，线性滤波掩膜也可以称为卷积模板、卷积核。

当对图像任一像素 (x,y) 进行 $m\times n$ 掩膜处理，得到响应 R，如式(7-1)所示。

$$R = w_1 z_1 + w_2 z_2 + \cdots + w_9 z_9 = \sum_{i=1}^{9} w_i z_i \tag{7-1}$$

其中，z_i 表示与模板系数 w_i 对应的像素灰度值。模板的响应对与相对于它中心位置的像素进行定义。

7.1.1 点检测

在一幅图像中，孤立点的检测在理论上是简单的。例如，用如图 7-3(a)所示的点检测模板，满足式(7-2)所示条件，则可以认为在模板中心的位置上检测到一个点。

$$|R| \geqslant T \tag{7-2}$$

其中，T 表示非负门限。式(7-2)是测量中心点和它相邻点之间加权的插值。

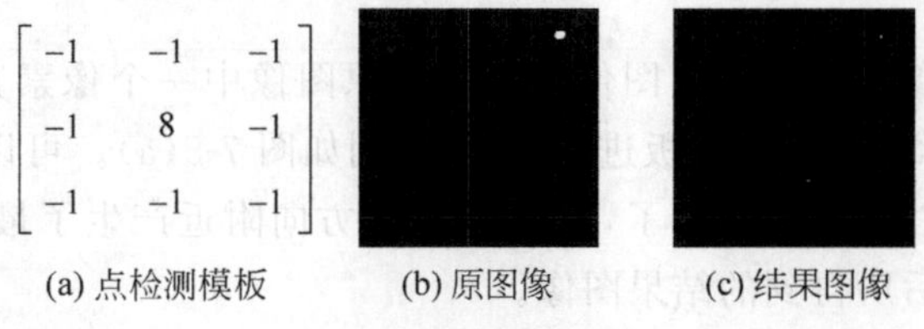

(a) 点检测模板　(b) 原图像　(c) 结果图像

图 7-3　点检测示例

点检测的基本思想是：如果一个孤立的点(此点的灰度级与其背景的差异相当大且其位置是一个均匀或近似均匀的区域)与周围的点很不同(由 T 决定)，则认为它是孤立点。

请注意：点检测模板系数之和为 0，当检测灰度值为常数的区域时，其响应为 0。

从图 7-3(b)可以看出，这副图像有明显的通孔，位于图像的右上角，且通孔处嵌入的是白色像素。图 7-3(c)是将点检测模板应用于图 7-3(b)的结果图像，其中，T 为像素灰度值的最大绝对值。可以看出，图 7-3(c)中这一孤立像素清晰可见。

由于点检测基于单像素间断，并且检测模板的区域有一个均匀且单一的背景，因此具有专用性。当不满足检测条件时，点检测将不再适用。

7.1.2 线检测

线检测的复杂程度比点检测更高。线检测的基本思想是：如果检测模板在水平方向、垂直方向、+45°方向、−45°方向均有相同像素灰度值，则模板沿对应方向的线条(一个像素宽度)将有更强的响应。

线检测模板如图 7-4 所示。如果图 7-4(a)所示模板在图像上移动，则该模板对水平方向的线条(一个像素宽度)将有更强的响应。在背景不变的图像上，当检测模板的中间一行经过水平方向的线条时，会产生响应的最大值。同样可以验证图 7-4(b)对+45°方向的线条有最佳响应；图 7-4(c)对垂直方向的线条有最佳响应；图 7-4(d)对−45°方向的线条有最佳

$$\begin{bmatrix} -1 & -1 & -1 \\ 2 & 2 & 2 \\ -1 & -1 & -1 \end{bmatrix} \quad \begin{bmatrix} -1 & -1 & 2 \\ -1 & 2 & -1 \\ 2 & -1 & -1 \end{bmatrix} \quad \begin{bmatrix} -1 & 2 & -1 \\ -1 & 2 & -1 \\ -1 & 2 & -1 \end{bmatrix} \quad \begin{bmatrix} 2 & -1 & -1 \\ -1 & 2 & -1 \\ -1 & -1 & 2 \end{bmatrix}$$

(a) 水平方向模板　(b) +45° 方向模板　(c) 垂直方向模板　(d) −45° 方向模板

图 7-4　线检测模板

响应。这些方向也可以通过模板的优选方向来设置,即比别的方向具有更大的系数(图 7-4 中为 2)。请注意:线检测模板系数相加后的和为 0,表示在灰度级恒定的区域,线检测模板的响应为 0。

令 R_1、R_2、R_3 和 R_4 分别表示图 7-4(a)~图 7-4(d)所示线检测模板的响应。如果 $|R_i|>|R_j|, i\neq j\ (i,j=1,2,3,4)$,则认为该点与检测模板 i 方向的线条更相关。如果 $|R_i|=|R_j|$,则认为该点与水平方向模板更相关。

如果对特定方向的线条感兴趣,那么这种情况应该使用与这一方向有关的模板,并设置模板的输出门限,如式(7-2)所示。也就是说,如果对检测图像中由线检测模板方向的线条感兴趣,只需要简单地对整幅图像使用线检测模板,并设置门限,即可得到响应最强的点。对于一个像素宽度的线条而言,这些响应最靠近模板所设置的方向。下面通过一个例子来说明这一过程。

图 7-5(a)的原图像是一幅二值图像。要找出原图像中一个像素宽度且方向为 $-45°$ 的线条,用图 7-4(d)所示的线检测模板进行处理,得到如图 7-5(a)。可以看出,图 7-5(b)中所有水平和垂直方面的线条都被除去了,并且在 $-45°$ 方向附近产生了最强响应。图 7-5(c)~图 7-5(f)为设置门限后所得到的结果图像。

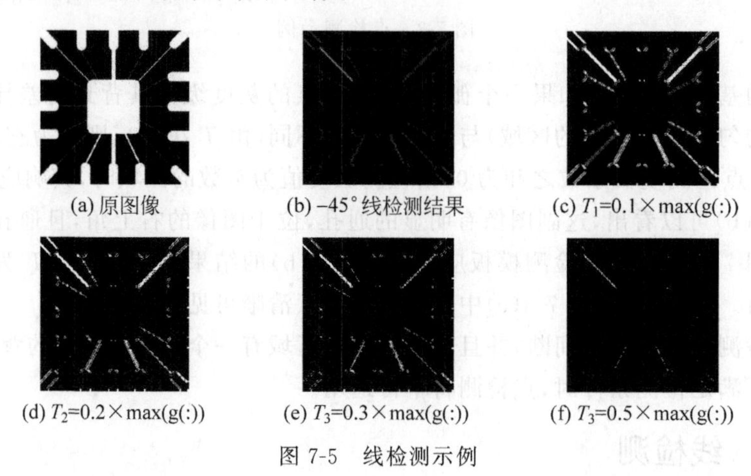

图 7-5 线检测示例

可以通过设置门限来检测特定方向的线条。图 7-5(f)为门限等于图像中最大值所得到的结果。

7.1.3 边缘检测

边缘检测是灰度级间断检测中最普遍的检测方法,其基本思想如下。

边缘一般是指图像某局部亮度剧烈变化的区域。边缘检测是图像处理和计算机视觉的一个基本问题,其目的是标识数字图像中亮度变化明显的点,这是因为图像的显著变化通常反映了属性的重要事件和变化。

基于边缘检测的分割方法通过检测包含不同区域的边缘来进行图像分割。不同区域之间边缘上的像素灰度值的变化往往比较剧烈,这是边缘检测得以实现的主要假设之一。边缘检测一般利用图像一阶导数的极大值或二阶导数的过零点信息来提供判断边缘点的基本依据。

最简单的边缘检测方法是并行微分算子法。该方法利用相邻区域像素灰度值不连续性,采用一阶或二阶导数来检测边缘像素。边缘大致可以分为 3 种：①阶跃状边缘,即边缘两侧像素的灰度值明显不同；②屋顶状边缘,即边缘处于灰度值由小到大再到小的变化转折点处；③脉冲状边缘,主要对应细条纹的灰度值突变区域。这几种边缘如图 7-6 所示。

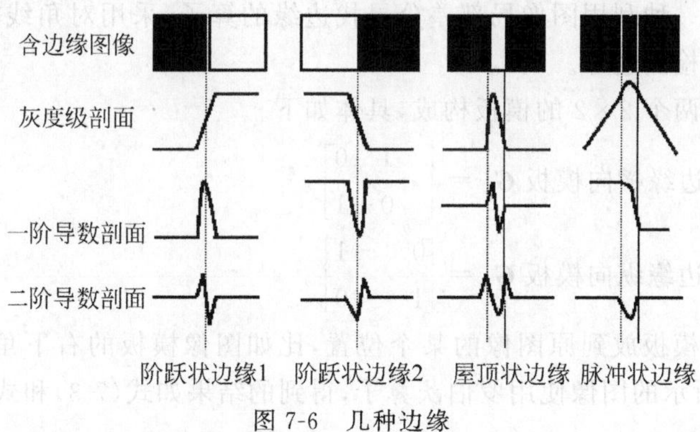

图 7-6　几种边缘

图 7-7 可以更清晰地展示导数剖面的特点。可以看出,图 7-7(a)中一阶微分对于亮的区域,边的变化开始是正的,结束是负的；对于暗的区域,结论相反；常数区域为 0。图 7-7(b)中二阶微分在亮的区域是正的,在暗的区域是负的；常数区域为 0。

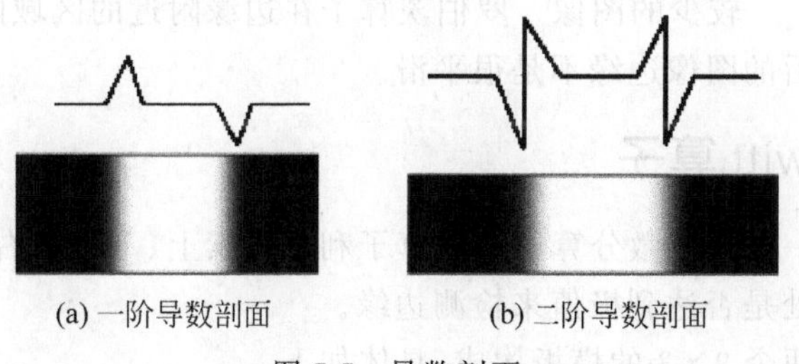

图 7-7　导数剖面

由此可以得出以下结论：一阶导数可以用于检测图像中的像素是否是边缘上的像素,也就是判断像素是否在剖面的斜坡上；二阶导数可以用于判断边缘上的像素是在亮的区域还是暗的区域。对于一条边缘,二阶导数还有两条附加性质：①对图像中的每条边缘,二阶导数生成两个值(这同时是一个不希望得到的性质)；②一条连接二阶导数正极值和负极值的构直线将在边缘中点附近穿过零点,这一性质可以确定边缘的准确位置。

7.2　基于边缘检测的图像分割方法

边缘检测的主要工具是边缘检测模板,边缘检测模板是一种边缘检测器,它在数学上的含义是一种基于梯度的滤波器,习惯上又称为边缘算子。其作用是用右邻像素灰度值减去左邻像素灰度值,并将差值作为该像素的灰度值。在像素灰度值相近的区域内,这么做的结果使该像素灰度值接近于 0；而在边缘附近,像素灰度值有明显变化,这么做的结果则使该像素灰度值很大。如果图像中的边缘是水平方向的,则可以用梯度为垂直方向的边缘检测模板来检测。

常用的一阶导数算子有罗伯茨算子、Prewitt 算子、索贝尔算子，常见的二阶导数算子有拉普拉斯算子、高斯拉普拉斯算子、Canny 算子。算子对边缘检测的作用是提供边缘候选点。

7.2.1 罗伯茨算子

罗伯茨算子是一种利用图像局部差分寻找边缘的算子，采用对角线方向相邻两像素之差近似梯度幅值来检测边缘。

罗伯茨算子由两个 2×2 的模板构成，具体如下。

(1) 检测水平边缘横向模板 $\boldsymbol{G}_x=\begin{bmatrix}-1 & 0\\ 0 & 1\end{bmatrix}$。

(2) 检测垂直边缘纵向模板 $\boldsymbol{G}_y=\begin{bmatrix}0 & -1\\ 1 & 0\end{bmatrix}$。

罗伯茨算子将模板放到原图像的某个位置，比如图像模板的右下角，然后进行卷积运算。例如，图 7-8 所示的图像使用罗伯茨算子，得到的结果如式(7-3)和式(7-4)所示。

$$\begin{bmatrix}z_1 & z_2 & z_3\\ z_4 & z_5 & z_6\\ z_7 & z_8 & z_9\end{bmatrix}$$

图 7-8　图像

$$\boldsymbol{G}_x=z_9-z_5 \tag{7-3}$$

$$\boldsymbol{G}_y=z_8-z_6 \tag{7-4}$$

罗伯茨算子对垂直边缘的检测效果好于斜向边缘，但无法抑制噪声的影响。罗伯茨算子适用于边缘灰度值突变明显，且噪声相对较少的图像。罗伯茨算子在边缘附近的区域内进行处理时，会产生较大的响应，使处理后的图像边缘不是很平滑。

7.2.2 Prewitt 算子

Prewitt 算子是一种一阶微分算子。该算子利用像素上、下、左、右相邻像素的灰度值之差，确定在图像边缘处是否达到极值来检测边缘。

Prewitt 算子由两个 3×3 的模板构成，具体如下。

(1) 检测水平边缘横向模板 $\boldsymbol{G}_x=\begin{bmatrix}-1 & 0 & 1\\ -1 & 0 & 1\\ -1 & 0 & 1\end{bmatrix}$。

(2) 检测垂直边缘纵向模板 $\boldsymbol{G}_y=\begin{bmatrix}-1 & -1 & -1\\ 0 & 0 & 0\\ 1 & 1 & 1\end{bmatrix}$。

Prewitt 算子将模板放到原图像的某个位置，然后进行卷积运算。例如，图 7-8 所示的图像使用 Rrewitt 算子得到的结果如式(7-5)和式(7-6)所示。

$$\boldsymbol{G}_x=(z_7+z_8+z_9)-(z_1+z_2+z_3) \tag{7-5}$$

$$\boldsymbol{G}_y=(z_3+z_6+z_9)-(z_1+z_4+z_7) \tag{7-6}$$

Prewitt 算子判定边缘的标准是凡灰度值大于或等于阈值的像素都是边缘点，但这种判定是不太合理的，因为现实图像中存在许多噪声点的干扰，倘若出现灰度值较大的噪声点和幅值较小的边缘点，无疑会造成本末倒置的现象。另外 Prewitt 算子通过像素平均对噪声有抑制作用，但是 Prewitt 算子对边缘的定位不是特别完美。Prewitt 梯度算子法处理图像的大致流程就是先求图像的平均灰度值，然后通过求得周围邻域的灰度差值来求梯度。

7.2.3 索贝尔算子

索贝尔算子认为：邻域的像素对当前像素所产生的影响是不等价的，不同距离的像素具有不同的权值，所产生的影响也不同。一般来说，距离越远，产生的影响越小。索贝尔算子对图像进行卷积运算，卷积的实质是求梯度值，或者加权平均，其中权值就是所谓的卷积核；然后对生成的新灰度值和阈值进行对比，以此来确定边缘。

索贝尔算子由两个 3×3 的模板构成，具体如下。

(1) 检测水平边沿横向模板 $\boldsymbol{G}_x=\begin{bmatrix}-1 & -2 & -1\\ 0 & 0 & 0\\ 1 & 2 & 1\end{bmatrix}$。

(2) 检测垂直边沿纵向模板 $\boldsymbol{G}_y=\begin{bmatrix}-1 & 0 & 1\\ -2 & 0 & 2\\ -1 & 0 & 1\end{bmatrix}$。

索贝尔算子将模板放到原图像的某个位置，然后进行卷积运算。例如，图 7-8 所示的图像使用索贝尔算子，得到的结果如式(7-7)和式(7-8)所示。

$$\boldsymbol{G}_x=(z_3+2z_6+z_9)-(z_1+2z_4+z_7) \tag{7-7}$$

$$\boldsymbol{G}_y=(z_7+2z_8+z_9)-(z_1+2z_2+z_3) \tag{7-8}$$

索贝尔算子对灰度渐变和噪声较多的图像的检测效果较好，但对边缘像素的定位不是很准确。当对检测精度要求不是很高时，索贝尔算子是一种较为常用的边缘检测方法。

7.2.4 拉普拉斯算子

拉普拉斯算子是最简单的各向同性微分算子，具有旋转不变性。图像的拉普拉斯变换是各向同性的二阶导数，如式(7-9)所示。

$$\nabla^2 f(x,y)=\frac{\partial^2 f}{\partial x^2}+\frac{\partial^2 f}{\partial y^2} \tag{7-9}$$

由于图像有 x 方向和 y 方向两个方向，因此属于二维离散信号，其二阶微分表达式如式(7-10)所示。

$$\nabla^2 f(x,y)=[f(x+1,y)+f(x-1,y)+f(x,y+1)+f(x,y-1)]-4f(x,y) \tag{7-10}$$

在很暗的区域内，很亮的点和其周围的点的差异比较大。反映到图像上，这种差异大，即亮点像素与周围像素的在灰度值的不同。拉普拉斯算子就是求取这种像素值发生突变的点或线，用二次微分正峰和负峰之间的零点来确定。拉普拉斯算子对图像中的孤立点或端点更敏感，因而特别适用于突出图像中的孤立点、孤立线或线端点。

和梯度算子一样，拉普拉斯算子也会增强图像中的噪声，因而当用拉普拉斯算子进行边缘检测时，可先对图像进行平滑处理。但是，在进行锐化的过程中，拉普拉斯算子又不能改变其他像素的信息，其模板系数之和为 0，即 1+1+1+1−4=0。拉普拉斯算子卷积核如图 7-9 所示。

$$\begin{bmatrix}0 & 1 & 0\\ 1 & -4 & 1\\ 0 & 1 & 0\end{bmatrix}$$

图 7-9 拉普拉斯算子卷积核

拉普拉斯算子对图像的锐化如式(7-11)所示。

$$g(x,y)=\begin{cases} f(x,y)-\nabla^2 f(x,y), & \text{如果拉普拉斯算子中心系数为负} \\ f(x,y)+\nabla^2 f(x,y), & \text{如果拉普拉斯算子中心系数为正} \end{cases} \tag{7-11}$$

拉普拉斯算子既可以产生锐化效果,又可以保留图像的背景信息。将原图像叠加到拉普拉斯算子锐化图像上,不仅可以使图像的原灰度值得到保留,还能使灰度突变处的对比度得到增强,使图像的小细节得到突出。

拉普拉斯算子进行边缘检测时并没有索贝尔算子或 Prewitt 算子那样平滑,所以会对噪声产生较大的响应。并且,拉普拉斯算子无法分别得到水平方向、垂直方向或者其他固定方向的边缘,但由于只有一个卷积核,计算成本较低。

7.2.5 高斯拉普拉斯算子

拉普拉斯算子没有对图像做平滑处理,因而对噪声很敏感。对图像先进行高斯平滑处理,然后再与拉普拉斯算子进行卷积,这就是高斯拉普拉斯(Laplacian of Gaussian,LoG)算子。

高斯拉普拉斯算子的表达式如式(7-12)所示。

$$\begin{aligned} L_{\text{LoG}} &= \nabla G_\sigma(x,y)=\frac{\partial^2 G_\sigma(x,y)}{\partial x^2}+\frac{\partial^2 G_\sigma(x,y)}{\partial y^2} \\ &= \frac{x^2+y^2-2\sigma^2}{\sigma^4}\mathrm{e}^{-(x^2+y^2)/2\sigma^2} \end{aligned} \tag{7-12}$$

由于高斯拉普拉斯算子先进行高斯滤波,因而在一定程度上可以克服噪声对图像产生的影响。高斯拉普拉斯算子的局限性体现在以下两方面。

(1) 产生假边缘。

(2) 对曲线边缘的定位误差较大。

尽管高斯拉普拉斯算子存在以上不足,但对未来图像特征的研究起到了积极作用。尤其其先对图像进行高斯滤波(噪声平滑),再进行卷积运算的思想,被性能更优的 Canny 算子所采用。同时,这种思想也被后来很多的图像特征检测技术所采纳,如 Harris 角点、尺度不变特征变换(Scale Invariant Feature Transform,SIFT)等。

7.2.6 Canny 算子

Canny 算子由 John F. Canny 于 1986 年研究的一种多级边缘检测算法,其目的是在保留图像原有属性的情况下,显著减少图像的数据量。虽然 Canny 算子已出现多年,且其他算子也可以进行边缘检测,但仍可以说它是边缘检测的一种标准算法,在研究中依然被广泛使用。

Canny 算子是一种从不同视觉对象中提取有用的结构信息,并大大减少要处理的数据量的技术,目前已广泛应用于各种计算机视觉系统。Canny 发现：不同视觉系统对边缘检测的要求较为类似,因此,可以实现一种具有广泛应用意义的边缘检测技术。边缘检测的一般要求包括以下内容。

(1) 以低错误率检测边缘,即意味着要尽可能准确地捕获图像中尽可能多的边缘。

(2) 检测到的边缘应精确定位在真实边缘的中心。

(3) 图像中给定的边缘应只被标记一次,并且在可能的情况下,图像的噪声不产生假边缘。

为了满足这些要求,Canny 使用了变分法。基于 Canny 算子的边缘检测器的最优函数使用 4 个指数项的和,它可以由高斯函数的一阶导数来近似。

Canny 算子检测边缘的具体步骤如下。

步骤 1　使用高斯滤波器对图像进行平滑处理,滤除噪声。

步骤 2　使用一阶偏导有限差分计算梯度的幅值和方向。

步骤 3　对梯度的幅值进行非极大值抑制。

步骤 4　使用双阈值算法检测和连接边缘。

Canny 算子的实现过程由以下六部分组成。

1. 灰度化

将彩色图像转变为灰度图像,这是因为 Canny 算子处理的图像通常为灰度图。以 RGB 模型为例,彩色图像灰度化如式(7-13)所示。

$$G_{\text{Gray}} = 0.299R + 0.587G + 0.114B \tag{7-13}$$

2. 高斯滤波

为了尽可能减少噪声对边缘检测结果的影响,必须滤除噪声。用高斯滤波器与图像进行卷积运算,对图像进行平滑处理。大小为 $(2k+1)\times(2k+1)$ 的高斯滤波器核的生成式如式(7-14)所示。

$$H_{ij} = \frac{1}{2\pi\sigma^2}\exp\left[-\frac{(i-(k+1))^2+(j-(k+1))^2}{2\sigma^2}\right],\quad 1\leqslant i,j\leqslant(2k+1) \tag{7-14}$$

设图像中一个大小为 3×3 的窗口 $\boldsymbol{A}$,要进行滤波的像素为 e,则经过高斯滤波之后,像素 e 的亮度值为

$$e = \boldsymbol{H} * \boldsymbol{A} = \begin{bmatrix} h_{11} & h_{12} & h_{13} \\ h_{21} & h_{22} & h_{23} \\ h_{31} & h_{32} & h_{33} \end{bmatrix} * \begin{bmatrix} a & b & c \\ d & e & f \\ g & h & i \end{bmatrix}$$
$$= \text{sum}\left(\begin{bmatrix} a\times h_{11} & b\times h_{12} & c\times h_{13} \\ d\times h_{21} & e\times h_{22} & f\times h_{23} \\ g\times h_{31} & h\times h_{32} & i\times h_{33} \end{bmatrix}\right) \tag{7-15}$$

其中,sum 表示矩阵中所有元素相加求和。

3. 计算图像中每个像素的梯度幅度和方向

图像的边缘可以指向各个方向,因此 Canny 算子使用 4 个算子来分别检测图像的水平、垂直和对角方向边缘。边缘检测算子(如罗伯茨、Prewitt、索贝尔等算子)返回 G_x 和 G_y 的一阶导数值,以确定像素的梯度幅度 G 和方向 θ。G 和 θ 的计算方式如式(7-16)和式(7-17)所示。

$$\boldsymbol{G} = \sqrt{\boldsymbol{G}_x^2 + \boldsymbol{G}_y^2} \tag{7-16}$$

$$\theta = \arctan(\boldsymbol{G}_y / \boldsymbol{G}_x) \tag{7-17}$$

以索贝尔算子为例,介绍如何计算梯度强度和方向。

索贝尔算子模板分别为

$$G_x = \begin{bmatrix} -1 & -2 & -1 \\ 0 & 0 & 0 \\ 1 & 2 & 1 \end{bmatrix}$$

$$G_y = \begin{bmatrix} -1 & 0 & 1 \\ -2 & 0 & 2 \\ -1 & 0 & 1 \end{bmatrix}$$

其中，G_x 用于检测 y 方向的边缘，G_y 用于检测 x 方向的边缘。边缘的方向和梯度方向垂直。在直角坐标系中，索贝尔算子的方向如图 7-10 所示。

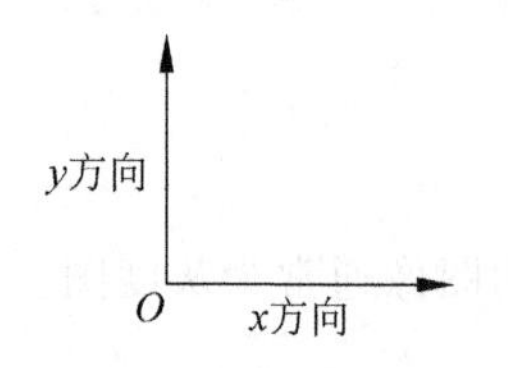

图 7-10 索贝尔算子的方向

4. 应用非极大值对梯度幅度进行抑制，消除边缘检测带来的杂散响应

非极大值抑制是一种边缘稀疏技术，其作用是"瘦"边。图像进行梯度计算后，仅仅基于梯度值提取的边缘仍然很模糊。根据边缘检测的一般要求中第 3 条可知，边缘检测有且只有一个准确的响应。非极大值抑制可以将局部最大值之外的其他梯度值抑制为 0，具体步骤如下。

步骤 1 当前像素的梯度幅度与沿正负梯度两个方向的像素进行比较。

步骤 2 如果当前像素的梯度幅度大于另外两个像素，则该像素保留为边缘点，否则抑制为 0。

为了更加精确地计算，跨越梯度方向的两个相邻像素之间使用线性插值来得到要比较的像素梯度示例如图 7-11 所示。

图 7-11 将梯度分为 8 个方向，分别为东(E)、东北(NE)、北(N)、西北(NW)、西(W)、西南(SW)、南(S)、东南(SE)，其中，0 表示 0°～45°，1 表示 45°～90°，2 表示 −90°～−45°，3 表示 −45°～0°。像素 P 的梯度方向为 θ，则像素 P_1 和 P_2 的梯度线性插值为

$$\tan(\theta) = G_y / G_x \tag{7-18}$$

$$G_{P_1} = (1 - \tan(\theta) \times E) + \tan(\theta) \times NE \tag{7-19}$$

$$G_{P_2} = (1 - \tan(\theta) \times W) + \tan(\theta) \times SW \tag{7-20}$$

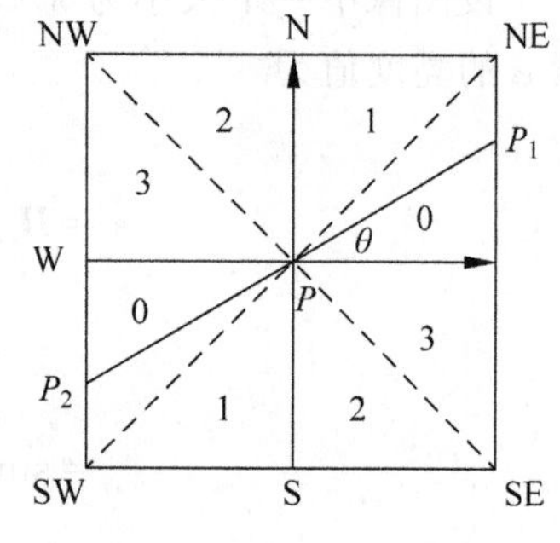

图 7-11 梯度方向分割

非极大值抑制的伪代码如下。

```
if Gp≥Gp1 and Gp≥Gp2
    Gp may be esde
else
    Gp should be sup pressed
end if
```

需要注意的是，如何标志方向并不重要，重要的是梯度方向的计算要和梯度算子的选取保持一致。

5. 应用双阈值检测来确定真实边缘和潜在边缘

在进行非极大值抑制之后，剩余的像素可以更准确地表示图像中的真实边缘。然而，由于噪声和颜色变化，仍然存在一些边缘像素。为了解决这些杂散响应，必须用弱梯度值过滤边缘像素，并保留具有高梯度值的边缘像素，这可以通过选择高低阈值来实现，即双阈值检测。如果边缘像素的梯度值高于高阈值，则将其标记为强边缘像素；如果小于高阈值且大于低阈值，则将其标记为弱边缘像素；如果小于低阈值，则会被抑制。阈值的选择取决于图像的内容。

双阈值检测的伪代码如下。

```
if Gp≥HighThreshold
    Gp is an strong edge
    elseif Gp≥LowThreshold
    Gp is an weak edge
else
    Gp should be sup pressed
end if
```

6. 通过抑制孤立的弱边缘完成边缘检测

到目前为止，被划分为强边缘的像素已经被确定为边缘，因为它们是从图像中的真实边缘中提取出来的。然而，对于弱边缘像素，将会有一些不确定，因为这些像素可以是从真实边缘提取的，也可以是因噪声或颜色变化所引起的。为了获得准确的结果，应该抑制由后者引起的弱边缘。通常，由真实边缘引起的弱边缘像素会连接强边缘像素，而噪声响应则不会。为了跟踪边缘连接，查看弱边缘像素及其八邻域像素，只要其中一个为强边缘像素，则该弱边缘点就可以保留为真实边缘。

抑制孤立边缘点的伪代码如下。

```
if Gp == LowThreshold and Gp connected to a strong edge pixel
    Gp is an strong edge
else
    Gp should be sup pressed
end if
```

用 Canny 算子对边缘进行检测，其效果如图 7-12 所示。

(a) 原图像

(b) 结果图像

图 7-12 Canny 算子边缘检测效果

7.2.7 算子比较

罗伯茨算子：罗伯茨算子利用局部差分算子寻找边缘，边缘定位精度较高，但容易丢失一部分边缘，同时由于图像没经过平滑处理，因此不具备能抑制噪声能力。该算子对具有陡峭边缘且含噪声少的图像效果较好。

索贝尔算子和 Prewitt 算子：两者都是对图像先进行平滑处理，然后再进行微分运算，所不同的是平滑部分的权值有些差异。这两种算子对噪声具有一定的抑制能力，但不能完全排除检测结果中出现的虚假边缘。虽然这两个算子边缘定位效果不错，但检测出的边缘容易出现多像素宽度。

拉普拉斯算子：是不依赖于边缘方向的二阶微分算子，对图像中的阶跃型边缘点定位准确。该算子对噪声非常敏感，使噪声成分得到加强。这两个特性使拉普拉斯算子容易丢失一部分边缘的方向信息，造成一些不连续的检测边缘，且抗噪声能力比较差。

高斯拉普拉斯算子：该算子首先用高斯函数对图像进行平滑滤波处理，然后使用拉普拉斯算子进行边缘检测，因而克服了拉普拉斯算子抗噪声能力比较差的缺点。但是，在抑制噪声的同时，高斯拉普拉斯算子也将原有的比较尖锐的边缘平滑了，造成这些尖锐边缘无法被检测。

高斯滤波器为低通滤波器，方差越大，通频带越窄，对较高频率的噪声的抑制作用越大，能够避免检出虚假边缘；反之，方差越小，通频带越宽，可以检测到图像更高频率的细节，但对噪声的抑制能力相对下降，容易出现虚假边缘。因此，应用高斯拉普拉斯算子，应该选择合适的方差。

Canny 算子：Canny 算子虽然是基于最优化思想的边缘检测算子，但是其实际效果并不一定最优。该算子同样采用高斯函数对图像作平滑处理，因此具有较强的抑制噪声能力，但是也会将一些高频边缘平滑，造成边缘丢失。Canny 算子采用双阈值算法检测和连接边缘、多尺度检测和方向性搜索，使其检测效果比高斯拉普拉斯算子好。

图 7-13　原图像

图 7-13 和图 7-14 为各算子的检测结果，其中图 7-13 为原图像，图 7-14 为各个算子的边缘检测效果。

(a) Canny算子结果图像

(b) 罗伯茨算子结果图像

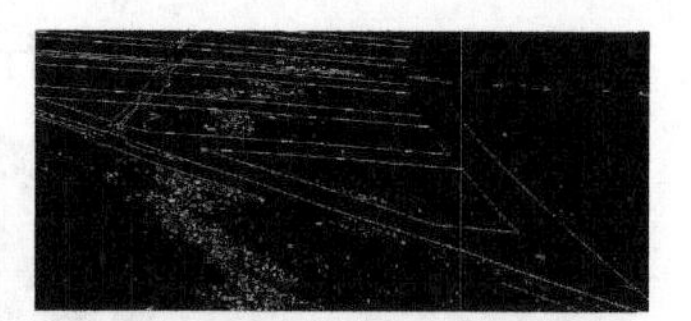

(c) 索贝尔算子结果图像

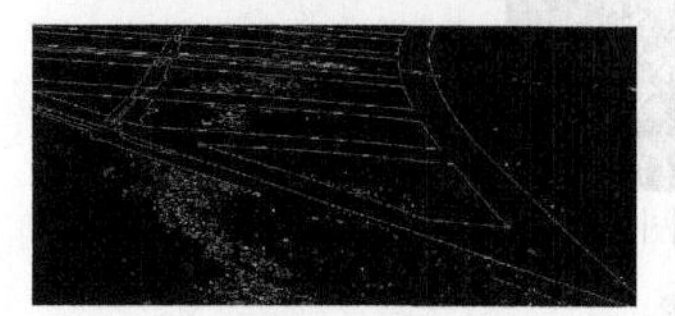

(d) Prewitt算子结果图像

(e) 拉普拉斯算子结果图像

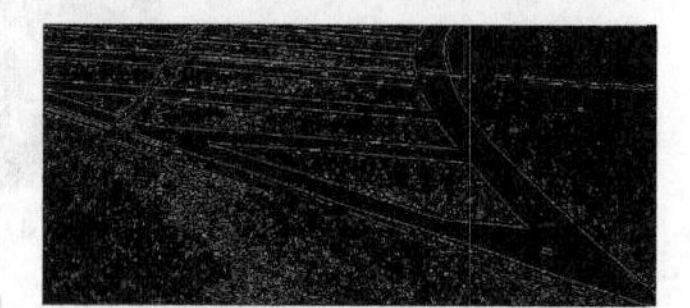

(f) 高斯拉普拉斯算子结果图像

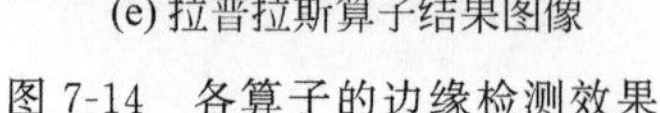

图 7-14　各算子的边缘检测效果

7.3 基于阈值的图像分割方法

7.3.1 基本思想

阈值分割是常见的根据不同的像素灰度值，直接进行图像分割的方法。对于单一目标图像而言，只需选取一个阈值，即可将图像分为目标和背景两类，这种方法称为单阈值分割。如果目标图像复杂，需选取多个阈值，才能将图像中的目标区域和背景分割成多个，这种方法称为多阈值分割。

阈值分割的显著优点是成本低且易于实现。当目标和背景区域的像素灰度值或其他特征存在明显差异时，该方法能非常有效地实现图像分割，其关键是获得一个合适的阈值。

7.3.2 门限处理

由于图像门限处理比较直观且易于实现，使它在图像分割中处于中心地位。设图 7-15(a)所示的灰度级直方图对应于图像像素灰度值 $f(x,y)$。这幅图像由亮的对象和暗的背景组成，这种组成方式将对象和背景具有灰度级的像素分成两组不同的支配模式。从背景中提取对象，一种明确的方法是选择一个合适的门限值 T，$f(x,y)>T$ 的像素(x,y)为对象像素；否则，为背景像素。

图 7-15(b)显示了更为普遍的情况，图中为暗背景上有两个亮对象，分别记为对象 1 和对象 2。门限处理设置了两个门限值 T_1 和 T_2，如果 $T_1<f(x,y)\leqslant T_2$ 时，则将像素分为对象 1；如果 $f(x,y)>T_2$ 时，则分为对象 2，如果 $f(x,y)\leqslant T_1$ 时，则分为背景。

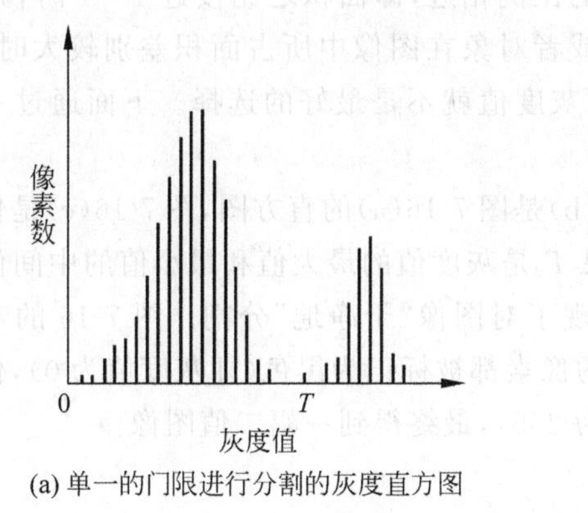

(a) 单一的门限进行分割的灰度直方图

像素数
0
T_1
T_2
灰度值

(b) 多门限进行分割的灰度直方图

图 7-15　分割门限的灰度直方图

综上所述，门限处理可以表示为

$$T=T[x,y,p(x,y),f(x,y)] \tag{7-21}$$

其中，$p(x,y)$表示像素(x,y)的局部性质，如，以像素(x,y)为中心的邻域内像素的平均灰度值。经门限处理后的图像 $g(x,y)$为

$$g(x,y)\begin{cases}1, & f(x,y)>T \\ 0, & f(x,y)\leqslant T\end{cases} \tag{7-22}$$

其中，1 表示的像素对应于对象，0 表示的像素对应于背景。

当 T 仅取决于 $f(x,y)$(即像素灰度值),称为全局门限处理。当 T 取决于 $f(x,y)$ 和 $p(x,y)$,称为局部门限处理。当 T 取决于空间位置 x 和 y,称为动态或自适应门限处理。灰度直方图是灰度级的函数,描述的是图像中具有该灰度级的像素的个数。图 7-15 是表述了具有不同支配模式的图像的灰度直方图。图 7-15(a)对应于由暗色背景上的较亮物体组成的图像,这样的组合方式,使物体像素具有的灰度值和背景像素具有的灰度值组合成了两种支配模式。图 7-15(b)对应于有 3 种支配模式的直方图,并没有具体的数值。

7.3.3 全局门限处理

门限处理方法中最简单的是全局门限处理。该方法使用单一的全局门限分割图像的直方图,如图 7-15(a)所示。通过对图像进行逐像素扫描,并记为对象或背景,便可实现对图像的分割。像素的标记取决于像素的灰度级大于还是小于门限值 T。

全局门限处理的效果取决于图像直方图能否很好地进行分割。该方法的门限以直方图为基础,通过一种试探性方法来确定,具体步骤如下。

步骤 1　选取初始估计值 T。

步骤 2　用 T 分割图像,生成两组像素集合 G_1 和 G_2,其中,G_1 由灰度值大于 T 的像素组成,G_2 由灰度值小于或等于 T 的像素组成。

步骤 3　对 G_1 和 G_2 中所有像素计算平均灰度值 μ_1 和 μ_2。

步骤 4　计算新阈值:$T=\frac{1}{2}(\mu_1+\mu_2)$。

步骤 5　重复步骤 2~步骤 4,直到得到的 T 值小于一个事先定义 T 值后停止循环。

当明确认为背景和对象在图像中所占的比例相近,即面积之比接近 1∶1 时,则好的 T 初始值就是图像的平均灰度值。如果背景或者对象在图像中所占面积差别较大时,其中一个像素组在直方图中占主要地位,那么平均灰度值就不是最好的选择。下面通过一个全局门限处理的例子来进行说明。

图 7-16(a)是一幅简单的图像,图 7-16(b)是图 7-16(a)的直方图,图 7-16(c)是使用门限 T 分割 7-16(a)得到的结果图像,其中,门限 T 是灰度值的最大值和最小值的中间值。这个门限去除了阴影部分,只留下对象本身,实现了对图像“干净地”分割。图 7-16 的对象比背景更亮,过程中任何灰度级小于或等于 T 的像素都被标记为黑色(即灰度值为 0),任何灰度级大于 T 的像素被标记为白色(即灰度值为 255),最终得到一幅二值图像。

7.3.4 自定义阈值

自定义阈值是根据图像处理的先验知识,对图像中的目标与背景进行分析,通过对像素的判断,选择阈值所在的区间,并进行实验对比,确定合适的阈值。自定义阈值虽然可以进行图像分割,但是效率较低且不能实现阈值的自动选取,仅可用于包含较少目标图像的阈值选取。

自定义阈值根据人对图像的认识,在分析图像直方图的基础上,主观地选择合适的阈值;或者在主观地选择阈值后,根据分割效果,不断地重新选择,从而确定最佳阈值。

自定义阈值对图像的处理如图 7-17 和图 7-18 所示。图 7-17 是原图像及其直方图,图 7-18 是不同阈值 T 的处理结果。

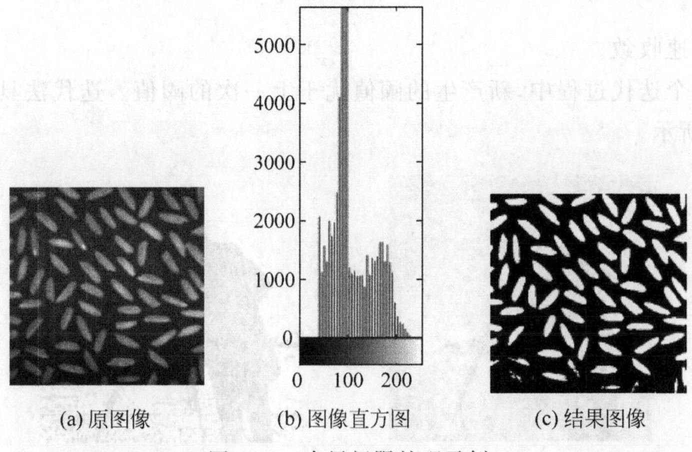

(a) 原图像 (b) 图像直方图 (c) 结果图像

图 7-16 全局门限处理示例

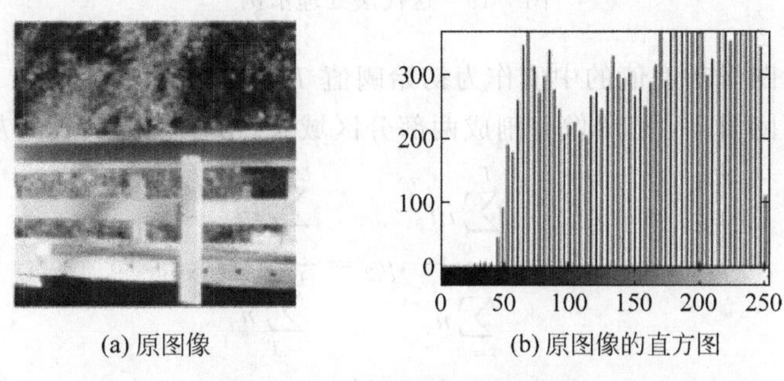

(a) 原图像 (b) 原图像的直方图

图 7-17 原图像及其直方图

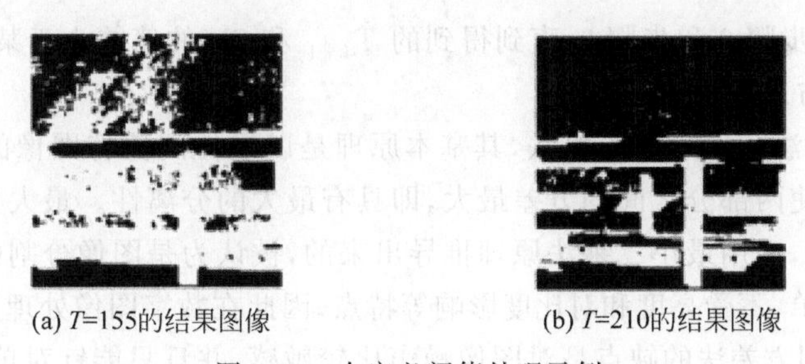
(a) T=155的结果图像 (b) T=210的结果图像

图 7-18 自定义阈值处理示例

7.3.5 自适应阈值

在许多情况下,目标和背景的对比度在图像中不是处处相同的,这时很难用一个阈值将目标与背景分开,因此需要根据图像的局部特征,分别采用不同的阈值进行分割。

自适应阈值的实质是局部阈值法,其思想并不是计算图像的全局阈值,而是根据不同区域的亮度分布,选择局部阈值,即能够自适应地选择不同的阈值。

1. 迭代法

迭代法首先选择一个阈值作为初始估计值,然后通过对图像的多次计算来改进阈值,直到满足给定的准则为止。迭代法的关键是选择哪种阈值改进策略。好的阈值改进策略具备两个特征：

(1) 能够快速收敛。

(2) 在每一个迭代过程中，新产生的阈值优于上一次的阈值。迭代法具体步骤如下，其示例如图 7-19 所示。

(a) 原图像

(b) 结果图像

图 7-19 迭代法处理示例

步骤 1 选择图像灰度值的中值作为初始阈值 $T_i=T_0$。

步骤 2 利用阈值 T_i 把图像分割成两部分区域 R_1 和 R_2，并计算其灰度均值

$$\mu_1=\frac{\sum_{i=0}^{T_i} in_i}{\sum_{i=0}^{T_i} n_i},\mu_2=\frac{\sum_{i=T_i}^{L-1} in_i}{\sum_{i=T_i}^{L-1} n_i}$$

步骤 3 计算新的阈值 T_{i+1}，其中 $T_{i+1}=\frac{1}{2}(\mu_1+\mu_2)$。

步骤 4 重复步骤 2 和步骤 3，直到得到的 T_{i+1} 和 T_i 的值差小于某个给定的值。

2. 最大类间方差法

最大类间方差法，又称 Otsu 算法，其基本原理是以最佳阈值将图像的灰度值分割成背景和前景两部分，使两部分之间的方差最大，即具有最大的分离性。最大类间方差法是在灰度直方图的基础上，采用最小二乘法原理推导出来的，被认为是图像分割中阈值选择的最佳算法，具有计算简单、不受亮度和对比度影响等特点，因此在数字图像处理上得到了广泛的应用。但是，最大类间方差法的缺点是对图像噪声比较敏感，并且只能针对单一目标进行分割。当目标和背景大比例悬殊时，类间方差函数可能呈现双峰或者多峰，使图像分割的效果不好。

记 T 为前景与背景的分割阈值，前景像素数占图像的比例为 w_0，平均灰度为 μ_0；背景像素数占图像的比例为 w_1，平均灰度为 μ_1。图像的总平均灰度为 μ，前景和背景图像的方差 g，有

$$w_0+w_1=1 \tag{7-23}$$

$$u=w_0\times\mu_0+w_1\times\mu_1 \tag{7-24}$$

$$g=w_0\times(\mu_0-\mu)^2+w_1\times(\mu_1-\mu)^2 \tag{7-25}$$

化简可得

$$g=w_0\times w_1\times(\mu_0-\mu_1)^2 \tag{7-26}$$

当方差 g 最大时，可以认为此时前景和背景差异最大，此时的 T 是最佳阈值。

7.4 基于区域的图像分割方法

基于区域的图像分割方法是以直接寻找区域为基础的分割技术，利用对象与背景灰度分布的相似性，将图像划分为不同的区域。

7.4.1 基于区域的分割方法原理

令集合 R 代表整个图像区域，对 R 的分割可看作将 R 分成若干个满足如下5个条件的非空的子区域 $R_1,R_2,R_3,\cdots,R_n$ 的过程。

(1) $\bigcup_{i=1}^{n} R_i = R$。

(2) R_i 是一个连通的区域，$i=1,2,\cdots,n$。

(3) $R_i \cap R_j = \varnothing, i \neq j$。

(4) $P(R_i) = \text{true}, i=1,2,\cdots,n$。

(5) $P(R_i \cup R_j) = \text{false}, i \neq j$。

其中，$P(R_i)$表示定义在集合 R_i 的点上的逻辑谓词，$\varnothing$表示空集。

条件(1)说明图像分割必须是完全的，分割所得的全部子区域的并集包括图像中所有像素或将图像中每个像素都划分到一个子区。条件(2)要求区域中的像素必须与某个预定义的准则相联系，同一子区内的像素应该是连通的。条件(3)说明不同区域必须是不相交的。条件(4)说明属于同一子区像素应具有某些相同的特性，例如，R_i 内的像素有相同的灰度值，则 $P(R_i)=\text{true}$。条件(5)说明区域 R_i 和 R_j 对于谓词 P 是不同的，即属于不同子区像素应具有某些不同的特性。

7.4.2 区域生长法

区域生长法的基本思想是将有相似性质的像素合并到一起。每一个区域要先指定一个种子像素作为生长的起点，然后将种子像素周围邻域的像素和种子像素进行对比，将具有相似性质的像素合并起来，并继续向外生长，直到没有满足条件的像素被合并为止。如此一个区域的生长就完成了。生长像素和相似区域的相似性判断依据可以是灰度值、纹理、颜色等图像信息。

区域生长法的关键点有3个：①选择合适的生长点；②确定相似性准则，即生长准则；③确定生长停止条件。其具体步骤如下。

步骤1 根据图像的不同应用选择一个或一组种子，该种子或是最亮/最暗的点，或是位于点簇中心的像素。

步骤2 选择一个描述符(条件)。

步骤3 从该种子开始向外扩张，首先把种子像素加入结果集合，然后不断将与集合中各个像素连通且满足描述符的像素加入集合。

步骤4 重复步骤3，直到无像素满足条件为止。

区域生长法示例如图7-20所示。图7-20(a)为原图像，其中，数字表示像素的灰度值；括号表示符合区域生长条件的生长点，本图中即为单个像素。以灰度值为8的像素为初始的生长像素，记为 $f(i,j)$。在八邻域内，生长准则是待测像素灰度值与生长点灰度值相差 1 或 0。图 7-20(b)是第一次区域生长后，$f(i-1,j)$、$f(i,j-1)$、$f(i,j+1)$和生长点灰度值相差都是 1，因而被合并。图 7-20(c)是第二次区域生长后，$f(i+1,j)$被合并。图 7-20(d)为第三次区域生长后，$f(i+1,j-1)$、$f(i+2,j)$被合并。至此，不存在满足生长准则的像素，因而生长停止。

$$\begin{bmatrix} 4 & 3 & 7 & 3 & 3 \\ 1 & 7 & (8) & 7 & 5 \\ 0 & 5 & 6 & 1 & 3 \\ 2 & 2 & 6 & 0 & 4 \\ 1 & 2 & 1 & 3 & 1 \end{bmatrix} \quad \begin{bmatrix} 4 & 3 & (7) & 3 & 3 \\ 1 & (7) & (8) & (7) & 5 \\ 0 & 5 & 6 & 1 & 3 \\ 2 & 2 & 6 & 0 & 4 \\ 1 & 2 & 1 & 3 & 1 \end{bmatrix} \quad \begin{bmatrix} 4 & 3 & (7) & 3 & 3 \\ 1 & (7) & (8) & (7) & 5 \\ 0 & 5 & (6) & 1 & 3 \\ 2 & 2 & 6 & 0 & 4 \\ 1 & 2 & 1 & 3 & 1 \end{bmatrix} \quad \begin{bmatrix} 4 & 3 & (7) & 3 & 3 \\ 1 & (7) & (8) & (7) & 5 \\ 0 & (5) & (6) & 1 & 3 \\ 2 & 2 & (6) & 0 & 4 \\ 1 & 2 & 1 & 3 & 1 \end{bmatrix}$$

(a) 原图像　(b) 第一次区域生长结果　(c) 第二次区域生长结果　(d) 第三次区域生长结果

图 7-20　区域生长法

7.5　基于形态学分水岭的图像分割方法

前面讨论了 3 种主要的图像分割方法：间断的检测、门限处理和区域处理。每种方法都各有优缺点，比如全局门限处理的速度优势，以灰度级的间断检测为基础的方法常产生不连续边缘线等。本节将介绍形态学分水岭概念，基于形态学分水岭的图像分割法将上述几种方法种的许多思想进行了具体化，且生成的分割结果更稳定。

7.5.1　基于形态学分水岭的分割方法原理

分水岭以对图像进行三维可视化处理为基础，其中，两个维度是坐标，另一个维度是灰度值。对于这种"地形学"，满足 3 个条件：

(1) 属于局部性最小值的点；

(2) 当一滴水放在某点的位置上的时候，水一定会下落到一个单一的最小值点；

(3) 当水处在某个点的位置上时，水会等概率地流向多个最小值点。

对于一个特定的区域最小值而言，满足条件(2)的点的集合称为这个最小值的汇水盆地或分水岭。满足条件(3)的点的集合组成地形表面的峰线，称为分割线或分水线。各处特征点的示意如图 7-21 所示。

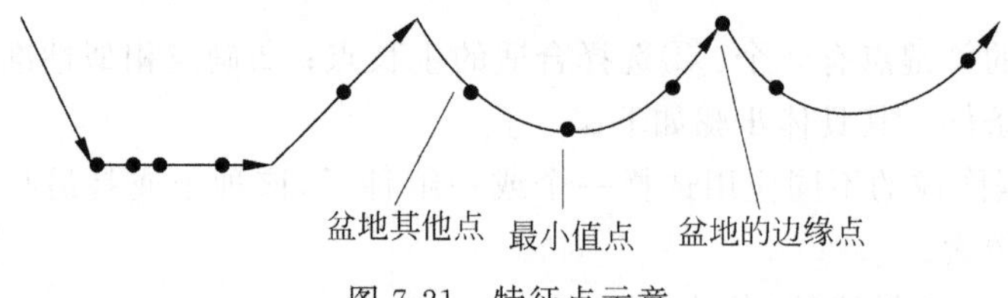

图 7-21　特征点示意

基于形态学分水岭的图像分割法的主要目标是找出分水线，基本思想具体如下。假设在每个区域最小值的位置上打一个洞，让水以均匀上升的速率从洞中涌出，从低到高地淹没整个地形。当处在不同的汇聚盆地中的水将要聚合在一起时，修建的大坝将阻止聚合，水只能到达大坝的顶部的程度。这些大坝的边界对应于分水岭的分割线，所以，它们是由分水岭算法提取出来的(连续的)边界线。

7.5.2 分水岭分割法

分水岭分割法是一种基于拓扑理论的数学形态学的分割方法，其基本思想是把图像看作是测地学上的拓扑地貌，图像中每一点像素的灰度值表示该点的海拔高度，每一个局部极小值及其影响区域称为集水盆，而集水盆的边界则形成分水岭。分水岭的概念和形成可以通过模拟浸入过程来说明。在每一个局部极小值表面，刺穿一个小孔，然后把整个模型慢慢浸入水中。随着浸入的加深，每一个局部极小值的影响域慢慢向外扩展，在两个集水盆汇合处构筑大坝，即形成分水岭。

这种想法应用于图像分割，就是要在灰度图像中找出不同的集水盆和分水岭，由这些不同的集水盆和分水岭组成的区域即为要分割的目标。

分水岭分割法的计算过程是一个迭代标注过程，其比较经典的计算方法是 L. Vincent 提出的 Vincent-Soile 算法。在该算法中，分水岭分割法的计算分两个步骤，一个是排序过程，另一个是淹没过程。首先对每个像素的灰度级进行从低到高排序，然后在从低到高实现淹没过程中，对每一个局部极小值在 h 阶高度的影响域采用先进先出结构进行判断及标注，逐灰度值淹没集水盆地。

7.6 实验内容

7.6.1 车牌定位

实验背景：随着经济的快速发展，人们生活水平日益提高，汽车的使用变得越来越普遍，与此同时也带来了交通问题，如交通拥堵。有效记录车辆的信息，使交通运输和管理的智能化和信息化变得越来越重要，而在智能化交通中，车牌定位是车牌识别的关键内容。

实验要求：采用数字图像处理技术，使用 MATLAB 和 OpenCV 实现数字图像处理算法，对不同情况下的车牌进行定位，实现车牌的边缘及轮廓检测。

实验步骤：输入图像，基于边缘检测的车牌定位处理，基于轮廓检测的车牌定位。

7.6.2 基于数字图像处理技术的障碍物识别

实验背景：随着城市化进程的加快，环境问题日趋严重。公园、校园、小区、城市道路两侧等公共场所的草坪需要进行定时维护。传统的割草机器人采用人工布线方式，将草坪边界和障碍物包围起来，通过感应电缆信号确定行走路线，并躲避障碍物。而智能割草机器人不仅能够按规划路径对草坪进行覆盖作业，而且可以利用视觉传感器对障碍物进行识别并躲避。现阶段，常用的障碍物识别方法包括：基于支持向量机的障碍物识别、基于视觉传感器的障碍物识别和基于神经网络的障碍物识别，其中，基于神经网络的障碍物识别方法应用最广泛。但是，由于割草机器人的工作环境复杂多变，采用神经网络等智能算法识别障碍物需要进行多次训练，且对机器人的硬件要求较高，因此智能割草机器人推广较为困难。

根据草坪的特点，草坪内部的障碍物可分为两类：一类是景观石、灯柱、树木等与草坪颜色不同的障碍物；另一类是灌木、松柏、低矮植物等与草坪颜色相似的障碍物。此外，户外复杂的环境，如温度、露水、灰尘等因素对传感器也会产生一定影响，令采集的信息在处理时因干扰而产生错误，进而影响割草机器人的工作。基于数字图像处理技术的障碍物识别算法辅助传感器对两类障碍物进行识别，使割草机器人的修剪作业更加准确。

实验要求：实现对草坪内部障碍物的识别。

实验步骤：①获取彩色图像，将采集的图像转换到 HSI 色彩空间，获取该图像的 S、H 分量；②检验图像的 S、H 分量是否在对应草坪的 S、H 分量范围内；如果在，则判定为草坪，否则判定为障碍物；如果不能识别障碍物，进行步骤 3；③将彩色图像进行灰度化处理，利用 Otsu 算法对障碍物进行识别，并根据改进中值滤波算法和形态学对图像进行处理。

7.6.3 基于图像分割的轮毂裂纹检测

实验背景：列车轮毂是车辆行驶中直接承受载荷与钢轨冲击的重要部分，如果不及时发现轮毂裂纹，直接影响到列车的行车安全。而轮毂图像具有多种干扰，目标和背景之间的对比度并不是很高。

实验步骤：①利用形态学处理对索贝尔算子边缘检测的结果进行处理；②用最优阈值分割法对频域滤波的结果进行分割；③对这两个结果进行逻辑与运算，并利用模板进行空间滤波，去除图像中的噪点，实现目标提取。

7.7 本章小结

首先，本章介绍了检测灰度不连续性的方法，如点检测、线检测和边缘检测，其中，边缘检测已经成为近年来图像分割方法的主题。其次，本章介绍了门限处理技术及基于不同阈值的图像分割方法，其中，门限处理技术是一种普遍被关注的用于图像分割的基础性方法。再次，本章介绍了基于区域的图像分割法。最后，本章介绍了一种基于形态学的图像分割方法，这种方法称为分水岭分割法。本章还通过应用案例，使读者加深对图像分割应用场景的认识。

图像分割技术是图像语义理解的重要一环，在大多数自动图像模式识别和场景分析问题中是一个基础技术。本章由浅入深地对图像分割进行介绍，同时介绍了图像分割的三类基本方法：基于边缘的分割，基于阈值的分割以及基于区域的分割。这些不同的分割方法有不同的适用范围，因此需要依具体问题特点进行分析来选取相应的分割技术。在掌握各种技术特点的基础上，在解决实际问题中灵活运用。

课后作业

(1) 什么是图像分割？什么是边缘检测？实现方法有哪些？

(2) 什么是阈值分割技术？该技术适用于什么场景下的图像分割？

(3) 举例说明图像分割在图像处理中的实际应用。

(4) 1 幅大小为 5×5 的二值图像的中心有 1 个大小为 3×3 的正方形区域，该区域内的像素灰度值均为 0，区域外为 1。请分别用索贝尔算子、Prewitt 算子、罗伯茨算子计算这幅图像的梯度，并根据 $\mathrm{mag}(f)=(\boldsymbol{G}_x^2+\boldsymbol{G}_y^2)^{1/2}$，画出梯度幅度图。算子模板大小为 3×3。

(5) 设计一个分别利用索贝尔算子、罗伯茨算子、高斯拉普拉斯算子进行边缘检测的 MATLAB 程序，并比较各算子的效果与运算量。

附录 MATLAB 实现代码

(1) 函数 imfilter()实现间断点和线段检测的 MATLAB 实现代码。

```
I = imread('gantrycrane.png');                    % 读入图像
I = rgb2gray(I);                                  % 转换为灰度图像
h1 = [ - 1, - 1, - 1; 2,2,2; - 1, - 1, - 1];      % 模板
h2 = [ - 1, - 1,2; - 1,2, - 1; 2, - 1, - 1];
h3 = [ - 1,2, - 1; - 1,2, - 1; - 1,2, - 1];
h4 = [2, - 1, - 1; - 1,2, - 1; - 1, - 1,2];
J1 = imfilter(I,h1);                              % 线段检测
J2 = imfilter(I,h2);
J3 = imfilter(I,h3);
J4 = imfilter(I,h4);
J = J1 + J2 + J3 + J4;                            % 4 条线段叠加
figure;
subplot(1,2,1); imshow(I);                        % 显示灰度图像
subplot(1,2,2); imshow(J);                        % 显示检测的线段
```

(2) 罗伯茨算子进行图像的边缘检测的 MATLAB 实现代码。

```
I = imread('rice.png');                           % 读入图像
I = im2double(I);
[J,thresh] = edge(I,'roberts',35/255);            % 采用罗伯茨算子进行边缘检测
figure;
subplot(1,2,1); imshow(I);                        % 显示原图像
subplot(1,2,2); imshow(J);                        % 显示边缘图像
```

(3) Prewitt 算子进行图像的边缘检测的 MATLAB 实现代码。

```
I = imread('cameraman.tif');                      % 读入图像
I = im2double(I);
[J,thresh] = edge(I,'prewitt',[],'both');         % 采用 Prewitt 算子进行边缘检测
figure;
subplot(1,2,1); imshow(I);                        % 显示原图像
subplot(1,2,2); imshow(J);                        % 显示边缘图像
```

(4) 索贝尔算子进行图像的边缘检测的 MATLAB 实现代码。

```
I = imread('gantrycrane.png');                    % 读入图像
I = rgb2gray(I);                                  % 转换为灰度图像
I = im2double(I);
[J,thresh] = edge(I,'sobel',[],'horizontal');     % 采用索贝尔算子进行边缘检测
figure;
subplot(1,2,1); imshow(I);                        % 显示灰度图像
subplot(1,2,2); imshow(J);                        % 显示水平边缘图像
```

(5) 高斯拉普拉斯算子对含有噪声的图像进行边缘检测的 MATLAB 实现代码。

```
I = imread('cameraman.tif');                          %读入图像
I = im2double(I);
J = imnoise(I,'gaussian',0,0.005);                    %添加噪声
[K,thresh] = edge(J,'log',[],2.3);                    %采用高斯拉普拉斯算子检测边缘
figure;
subplot(1,2,1); imshow(J);                            %显示图像
subplot(1,2,2); imshow(K);                            %显示边缘
```

(6) Canny 算子检测图像边缘的 MATLAB 实现代码。

```
I = imread('lena.png');                               %读入图像
I = im2double(I);
J = imnoise(I,'gaussian',0,0.01);                     %添加高斯噪声
[K,thresh] = edge(J,'canny');                         %采用 Canny 算子检测边缘
figure;
subplot(1,2,1); imshow(J);                            %显示图像
subplot(1,2,2); imshow(K);                            %显示边缘
```

(7) 采用全局阈值对图像进行分割的 MATLAB 实现代码。

```
I = imread('rice.png');                               %读入图像
J = I > 120;                                          %图像分割,阈值为 120
[width,height] = size(I);                             %图像的行和列
for i = 1:width
    for j = 1:height
        if (I(i,j)> 130)                              %图像分割,阈值为 130
            K(i,j) = 1;
        else
            K(i,j) = 0;
        end
    end
end
figure;
subplot(1,2,1); imshow(J);                            %显示结果
subplot(1,2,2); imshow(K);
```

(8) 采用函数 im2bw()进行彩色图像分割的 MATLAB 实现代码。

```
[X,map] = imread('trees.tif');                        %读入图像
J = ind2gray(X,map);                                  %索引图像转换为灰度图像
K = im2bw(X,map,0.4);                                 %图像分割
figure;
subplot(1,2,1); imshow(J);                            %显示灰度图像
subplot(1,2,2); imshow(K);                            %显示二值图像
```

(9) 采用迭代式阈值进行图像分割的 MATLAB 实现代码。

```
I = imread('cameraman.tif');                    % 读入图像
I = im2double(I);
T0 = 0.01;                                       % 参数 T0
T1 = (min(I(:)) + max(I(:)))/2;
r1 = find(I > T1);
r2 = find(I <= T1);
T2 = (mean(I(r1)) + mean(I(r2)))/2;
while abs(T2 - T1)< T0                           % 迭代求阈值
    T1 = T2;
    r1 = find(I > T1);
    r2 = find(I <= T1);
    T2 = (mean(I(r1)) + mean(I(r2)))/2;
end
J = im2bw(I,T2);                                 % 图像分割
figure;
subplot(1,2,1); imshow(I);                       % 显示原图像
subplot(1,2,2); imshow(J);                       % 显示结果
```

(10) 采用 Otsu 算法进行图像分割的 MATLAB 实现代码。

```
I = imread('coins.png');                         % 读入图像
I = im2double(I);
T = graythresh(I);                               % 获取阈值
J = im2bw(I,T);                                  % 图像分割
figure;
subplot(1,2,1); imshow(I);                       % 显示原图像
subplot(1,2,2); imshow(J);                       % 显示结果
```

参考文献

[1] 贾永红. 数字图像处理[M]. 3 版. 武汉：武汉大学出版社，2015.

[2] 徐杰. 数字图像处理[M]. 武汉：华中科技大学出版社，2009.

[3] 王慧琴. 数字图像处理[M]. 北京：北京邮电大学出版社，2006.

[4] 霍宏涛，林小竹，何薇. 数字图像处理[M]. 北京：北京理工大学出版社，2002.

[5] 秦志远，李超群. 数字图像处理[M]. 北京：解放军出版社，2004.

[6] 章毓晋. 图像处理和分析教程(微课版)[M]. 3 版. 北京：人民邮电出版社，2020.

[7] 章毓晋. 图像理解图像工程[M]. 4 版. 北京：清华大学出版社，2018.

[8] 章毓晋. 图像工程：图像分析(中册)[M]. 4 版. 北京：清华大学出版社，2018.

[9] 高隽，谢昭. 图像理解理论与方法[M]. 北京：科学出版社，2009.

[10] 高新波，李洁，田春娜. 现代图像分析[M]. 西安：西安电子科技大学出版社，2011.

[11] 玛蒂娜·乔丽. 图像分析[M]. 怀宇，译. 天津：天津人民出版社，2012.

[12] CASTLE K R. Digital image processing[M]. New Jersey：Prentice Hall，1995.

[13] PRATT W K. Digital image processing[M]. 4th ed. New Jersey：John Wiley，2006.

[14] BURGER W，BURGE M J. Digital image processing[M]. Berlin：Springer，2016.

[15] 赵荣椿，赵忠明，张艳宁，等. 数字图像处理[M]. 西安：西北工业大学出版社，2016.

[16] 吴立德. 计算机视觉[M]. 上海：复旦大学出版社，1993.

[17] 俞自萍. 颜色视觉与色盲[M]. 贵阳：贵州人民出版社，1988.

[18] 吴娱. 数字图像处理[M]. 北京：北京邮电大学出版社，2017.

[19] GONZALEZ R C，WOODS R E. 数字图像处理[M]. 3 版. 北京：电子工业出版社，2017.

[20] 刘成龙. MATLAB 图像处理[M]. 北京：清华大学出版社，2020.

[21] 孙华东. 基于 MATLAB 的数字图像处理[M]. 北京：电子工业出版社，2020.

[22] 刘玮，魏龙生. 计算机视觉中的目标特征模型和视觉注意模型[M]. 武汉：华中科技大学出版社，2016.

[23] 刘传才. 图像理解与计算机视觉[M]. 厦门：厦门大学出版社，2002.

[24] 彭真明，雍杨，杨先明. 光电图像处理及应用[M]. 成都：电子科技大学出版社，2013.

[25] 贾永红，何彦霖，黄艳. 数字图像处理技巧[M]. 武汉：武汉大学出版社，2017.

[26] 伯特霍尔德·霍恩. 机器视觉[M]. 王亮，蒋欣兰，译. 北京：中国青年出版社，2014.

[27] PETER J F. 计算机视觉基础[M]. 章毓晋，译. 北京：清华大学出版社，2019.

[28] TYAGI V. Understanding digital image processing[M]. Boca Raton：CRC Press，2018.

[29] 张铮，徐超，任淑霞，等. 数字图像处理与机器视觉[M]. 北京：人民邮电出版社，2014.

[30] QIDWAI U，CHEN C H. Digital image processing：an algorithmic approach with MATLAB[M]. Boca Raton：CRC Press，2009.

[31] 张铮，倪红霞，苑春苗，等. 精通 MATLAB 数字图像处理与识别[M]. 北京：人民邮电出版社，2013.

[32] 孔玲军. MATLAB 小波分析超级学习手册[M]. 北京：人民邮电出版社，2014.

[33] 张德丰. 数字图像处理(MATLAB 版)[M]. 北京：人民邮电出版社，2015.

[34] 吴亚帅，刘新妹，殷俊龄，等. 基于 LabView 的多项式畸变模型图像矫正方法[J]. 计算机系统应用，2020，29(9)：219-224.

[35] 何凯，刘坤，沈成南，等. 基于相似图像配准的图像修复算法[J]. 电子科技大学学报，2021，50(2)：207-213.

[36] 刘光宇,黄懿,曾志勇,等.基于小波阈值的图像去噪方法研究[J].新乡学院学报,2021,38(3):42-47.
[37] 狄红卫.基于小波与三维离散余弦变换的视频图像压缩[J].光电工程,2001,28(4):34-37.
[38] 李海洋.基于离散小波变换的抗噪图像水印处理[J].信息化研究,2019,45(5):23-26.
[39] 李景玉,张荣芬,刘宇红.基于小波变换的多尺度图像融合增强算法[J].光学技术,2021,47(2):217-222.
[40] 王瑾德,高晓红,杨烨.基于MATLAB的医学图像增强技术课件设计[J].数理医药学杂志,2009,22(6):693-697.
[41] 焦洋.基于MATLAB的红外图像增强技术研究与应用[D].沈阳:东北大学,2008.
[42] 杨勇,岳建华,李玉良,等.一种矿井动态图像增强方法[J].工矿自动化,2015,41(11):48-52.
[43] 黄进,李剑波.数字图像处理:原理与实现[M].北京:清华大学出版社,2020.
[44] 陈天华.数字图像处理及应用:使用MATLAB分析与实现[M].北京:清华大学出版社,2019.
[45] 徐志刚.数字图像处理教程[M].北京:清华大学出版社,2019.
[46] 李新胜.数字图像处理与分析[M].2版.北京:清华大学出版社,2018.
[47] 孙兴华,郭丽.数字图像处理:编程框架、理论分析、实例应用和源码实现[M].北京:机械工业出版社,2012.
[48] 孙忠贵.数字图像处理基础与实践(MATLAB版)[M].北京:清华大学出版社,2016.
[49] 朱秀昌,刘峰,胡栋.数字图像处理与图像通信[M].4版.北京:北京邮电大学出版社,2016.
[50] 杨杰.数字图像处理及MATLAB实现:学习与实验指导[M].2版.北京:电子工业出版社,2016.
[51] 张铮.数字图像处理与机器视觉:Visual C++与MATLAB实现[M].2版.北京:人民邮电出版社,2014.
[52] 杨丹,赵海滨,龙哲,等.MATLAB图像处理实例详解[M].北京:清华大学出版社,2013.
[53] GONZALEZ R C,WOODS R E.数字图像处理[M].阮秋琦,阮宇智,译.3版.北京:电子工业出版社,2017.
[54] GONZALEZ R C,WOODS R E,EDDINS S L.数字图像处理(MATLAB版)[M].阮秋琦,译.2版.北京:电子工业出版社,2014.
[55] CHAN T F,SHEN J H. Image processing and analysis[M]. New Zealand: SIAM,2005.
[56] SONKA M,HLAVAC V,BOYLE R.图像处理、分析与机器视觉[M].艾海舟,苏延超,译.3版.北京:清华大学出版社,2011.
[57] AUBERT G, KORNPROBST P. Mathematical problems in image processing [M]. Berlin: Springer,2002.
[58] 何东健.数字图像处理[M].西安:西安电子科技大学出版社,2008.
[59] 黄进,汪思源,于双和,等.面向控制类专业的研究生"数字图像处理"课程教改探索[J].教育现代化,2020,7(20):26-28.
[60] XI E H, ZHANG J L. Research on image deblurring processing technology based on genetic algorithm[J]. Journal of Physics: Conference Series,2021(1852):022042.
[61] 赵杰,李英,张娜.数字图像处理项目式教学平台的设计[J].高师理科学刊,2021,41(2):87-90,98.
[62] 万丰,苑豪杰,宫威.基于离散余弦变换的数字图像压缩技术研究[J].自动化应用,2020,(3):65-67.
[63] 于长志.基于压缩感知的数字图像压缩加密研究[D].济南:济南大学,2019.
[64] 郭龙缘.基于混沌理论的数字图像压缩加密相关算法研究[D].成都:电子科技大学,2018.
[65] 刘博峰.图像预处理设计与实现[D].哈尔滨:哈尔滨工程大学,2016.
[66] 李清.基于预测的无损彩色图像压缩算法研究[D].重庆:重庆大学,2015.
[67] 余晨韵.基于压缩编码的JPEG2000数字图像加密算法研究[D].重庆:重庆大学,2014.
[68] 高晶,刘志刚,李夕海,等.新形势下"数字图像处理"课程教学内容优化与教学改革研究[J].科教文

汇(上旬刊),2021,(3):92-93.
[69] 张岩.MATLAB图像处理超级学习手册[M].北京:人民邮电出版社,2014.
[70] 黄明慧,刘立群,常琴,等.数字图像处理系统设计与实现[J].电脑知识与技术,2021,17(4):29-32.
[71] 陈淑清,黄淋云.数字图像处理课程在线教学实践[J].科技视界,2021,(1):49-51.
[72] 于广艳,吴和静,张尔东,等.MATLAB简明实例教程[M].南京:东南大学出版社,2016.
[73] 郑继刚,王边疆.基于MATLAB的数字图像处理研究[M].昆明:云南大学出版社,2010.
[74] 马学条,周彦均,王永慧,等.基于形态学重建的分水岭图像分割实验教学研究[J].实验技术与管理,2021,38(3):93-97.
[75] 宋凯,王舒卉.图像分割算法研究与实现[J].沈阳工程学院学报(自然科学版),2020,16(4):67-70.
[76] 刘硕.阈值分割技术发展现状综述[J].科技创新与应用,2020,(24):129-130.

图书资源支持

感谢您一直以来对清华版图书的支持和爱护。为了配合本书的使用，本书提供配套的资源，有需求的读者请扫描下方的“书圈”微信公众号二维码，在图书专区下载，也可以拨打电话或发送电子邮件咨询。

如果您在使用本书的过程中遇到了什么问题，或者有相关图书出版计划，也请您发邮件告诉我们，以便我们更好地为您服务。

我们的联系方式：

地　　址：北京市海淀区双清路学研大厦 A 座 714

邮　　编：100084

电　　话：010-83470236　010-83470237

客服邮箱：2301891038@qq.com

QQ：2301891038（请写明您的单位和姓名）

资源下载：关注公众号“书圈”下载配套资源。

资源下载、样书申请

书圈

获取最新书目

观看课程直播